玩家必备：

Android手机达人手册

谭俊杰◎编著

清华大学出版社
北 京

内 容 简 介

本书是一本 Android 手机玩家必备达人手册，通过 11 个专题内容全面讲解+12 类生活服务软件+12 类手机系统优化软件+13 类娱乐休闲软件+50 多个设计实战步骤详解+70 多个经典专家提醒+80 余款手机应用软件详解+600 多张精美图片全程图解，帮助读者快速从 Android 新手成为 Android 达人。

全书分为 11 章，具体内容包括 Android 快速入门、Android 基本操作、安装与管理软件、Android 同步与通讯、Android 主题设置、Android 系统优化、Android 快速网上冲浪、Android 掌上移动办公、Android 轻松手机理财、Android 畅快娱乐休闲和 Android 贴心生活服务。从介绍 Android 诞生的背景以及手机导购开始，按照用户的使用顺序，循序渐进地介绍了 Android 智能手机的基本操作、Android 手机的设置和软件安装，随后以第三方软件为重点，介绍 Android 手机在日常生活、商务和休闲娱乐等多个方面的应用，使玩家轻松玩转 Android 手机。

本书内容丰富实用，非常适合 Android 智能手机和平板电脑用户、数码产品发烧友以及时尚达人使用，对于 Android 各个阶段的玩家都能起到较好的帮助作用，让每个读者都能真正成为 Android 达人，并实现 Android 智能手机的最大使用价值。

图书在版编目（CIP）数据

玩家必备：Android 手机达人手册/谭俊杰编著．一北京：清华大学出版社，2012.4

ISBN 978-7-302-27700-2

I. ①玩…　II. ①谭…　III. ①移动终端－应用程序－程序设计　IV. ①TN929.53

中国版本图书馆 CIP 数据核字（2011）第 268188 号

责任编辑：杜长清
封面设计：刘　超
版式设计：文森时代
责任校对：张彩凤
责任印制：何　芊

出版发行：清华大学出版社

网　　址：http://www.tup.com.cn，http://www.wqbook.com
地　　址：北京清华大学学研大厦 A 座　　　邮　　编：100084
社 总 机：010-62770175　　　邮　　购：010-62786544
投稿与读者服务：010-62776969，c-service@tup.tsinghua.edu.cn
质 量 反 馈：010-62772015，zhiliang@tup.tsinghua.edu.cn

印 刷 者：北京鑫丰华彩印有限公司
装 订 者：三河市兴旺装订有限公司
经　　销：全国新华书店
开　　本：185mm×230mm　　印　张：14.75　　字　　数：321 千字
版　　次：2012 年 4 月第 1 版　　印　　次：2012 年 4 月第 1 次印刷
印　　数：1～4000
定　　价：38.00 元

产品编号：045033-01

Preface 前言

❑ 本书简介

本书是一本完全活用 Android 手机的玩家必备手册，书中从“用与玩”的角度，介绍了玩转 Android 手机的各种技巧与方法，帮助用户从入门到精通 Android 手机应用，在最短时间内发挥 Android 手机的最大功效，成为 Android 手机使用达人。

❑ 本书特色

主要特色	特色说明
4 种网络冲浪软件详解	介绍了 UCWeb 浏览器、手机 QQ、新浪微博、在线新闻观看等软件
5 种通讯信息软件详解	介绍了全能名片王、友录通讯录、GO 联系人等 5 款常用通讯软件
5 种掌上办公软件详解	介绍了编辑 Word、Excel、PPT 以及管理小米便签的详细使用方法
9 类在线理财软件详解	介绍了淘宝购物、凡客诚品、团购大全、赶集生活、快递查询、91 彩票管家、同花顺证券、天天基金以及黄金价格实时查看器的使用方法
11 个专题内容全面讲解	本书分 11 章对 Android 手机的不同功能进行合理的划分，循序渐进，具有层次感，使读者在阅读之后会对 Android 系统有个非常清晰的认识
12 类生活服务软件详解	介绍了谷歌地图、盛民列车时刻表、公交查询、携程无线、大众点评网、减肥小秘书、麦当劳优惠券以及各种 Android 学习应用软件的使用方法
13 类娱乐休闲软件详解	介绍了 Android 音乐播放器、酷狗、麦田广播、91 熊猫看书、卡布漫画、暴风影音、优酷视频、熊猫影音以及各种 Android 游戏软件的使用方法
14 类优化安全软件详解	介绍了 ES 文件浏览器、astro 文件管理器、系统信息 PRO、电量指示器、安卓优化大师、一键优化、360 手机卫士、QQ 安全助手等软件的使用方法
50 多个设计实战步骤详解	本书是一本全操作性的技能实例手册，共计 50 多个 Android 手机设计实战步骤，使读者可以逐步掌握 Android 智能手机的核心技能与操作技巧
70 多个经典专家提醒放送	附有作者长期使用 Android 手机的经验技巧，共计 70 多个，全部奉献给读者，方便读者提升实战技巧与经验，从初学者迅速成为手机达人
80 余款手机应用软件详解	介绍了 Android 系统应用软件，包括系统增强、影音播放、上网管理、办公理财、电话通讯、游戏娱乐、网络应用、生活智能化、系统功能扩展等
600 多张精美图片全程图解	通过 600 张操作截图来展示手机具体应用的方法，做到图文对照、简单易学，更容易吸引读者注意力

❑ 本书内容

全书共 11 章，具体章节内容安排如下：Android 快速入门、Android 基本操作、安装与管理软件、Android 同步与通讯、Android 主题设置、Android 系统优化、Android 快速网上冲浪、Android 掌上移动办公、Android 轻松手机理财、Android 畅快娱乐休闲和 Android 贴心生活服务。

❑ 适合读者

本书适合 Android 智能手机用户、数码产品发烧友以及时尚达人阅读。另外，平板电脑用户也完全适用。

❑ 作者售后

本书由谭俊杰编著，同时参加编写的人员还有柏松、谭贤、苏高、刘嫔、杨闰艳、颜勤勤、刘东姣、周旭阳、袁淑敏、谭俊杰、徐茜、杨端阳、谭中阳等人。由于时间仓促，书中难免存在疏漏与不妥之处，欢迎广大读者来信咨询和指正，联系邮箱：itsir@qq.com。

❑ 版权声明

本书所采用的素材、照片、图片、模型、赠品、软件等素材，均为所属个人、公司、网站所有，本书引用仅为说明（教学）之用，请读者不要将相关内容用于其他商业用途或网络传播。

编　者

Content 目录

第1章 Android快速入门 ······ 1

第2章 Android基本操作 ······ 23

第3章 安装与管理软件 ······ 43

13:51
您的可用余额：未登录
登陆注册
充100元以上就返现5%
合买大厅
双色球
福彩3D
11选5
大乐透
时时彩
用户中心
幸运选号
帮助中心
购彩大厅
开奖公告
账户充值
彩票资讯
更多

第1话 1/148 3G

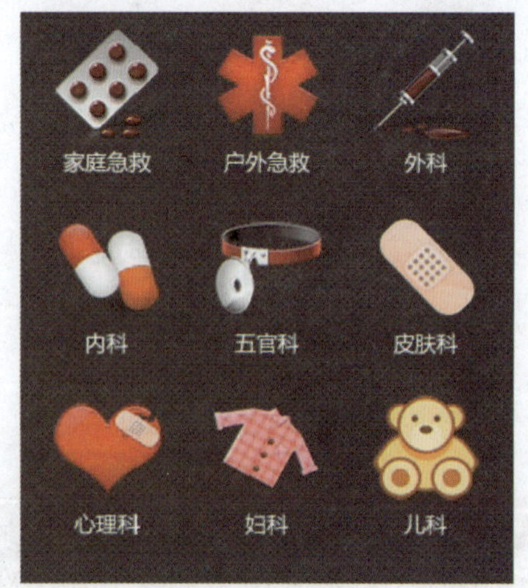
家庭急救
户外急救
外科
内科
五官科
皮肤科
心理科
妇科
儿科

第1章 Android 快速入门

知识要点

- 登录 Android Market
- 云的推送安装应用
- 下载 91 手机助手
- 安装 91 助手程序
- 安装豌豆荚程序
- 连接豌豆荚程序
- 更新软件和游戏
- 卸载软件和游戏

1.1 安卓基础知识

Android是一种以Linux为基础的开放源码操作系统，主要应用于便携设备。目前尚未有统一中文名称，中国大陆地区较多人称其为安卓（非官方）或安致（官方）。Android操作系统由Andy Rubin开发，最初主要支持手机。2005年由Google收购注资，并联合多家制造商组成开放手机联盟对其开发改良，后来Android逐渐扩展到平板电脑及其他领域中，其标识如图1-1所示。

图1-1 Android系统标识

专家提醒 2010年末数据显示，正式推出仅两年的Android操作系统已经超越了称霸十年的诺基亚Symbian系统，跃居全球最受欢迎的智能手机平台。Android的主要竞争对手是苹果的IOS、微软的WP7以及RIM的Blackberry OS。

1.1.1 Android入门介绍

Android是Google公司于2007年11月5日宣布的基于Linux平台的开源移动操作系统的名称。它采用软件堆层（Software Stack，又名软件叠层）的架构，主要分为3部分。底层以Linux内核工作为基础，Android系统效果图由C语言开发，只提供基本功能；中间层包括函数库Library和虚拟机Virtual Machine，由C++开发；最上层是各种应用软件，包括通话程序、短信程序等。应用软件则由各公司自行开发，以Java作为编写程序的一部分，不存在任何以往阻碍移动产业创新的专有权障碍，号称是首个为移动终端打造的真正开放和完整的移动软件。

1.1.2 Android发展历史

2007年11月5日，Google公司发布了基于Linux平台的开源移动手机平台——Android。该平台由操作系统、中间件、用户界面和应用软件等组成。

2008年9月22日，美国运营商T-Mobile USA在纽约正式发布第一款Google手机——T-Mobile G1，如图1-2所示。该款手机由中国台湾宏达电子代工制造，是世界上第一部使用Android操作系统的手机，支持WCDMA/HSPA网络，理论下载速率为7.2Mb/s，并支持Wi-Fi无限局域网络。

Google与开放手机联盟（Open Handset Alliance）合作开发了Android移动开发平台，这个联盟由摩托罗拉、高通、宏达电和T-Moblie、中国移动等在内的30多家移动通讯领域的领军企业组成。Google与运营商、设备制造商、开发商和其他第三方结成了深层次的合作伙伴关系，希望通过建立标准化、开放式的移动电话软件平台，在移动产业内形成一个开放式的生态系统。

Android作为Google企业战略的重要组成部分，将进一步推进"随时随地为每个人提供信息"这一企业目标的实现。全球为数众多的移动电话用户从未使用过任何基于Android的移动通讯设备，Google的目标是让移动通信不再依赖设备甚至平台。出于这个目的，Android将会补充而不会代替Google长期以来奉行的移动发展战略：通过与全球各地的手机制造商和移动运营商结成合作伙伴，开发既实用又有吸引力的移动服务，并推广这些产品。

Android系统在国内的发展主要在于Android系统的二次开发上。目前以Android系统源码为基础，再深度定制改版而成的操作系统主要有点心公司开发的点心操作系统、中国移动的Ophone（如图1-3所示）、联想的乐Phone、阿里云手机操作系统及小米科技开发的MIUI。

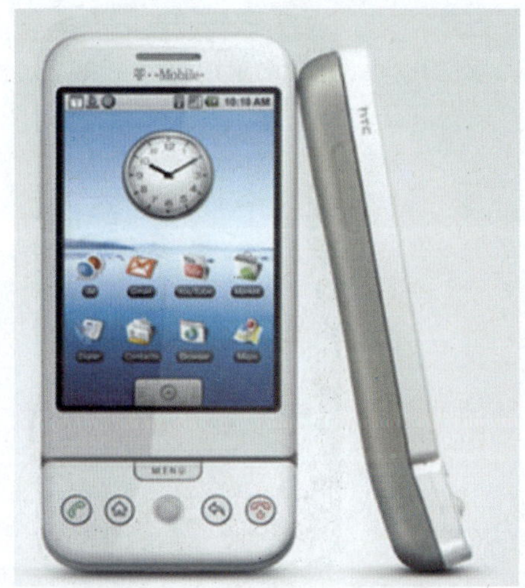

图1-2 T-Mobile G1手机

图1-3 Ophone手机

1.1.3 Android 系统分类

通过学习Android系统的发展历史，我们已经对其有了一个初步的了解。下面就具体介绍

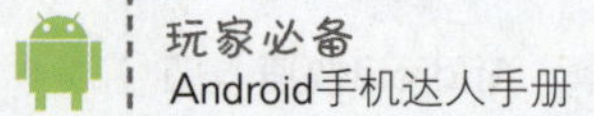

Android 系统版本的升级更新及其代表机型。

- Android 1.0 代表机型 T-Mobile G1

在 2008 年的 GoogleI/O 大会上，谷歌提出了 Android HAL 架构图，在同年的 8 月 18 日，Android 获得了美国联邦通信委员会（FCC）的批准，在 2008 年 9 月，谷歌正式发布了 Android 1.0 系统，这也是 Android 系统最早的版本。

系统发布之后不久就有一款搭载 Android 1.0 系统的手机现身，这款手机就是 T-Mobile G1，它由运营商 T-Mobile 定制、台湾 HTC（宏达电子）代工制造。T-Mobile G1 是世界上第一款使用 Android 操作系统的手机，全名为 HTC Dream。这款手机采用了 3.17 英寸、320×480 分辨率的屏幕，内置 528MHz 处理器，拥有 192MB RAM 以及 256MB ROM。

- Android 1.5 代表机型 HTC G2

在 2009 年 4 月，谷歌正式推出了 Android 1.5 手机，从 Android 1.5 版本开始，谷歌开始将 Android 的版本以甜品的名字命名，Android 1.5 命名为 Cupcake（纸杯蛋糕），其标志如图 1-4 所示。该系统与 Android 1.0 相比有了很大的改进。

随后谷歌为 T-Mobile G1 进行了系统升级并且发布了全新的 HTC G2 手机，如图 1-5 所示，它采用的是 3.2 英寸屏幕，分辨率为 320×480，内置 528MHz 处理器，内存升为 288MB RAM 以及 512MB 的 ROM，在运行速度上有了较大提升。在 2009 年，HTC G1 以及 HTC G2 成为当时仅次于 iPhone 的热门机型。

图1-4　Cupcake

图1-5　HTC G2

- Android 1.6 代表机型 HTC Hero G3

在 2009 年 9 月份，谷歌发布了 Android 1.6 的正式版，并且推出了搭载 Android 1.6 正式版的手机 HTC Hero G3，凭借其出色的外观设计以及全新的 Android 1.6 操作系统，HTC Hero

G3 成为当时全球最受欢迎的手机之一。Android1.6 也有一个有趣的甜品名称——Donut（甜甜圈），其标志如图 1-6 所示。

作为 Android 1.6 系统最具有代表性的机型，HTC Hero G3 采用了 3.2 英寸屏幕，分辨率为 320×480，如图 1-7 所示。手机内置 528MHz 处理器，采用 288MB RAM、512MB ROM 的组合以及 Sense 界面，运行非常流畅。G3 采用了 500 万像素的摄像头。

图1-6　Donut

图1-7　HTC Hero G3

- Android 2.0 代表机型 NEXUS One

在 2009 年 10 月份，谷歌发布了 Android 2.0 操作系统，谷歌将 Android 2.0 至 Android 2.1 系统的版本统称为 Eclair（松饼），同样是一种甜品名称，其标志如图 1-8 所示，与旧系统相比，有了较大的改进。

Android 2.0 版本的代表机型为 NEXUS One，这款手机为谷歌旗下第一款自主品牌手机，由 HTC 代工生产，如图 1-9 所示。NEXUS One 采用了 3.7 英寸触摸屏，分辨率提升至 480×800。手机内置高通 snapdragon QSD8250 1GHz 处理器，拥有 512MB RAM 以及 512MB ROM，运行非常流畅。NEXUS One 采用了 500 万像素的摄像头。

图1-8　Eclair

图1-9　NEXUS One

• Android 2.2 代表机型 DHD/GALAXY S

2010 年 2 月，Linux 内核开发者 Greg Kroah-Hartman 将 Android 的驱动程序从 Linux 内核“状态树”（staging tree）上除去，从此，Android 将与 Linux 开发主流分道扬镳。在同年 5 月，谷歌正式发布了 Android 2.2 操作系统。谷歌将 Android 2.2 操作系统命名为 Froyo（冻酸奶），其标志如图 1-10 所示。

专家提醒 Android 2.2操作系统受到了广泛的关注，根据美国NDP集团调查显示，Android系统已占据了美国移动系统市场28%的份额，在全球占据了17%的市场份额。到2010年9月，Android系统的应用数量已经超过了9万个，谷歌公布每日销售的Android系统设备的新用户数量达到20万，Android系统取得了巨大的成功。

采用 Android 2.2 操作系统的手机比较出众的有 HTC Desire HD，该机采用了一块 4.3 英寸显示屏，分辨率为 480×800，如图 1-11 所示。这款手机内置高通 MSM8255 1GHz 处理器，采用的是 768MB RAM+1.5GB ROM 的组合，运行 Android 2.2 系统非常流畅。手机采用了 800 万像素摄像头。

图1-10　Froyo

图1-11　HTC Desire HD

专家提醒 除了HTC系列，三星的GALAXY S也是一款受到众多用户喜爱的Android 2.2操作系统的手机，它采用了4英寸显示屏，分辨率为480×800，屏幕材质为Super AMOLED，显示效果出色。手机内置Samsung S5PC110（蜂鸟）1GHz处理器，拥有512MB RAM、512MB ROM、8GB存储空间，500万像素的摄像头成像效果出色。

• Android 2.3 代表机型 GALAXY S Ⅱ /Sensation

2010 年 10 月谷歌宣布 Android 系统达到了第一个里程碑，即电子市场上获得官方数字认证的 Android 应用数量已经达到了 10 万个，Android 系统的应用增长非常迅速。在 2010 年 12 月，谷歌正式发布了 Android 2.3 操作系统——Gingerbread（姜饼），其标志如图 1-12 所示。

经过漫长的等待，Android 2.3 系统开始被运用到手机当中，目前比较热门的 Android 2.3 机型当属三星 GALAXY S Ⅱ，如图 1-13 所示。该机厚度不足 9 毫米，创下了最薄智能手机的记录。手机采用 4.3 英寸显示屏，分辨率为 480×800，拥有全新的 Super AMOLED PLUS 显示屏，显示效果出色。手机内置 Exynos4210 1.2GHz 双核处理器，拥有 1GB RAM 以及 4GB ROM，还有 800 万像素的摄像头，支持 1080P 视频的拍摄。

图1-12　Gingerbread

图1-13　三星GALAXY S Ⅱ

- Android 3.0 摩托罗拉移动 Xoom

谷歌在 2011 年 2 月 3 日发布了专用于平板电脑的 Android 3.0 Honeycomb 系统，它带来了很多激动人心的新特性，是首个基于 Android 的平板电脑专用操作系统。

Xoom 是摩托罗拉移动于 2011 年 1 月 5 日在美国拉斯维加斯 CES 电子消费展推出的全球第一款 Android 3.0 平板电脑。这款平板电脑采用的是 Honeycomb（蜂巢）系统，也就是谷歌公司专为平板电脑优化的 Android 3.0 系统，其标志如图 1-14 所示。除了双核处理器和新版蜂巢系统之外，这款平板电脑还拥有 3.5 毫米耳机接口、Mini HDMI 接口，并提供了强大的无线连接功能，用户可在 UMTS、CDMA、802.11b/g/n WiFi 无线局域网、LTE 多种网络制式中进行选择，实用性极高，如图 1-15 所示。

图1-14　Honeycomb

图1-15　摩托罗拉移动Xoom

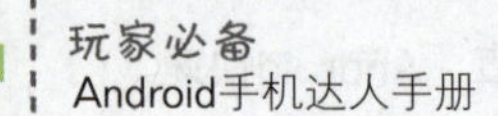

Xoom 采用 10.1 英寸的高分辨率显示屏和双核处理器；配备两颗摄像头，一颗用于视频通话，另一颗 500 万像素的摄像头可拍摄高清视频；支持 Adobe Flash；可充当 WiFi 热点，最多支持 5 台设备同时上网。

- Android 4.0 代表机型 NEXUS Prime/Droid Razr

2011 年 10 月 19 日，谷歌发布全新的 Android 4.0 操作系统，这款系统被谷歌命名为 Ice Cream Sandwich（冰激凌三明治），其标志如图 1-16 所示。这款全新的 Android 系统结合了 Android 2.3 与 Android 3.0 的优点，支持手机设备与平板设备。Android 4.0 系统拥有全新的系统解锁界面，小插件也进行了重新设计，最特别的就是系统的任务管理器可以显示出程序的缩略图，便于用户准确、快速地关闭无用的程序。

Android 4.0 的代表机型是 NEXUS Prime，这款手机采用了 4.65 英寸的 Super AMOLED 触摸屏，分辨率达到 720×1280，机身厚度仅有 9 毫米；还配置了来自德州仪器主频为 1.2GHz 的双核 OMAP 4460 Cortex A9 处理器，1GB RAM 和 32GB ROM 的内置存储，如图 1-17 所示。另有 130 万和 500 万像素的前、后摄像头，支持 1080p 高清视频的拍摄。

图1-16　Ice Cream Sandwich

图1-17　NEXUS Prime

专家提醒 摩托罗拉表示将会推出一款搭载Android 4.0系统的手机，有消息称这款即将发布的手机名为Droid Razr。据了解，它将配备4.3英寸的触摸屏，分辨率为540×960像素，材质为Super AMOLED，并搭载主频1.2GHz双核处理器，内置1GB RAM内存，提供800万像素的摄像头，可支持1080P视频摄录功能，同时支持4G网络。

1.2 Android智能手机

在以上的 Android 版本介绍中，用户已经知道了很多品牌的手机均采用了 Android 操作系统，下面再针对手机厂商介绍一下 Android 阵营下的主要手机品牌。

专家提醒 在智能手机市场，Android系统的占有率已经达到了43%，继续排在移动操作系统的首位。

1.2.1　HTC

HTC，即宏达国际电子股份有限公司（High Technology Computer Corporation），其 logo 如图 1-18 所示，简称宏达或宏达电，是一家全球知名的科技公司，主要产品为智能手机，公司总部位于中国台湾省桃园县。HTC 公司于 1997 年由董事长王雪红、董事暨宏达基金会董事长卓火土与总经理兼执行长周永明所创立。该公司自成立以来，展现出强大的研发能力，开创了许多全新的设计和产品，并推出了技术领先的 PDA 及智能手机产品。

HTC 引领了 Android 智能机的发展潮流，是现在世界上出色的智能手机生产厂家之一。多年来，HTC 在全球知名通信公司背后默默努力，是 HTC Logo 让这些知名公司的产品得以在全世界的市场上发光和发热。HTC 与主要的手持设备品牌业者建立了独特的合作关系，包括欧洲五家领先业界的电信公司、美国四家最大的电信公司以及亚洲许多正快速成长的电信公司。HTC 同时也通过领先业界的 OEM 合作伙伴将产品推向市场，并从 2006 年 6 月起发展自己的品牌手机，如图 1-19 所示。HTC Android 畅销手机有 Dream、Magic、Hero、Tattoo 和 Nexus One 等。

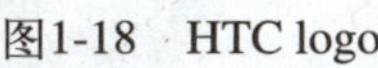

图1-18　HTC logo

图1-19　HTC Desire（G7）

HTC 是手机设备业界中成长最快的企业之一，得到消费者的肯定。美国商业周刊（*Business Week*）更评选 HTC 为 2007 年亚洲地区科技公司表现最佳的第二名，并在 2006 年将该公司列为全球排名第三的科技公司。

1.2.2　Motorola

摩托罗拉公司（Motorola Inc.），原名 Galvin Manufacturing Corporation，成立于 1928 年，其 logo 如图 1-20 所示。1947 年，改名为 Motorola，从 1930 年代开始作为商标使用。总部设在美国伊利诺伊州绍姆堡，位于芝加哥市郊。世界财富百强企业之一，是全球芯片制造、电子通信的领导者。

摩托罗拉因在无线和宽带通信领域的不断创新和领导地位而闻名世界，摩托罗拉、诺基亚以及索尼爱立信并称为世界通信三巨头。摩托罗拉也是世界财富百强企业之一，拥有全球性的业务和影响力，2006 年的销售额为 428 亿美元。公司旗下有三大业务集团，它们分别是企业移动解决方案部、宽带及移动网络事业部和移动终端事业部。作为一家老牌通信巨头，摩托罗拉在通信业的地位毋庸置疑。从发明第一款手机开始，摩托罗拉见证了迄今为止的整个手机发展史，摩托罗拉无线电应答器被用于阿波罗 11 号宇宙飞船。摩托罗拉一直引领时代的进步，从发明了无线电应答器，到全球第一款商用手机、第一款 GSM 数字手机、第一款双向式寻呼机、第一款智能手机、第一个无线路由器，以及著名的铱星计划等。2011 年 8 月 15 日，谷歌公司宣布将以每股 40 美元、总额约 125 亿美元的价格收购摩托罗拉移动。双方董事会现已全票通过该交易，预计在 2011 年底或 2012 年初完成。

作为无线通信行业的领导者，摩托罗拉将用户熟悉的手机转变成了在日常通信、数据管理和移动娱乐中必不可少的个人通信产品。摩托罗拉不仅设计、生产、销售无线终端设备，并提供了相应服务，以及相应的知识产权授权。目前摩托罗拉手机的产地主要在天津，同时富士康、TCL（阿尔卡特移动电话）、华为等给摩托罗拉代工手机。摩托罗拉 2007 年发布 RAZR2 手机（V8、V9 和 V9m）后达到历史最高点，但正所谓“成也萧何，败也萧何”，RAZR 让摩托罗拉曾经一度威胁诺基亚第一的宝座，也使得摩托罗拉失去了创新的原动力并逐步走向了衰落。摩托罗拉手机一味追求超薄以及平台之乱等原因，造成连续 4 年亏损，2009 年公司将提高利润的重担押宝在 Android 手机上，扩大了 OEM 的数量，如图 1-21 所示。

图1-20　Motorola logo

图1-21　摩托罗拉手机

ME 系列是摩托罗拉进军 Android 智能系统后推出的一个全新手机系列，即 MOTO 智游系列，该系列手机全部采用 Android 智能操作系统，强调移动互联网应用聚合，带给用户海量酷玩应用程序体验。该系列拥有许多人气机型，代表手机有 ME600（俗称后空翻）、ME525（摩托罗拉最具影响力的三防手机，购机热门之选）、ME511、ME501、ME860、ME722 等诸多手机型号。其中尤以 ME600 和 ME525 受到广大手机玩家的喜爱。摩托罗拉 ME600 是全球首款后空翻产品，采用一个独特的铰链来完成整个后空翻动作，整机的金属质感强烈，是摩托罗拉工业美学理念的完美体现，如图 1-22 所示。ME525 作为 MOTO 旗下首款防尘、防水、防刮花的三防手机，同时也是首款 Android 系统三防手机，一直都有着较高的关注度，其中防护性能是其最大亮点，可以达到 IP67 防护标准的要求，即该标准的最高级别，如图 1-23 所示。

图1-22 ME600

图1-23 ME525

1.2.3 三星

三星集团（简称三星）是韩国第一大企业，同时也是一个跨国的企业集团。三星集团包括众多的国际下属企业，旗下子公司有三星电子、三星物产、三星生命、三星航空等，业务涉及电子、金融、机械、化学等众多领域，被美国《财富》杂志评选为世界 500 强企业之一。三星电子是旗下最大的子公司，目前已是全球第二大手机生产商、全球营收最大的电子企业，在 2011 年的全球企业市值中为 1500 亿美元。

三星以官方名义正式通告，2010 年三星旗下的智能手机将有 50% 采用 Android 操作系统，全面转投 Android 这个目前最火的开源平台。

除去 Android 平台之外，三星也在大力发展自家的 Bada 系统，将会把手机总量 33% 的配额分给它。而 Symbian 和 WM 平台的手机则只能分享剩下 17% 的配额。三星把如此多的资源分配给 Android 平台的举措是否会让 Android 手机迎来新一轮的井喷式成长，还只能拭目以待。

专家提醒 三星旗下Android智能手机阵营主要是Galaxy系列，包括i5700、i5800、i7500、i897、i8520（投影手机）、i9000、T959等，如图1-24和图1-25所示。尽管三星手机的发展势头很猛，但也有缺点，有些缺点是其市场选择所带来的。比如，基本不考虑低端市场，价格偏高；其功能与其他手机相比有些少；三星手机被人说成花瓶等；在CDMA领域不如LG。

图1-24　i9000

图1-25　Galaxy Fit

1.2.4　国内厂商

Android 在国内市场上如火如荼，大家可以明显感觉到市售的智能手机不仅逐渐多了起来，同时大多还呈现出严重的同质化现象。这里介绍两款手机，一款是来自联想手机（Lenovo）的乐 Phone，如图 1-26 所示；另一款是来自魅族（Meizu）的国产神器——M9，如图 1-27 所示。

图1-26　乐Phone

图1-27　M9

专家提醒 乐Phone从最初2899元的售价威震手机界，如今已经降价到1999元。乐Phone最初推出的版本采用3.7寸AMOLED屏幕、512MB内存、1GHz高通QSD8250处理器，跟电信合作之后，屏幕材质也往TFT发展，摄像头也升级到500万像素的机型。

1.3 选购Android智能手机

相信时下购买智能手机的朋友大多都会考虑选购 Android 智能手机，其人性化的操作体验和强劲的扩展能力，都让它赢得了众多消费者及手机玩家的喜爱。但随着 Android 智能操作系统的不断发展，同时也暴露出很多需要注意的问题，比如硬件标准、软件兼容度等问题。本节将重点介绍选购 Android 智能手机的方法。

1.3.1　购买 Android 手机注意事项

1．手机价格

“价格”是购机第一大要素，无论用户想购买 Android 还是 Windows Phone 7，都离不开这两个字。

而对于目前市场中的 Android 智能手机来说，降价是它们近期的首要关键词。一些配置强劲、知名度颇高的旗舰机型接连跌破 3000 元大关，如摩托罗拉 Milestone2、索尼爱立信 X10、HTC Desire 等人气强机，如图 1-28 和图 1-29 所示。相信用户都会质疑它们为何跌得如此迅猛，其实很好解释，“更新换代”是迫使它们降价的主要原因。

图1-28　摩托罗拉Milestone2

图1-29　索尼爱立信X10

为应对智能手机双核时代的来临，市售 1GHz 高端机型必将沦为大众主流机型。所以对于想购买一款 1GHz 主频 Android 智能手机的用户来说，不妨再等待一段时间，待双核新机到来之时，市售中的 Android 强机必会大幅降价，届时会是一个抄底的好时机。

2．系统版本及 ROM

熟悉 Android 操作系统的用户都会知道，该系统版本众多，到现在为止 Android 操作系统已更新了 7 个版本，其中并不包括为平板电脑量身打造的 Android 3.0 蜂巢智能操作系统。系统版本的更新标志着功能的增加和性能的提升，所以用户在选购时一定要多加注意，避免版本差异带来的使用不便。下面简要介绍一下市场中主流 Android 系统版本存在的差异。

目前市场中，主流的 Android 系统版本有 2.1 版、2.2 版、2.3 版，2.2 版相比 2.1 版添加了在线 Flash 播放、网络共享等功能，并且全新 JIT（内核编译器）也使系统与硬件的兼容度更佳完美，从而让整机性能得到质的飞跃。而最新推出的 2.3 版相比 2.2 版在游戏性能上有了显著提升，同时新增的 NFC Reader 功能也让它实用性大大提升，并且在一些细节之处逐渐趋于完美。

专家提醒 低版本系统可以通过刷ROM来实现升级，不过有些机型是不能够通刷ROM的，例如，T-Mobile、AT&T等电信运营商定制机型或联想乐Phone、索尼爱立信X10等厂商深度优化机型，所以它们只能刷至特定ROM来进行升级。

随着 Android 智能操作系统的高速发展，其市场占有率也在不断提高，各个厂商为争夺市场都纷纷推出 Android 智能手机。而随着 Android 智能手机的不断增多，各个厂商之间的差异化也在逐渐缩小，为了应对这种“同质”局面的蔓延，一些有实力的厂商或电信运营开始对 Android 系统进行二次优化。这种优化大致分为两种：一种是优化系统界面，一种是深度优化整个系统，并且它们对系统的优化将直接影响到用户的体验。

- 手机厂商对 Android 系统的优化是最为常见的，主要集中在系统界面方面。在众多系统界面中最为经典的莫过于 HTC Sense 系统界面了，如图 1-30 所示，它不仅看上去非常时尚同时也十分实用，并且在 HTC Desire HD、HTC Desire Z 等新机型还支持基于 HTC Sense 的云服务，该服务可以帮助用户更好地管理自己的手机。

图1-30　HTC Sense系统界面

- 另一种优化就是深度优化系统，让 Android 的原有形态面目全非。最具代表性的就是中国移动的 OMS 智能操作系统，如图 1-31 所示，以及创新工场的点心智能操作系统，如图 1-32 所示，它们都打着“Android 智能操作系统再次开发”的旗号跑马圈地，并且宣称能更加完美。不建议用户选购这类二次开发后的操作系统，因为系统被修改了大量的代码，所以会造成执行速度和兼容性的问题。

图1-31　OMS智能操作系统

图1-32　点心智能操作系统

3．ARM 处理器

随着采用 1GHz 处理器的谷歌 Nexus One 的诞生，Android 智能手机正式进入硬件竞赛时代，高频率处理器成为了重要卖点。

专家提醒 其实高频未必换来高能，一款手机的处理性能取决于很多因素。而一些追求高性能的用户酷爱选择高频Android智能手机，这是一场盲目追求主频的选购，结果发现1GHz处理器的性能未必有800MHz处理器的性能强劲。HTC Desire Z就很好地证明了这一点，其凭借800MHz处理器跑赢了彪悍的三星I9000。其实并不是HTC Desire Z有多么强，而是Android 2.2操作系统全新的JIT（内核编译器）促使它性能飙升，相反采用Android 2.1操作系统的三星I9000就没有经过这一环节的优化，从这一点可以发现操作系统对性能的提升有多么重要。

此外，同为 1GHz 处理器和 ARM 构架，也会在性能上存在差异。因为 ARM 只管将构架技术卖给芯片厂商，至于芯片厂商如何设计电路、封装工艺、封装接口等标准，那就不是 ARM 所管辖范围内的事情了，这些都由芯片厂商自行制作，所以会造成运算数据上的偏差。而在游戏娱乐、高清视频欣赏方面，则取决于处理器内置图形芯片的处理性能。同时运行内存在智能手机中的比重也是相当重要的，多任务处理还要依仗内存的容量。所以一款手机的处理性能是否强劲，决定性能的因素有很多，不光只靠主频，建议用户不要盲目追求主频。

4．分辨率及软件应用

由于 Android 操作系统是一款极为开放的软件平台，同时并未采用 Windows Phone 7 那样的硬件限定标准，所以随着机型的不断增多，在一些硬性指标上就会出现混乱的局面。其中最为明显的就是屏幕分辨率问题，目前 Android 手机存在以下 5 种屏幕分辨率，依次为 240×320 像素、400×240 像素、800×480 像素、854×480 像素、960×640 像素。如此之多的分辨率在实际使用过程中，会直接造成软件兼容性问题，尤其在手机游戏方面。

例如刚刚上市的魅族 M9，该机采用的是 960×640 像素分辨率，虽然高分辨率让它显示效果十分细腻，但却使它在软件兼容方面大打折扣，许多软件不能完美运行，如图 1-33 所示。此外，摩托罗拉 ME511 的 240×320 像素分辨率，也会出现类似于魅族 M9 的软件兼容问题，如图 1-34 所示。所以用户在购机时一定要加以注意，不要为了追求高端或个性，丧失了最基本的应用。

图1-33　魅族M9

图1-34　摩托罗拉ME511

购买 Android 智能手机的用户大多是看重它的扩展性能。由于 Android 操作系统的开放，所以该平台软件资源极为丰富，但这些软件资源并不像用户想象中的那样各个都能完美运行，上面也提及到屏幕分辨率的问题。除此之外，还有很多因素限定软件的运行，比如只兼容高通处理器或 TI 处理器等。并且由于 Android 软件审核门槛较低，从而会有投机者涌入 Android 软件市场，放出一些“吸费”软件，所以用户一定要多加注意。

1.3.2 购买 Android 手机十大要素

下面就将选购 Android 手机时所需要考虑到的因素罗列如下，用户在购机时也可以有选择地参考一下。

1．软件系统的版本

没有人愿意买的新手机，系统版本不是最新的，所以在 2011 年内，各品牌都将自家旗下的产品升级到 Android 2.3。如此看来，HTC、MOTO、三星，尤其是 HTC，在 Android 上面花的力气还是足够多的。

2．第三方开发环境

凡是知道 Android 手机可以 root 的用户，都希望在使用新机一段时间之后，能够通过 root 得到更高级的权限，并对手机做修改，以实现更深度的应用。

3．不同品牌的特色界面

如 Nexus One、HTC Hero、MOTO Droid X，这三款手机虽然同为 Android 系统，但 UI 不同，原生 Android 2.1 的 Nexus One，与加入了 Sense 的 Hero、加入了 Blur 的 Droid X 相同，都是对 Android 的二次开发，如何选择要根据自身的需求而定。

4．摄像头

不同品牌手机的成像质量参差不齐，A 品牌的 800 万像素，可能还不及 B 品牌的 500 万像素。另外闪光灯（单 LED、双 LED、氙气）也是必须纳入考虑的因素之一，具备独立拍照按键的就更好了。

5．电池续航

Android 系统比较费电是众所周知的，除考虑电池容量之外，更多系统上的设置同样可以有效延长电池续航时间。

6．处理器

无论是三星的蜂鸟（Hummingbird）、高通的 Snapdragon，还是 TI 的 OMAP 系列，其实对于用户来说，更多关注的还是主频高低。但实际上，还是建议用户要更关注操控的体验，这一点体现的是产品硬件与软件互相优化的水平如何。

7．屏幕类型

市面上的屏幕种类不算多也不算少，当然三星的 AMOLEDSuper AMOLED 是出类拔萃的，其他的还有 Super LCD、IPS 以及普通的 TFT 等，太鲜艳的屏幕同样也会更加耗电，要权衡考虑。

8．做工与功能

除以上要点之外，产品本身的做工以及功能上的易用性也是需要重视的地方，毕竟可靠的质量、好用的软件都来源于此。

9．周边配件

越来越多的手机产品在出厂时配备有专门的底座，有的底座由于具备多种接口，确实可以提升手机的实用性。但一般情况下，需要用户自行购买，产品本身并不附赠。

10．产品能否被 root

一款产品如果拥有良好的开发环境，那么一定会被 root，当然能被 root 的产品可玩性更高。

1.3.3 Android 智能手机购买指南

手机中的水货、行货、港行是什么意思？下面列出一些类似的名词，然后分别进行解释。

- 行货。行货指的是大陆行货。国内行货就是得到生产厂商的认可，由某个商家取得代理权或者直接由该生产厂商的分支机构在某个指定的地区进行销售的产品，行货的价格往往比较高，但是因为它们是当地正式的代理厂商，产品的保修、售后服务有保障。
- 串货。串货也是行货的一种，业内人称炒货。因为行货要交很多税等原因，价格比会较高，加上各个区域消费水平不一，导致了串货的出现。现在的串货，不再是简单的南水北调了，售后服务有保证，和行货一样。
- 水货。简单地说，就是从其他国家地区没经过海关、走私进来的手机。其范围比较广泛，包括欧版、港行等其他国家和地区的行货、串货、充新机、克隆、翻新等。水货除有能力的商家自行承担保修外，一般都不提供保修。需要注意的是以前的水货是指欧版。
- 港行。港行就是香港的行货，和大陆的行货一样，质量比大陆的还要好，就是有很多是繁体字，需要刷机，可能对机子产生损害。
- 欧版。其实这才是真正的水货。给欧版的定义应该是这样的，在 A 地生产的手机要发往 B 地，中途有人通过某种渠道偷逃了关税进入了中国国内市场进行销售的手机。所以，欧版的手机是某个地区的行货，保修也只能是部分商家提供的保修。
- 翻新机：按照手机业内的说法，是把一些收回的二手手机用化学液体清理干净，重新换外壳，配上电池、充电器（假冒）和包装当作新机销售的就是翻新机。
- 充新机。这种手机就是一些手机贩子把收回的很新的手机，或者是一些在香港地区或者其他国家的一些电信商入网时送的手机（这些手机很多人玩几天就会卖掉），通过走私进来销售，总之充新机的概念就是这种手机和新机几乎一样，没有破损或划痕。其实分辨方法很简单，一些在大陆没有销售的机子而在香港那边有的，这些货可以说是二手港行。可买性比较高，因为香港的玩家比较多。

- 板机。板机又称组装机。用户对其概念都很模糊，但通俗地说就是使用各种零件拼凑成的机板，再装上外壳，配上电池，重新包装后销售的手机。板机的质量很差，危害性最大，并且会有爆炸的危险。
- 克隆机。就是 COPY 了行货的串号等一系列 ID，复制到另一只手机上。原先的克隆机质量都比较差，现在的克隆机有的可以假到连维修点的工人都不知道真假。不过大部分还是可以辨别出来的，而且没有保修。
- 山寨机。就是没有自己的技术，完全靠攒件组装产品的手工作坊类的小工厂制作的手机。其外形通常都与一些知名一线品牌的热门产品极其相似，又没有比较正式的品牌，甚至有些是打国际知名品牌的擦边球。这些手机通常称之为山寨机。

知道了水货、行货和港行的区别，那么除了去正规场所购买外，还有什么方法可以辨别买到的手机是行货呢？

1．进网许可证

进网许可证是国家相关部门的认可标志，通常贴在电池槽内，为浅蓝色或浅绿色网状花纹长方形标贴，标贴左上角为条纹状 CM 标志，标贴右边有 4 行文字，如图 1-35 所示。

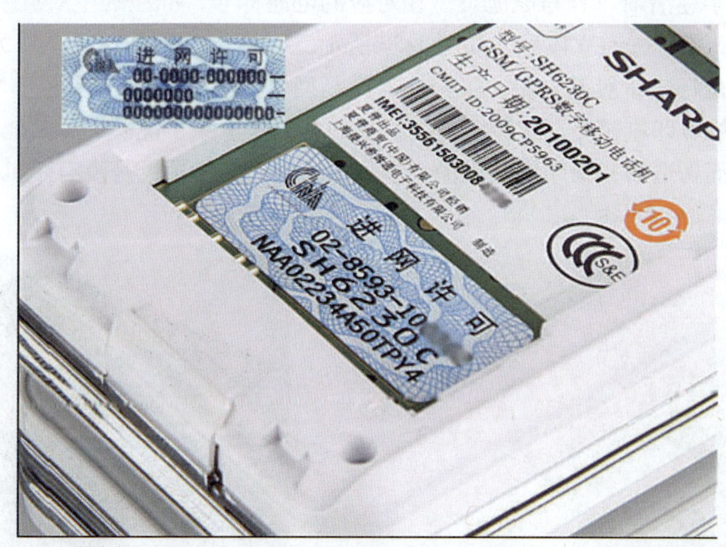

图1-35　进网许可证

- 第 1 行：一组“进网许可”或“进网试用”。
- 第 2 行：许可证号，格式为 02-＊＊＊＊-＊＊＊＊＊＊，旧款机型最后六位数：99＊＊＊＊，新款机型最后六位数：00＊＊＊＊。
- 第 3 行：手机型号，与此手机具体型号相对应。
- 第 4 行：扰码。

进网标志采用防伪纸印刷，字迹清楚，用验钞机的紫外线灯照射整张标贴，会在中间看见一条红色的发光防伪线，线右侧会看见红色荧光 CMII 字样，用手抚摸标贴表面，在防伪线外有明显的凹凸感。可以登录网站 www.tenaa.com.cn 验证串号和入网证，也可以通过电话和短信验证（电话：(010) 82058767 和 82050313 进行人工查询验证；短信："RW# 进网证号 # 扰码 # 手机机身号"发送到"9500"）。

2. 查看手机 IMEI 码

(1) 手机上输入 *#06#，出现 15 位数，即 IMEI 码。

(2) 机身背贴纸上面有 IMEI 码。

(3) 检查手机外包装的贴纸，上面有 IMEI 码。

(4) 上面 3 点中的 IMEI 码需完全一致。

3. 电池和外包装

大陆行货手机，电池上面的标贴都印刷着简体中文，水货多为英文。真电池外观整齐，没有多余的毛刺，外表面有一定的粗糙度且手感舒适，内表面手感光滑，灯光下能看到细密的纵向划痕；其标贴字迹清晰，有与电池类型相对应的电池标号，标注的生产厂家字体轮廓清晰，防伪标志亮度好，看上去有立体感，如图 1-36 所示。

不管水货还是行货一般都会贴一张标注着产品型号、出厂日期、产地、IMEI 码和条形码的标签。正规的标签印刷精美，字体清晰，行货的包装盒里除了说明书和其他配件之外，还有手机三包凭证；而伪造的标签印刷很粗糙，字体很模糊，水货手机是没有手机三包凭证的，如图 1-37 所示。

图1-36　电池

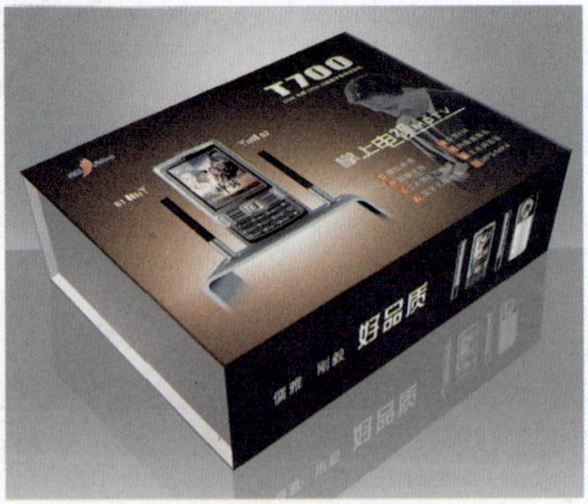

图1-37　外包装

1.4 注册Google Gmail账户

Google 账户能让用户更好地使用 Android 中的 Google 服务。标准的 Android 系统具备

Google 服务同步功能，用户的联系人、日历、Gmail 邮箱均能直接与 Google 服务器同步；还能用它来登录 Android Market，下载所需要的应用程序；在电脑上登录 Android Market，能将软件直接安装到手机上。

1.4.1　了解 Google Gmail

Gmail 是 Google 的免费网络邮件服务。它随附内置的 Google 搜索技术并提供 7312MB 以上的存储空间（仍在不断增加中），可以永久地保留重要的邮件、文件和图片，使用搜索快速、轻松地查找任何需要的内容。

Gmail 中没有弹出式窗口或无针对性的横幅广告，只有右侧小幅文字广告。广告和相关信息与用户的邮件有关，因此用户并不会觉得突兀，有时它们还很有用。根据 Google 的隐私政策，它不会泄露用户的隐私。Gmail 还将即时消息整合到电子邮件中，因此当用户在线时，可以更好地与好友联系。简单、有效甚至充满使用乐趣，这是关于电子邮件的全新思维方式，是 Google 提供电子邮件服务的方式。

Gmail 存储空间达到 7550MB 以上（还在增加），利用极富创新的 Google 技术最有效地防范垃圾邮件。

1.4.2　注册 Google Gmail 账户

登录 http://is.gd/ee3d51 或 http://www.google.com/accounts/NewAccount-?hl=zh-CN 进行注册，如图 1-38 所示，按照要求填写注册信息即可。

图1-38　登录相应网站

当使用上面的地址无法登录注册时，可以登录 Google 的主页：http://www.google.com.hk/，打开页面后单击右上角的“登录”链接，如图 1-39 所示。打开相应页面，单击“免费创建账户”链接，然后填写注册信息，如图 1-40 所示。

图1-39　单击“登录”链接

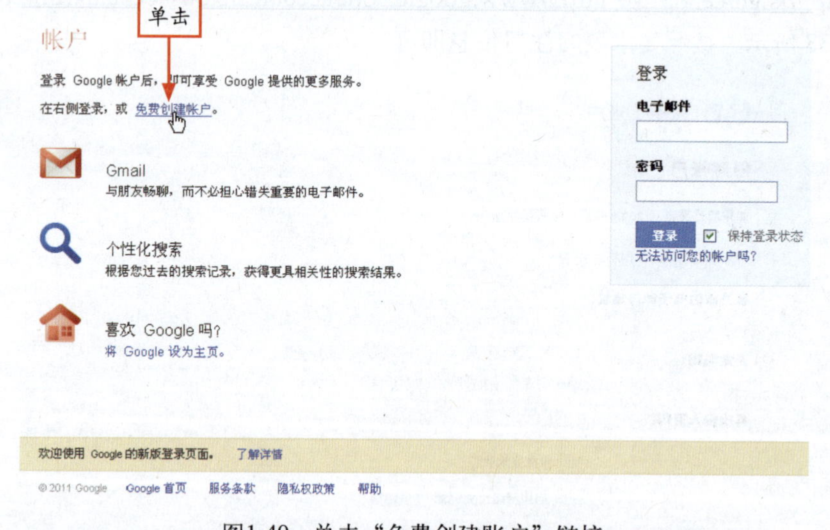

图1-40　单击“免费创建账户”链接

专家提醒 在Gmail上可以从Yahoo!、Hotmail、AOL以及许多其他网络邮件服务或POP账户导入联系人和邮件，不必在不同的邮箱之间来回切换就可以收发不同邮箱的邮件，非常方便。

第 2 章 Android 基本操作

知识要点

- 了解 Android 界面
- 了解 Android 手机按键
- 设置 Android 桌面工具
- 使用 Android 通讯设备

2.1 了解Android界面

在学习 Android 系统的常用操作之前，首先要了解 Android 系统的主界面以及添加或删除插件和建立快捷方式的方法。

2.1.1 熟悉 Android 主界面

按下手机顶部的“电源”键，启动 Android 智能手机，主界面便呈现在用户面前。Android 主界面由状态栏、桌面和快捷栏 3 个部分组成，如图 2-1 所示。

状态栏显示了目前手机的主要状态，如网络、电池电量和时间等。用手指轻轻按住状态栏向下滑动，则会出现一个更为详细的状态栏，通常称之为“通知栏”，如图 2-2 所示。

图2-1 Android主界

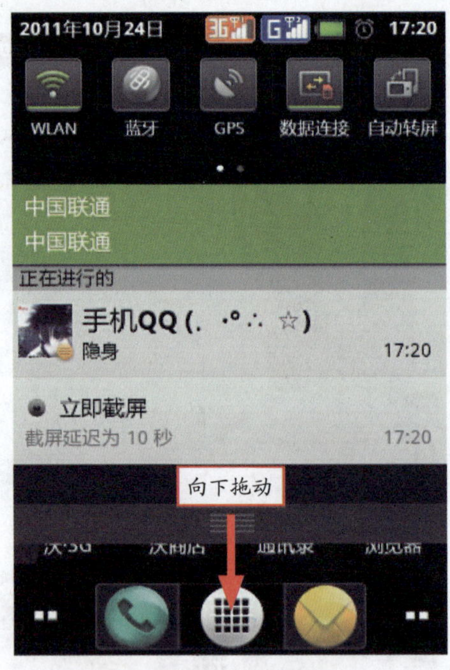

图2-2 通知栏

> **专家提醒** 手机通常的状态、收到的短消息以及未接来电等通知信息均会在通知栏里面显示，用户可以直接点击其中的程序列表进入相应程序的工作界面。

Android 系统的桌面和平常的电脑桌面一样，可以放置快捷方式，或者一些桌面小插件等工具，以方便用户快速访问某些常用的应用程序。

快捷栏则默认固定了日常生活中经常用到的 3 个应用：拨打电话、收发短消息和应用程序。这 3 个操作会固定在手机屏幕的底部，不会随着桌面的变换而变换。点击“拨号”按钮，即可进入拨号界面，如图 2-3 所示，用手指轻触屏幕上的数字键即可输入相应的电话号码。同理，点击“信息”按钮即可进入信息界面。

点击“应用程序”按钮，则手机中安装的所有应用程序便显现出来，如图 2-4 所示。

图2-3　拨号界面

图2-4　应用程序界面

2.1.2　更换快捷栏图标

用户可以对快捷栏的 3 个快捷方式进行随意更换，全程如图 2-5 ~ 图 2-8 所示。

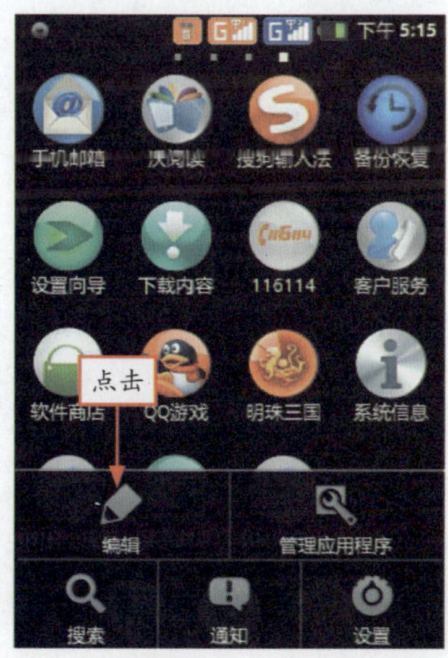

图2-5　menu菜单

图2-6　拖动图标

图2-7　点击“完成”按钮

图2-8　更换菜单

实战步骤：

步骤1 点击“应用程序”按钮，进入相应应用程序界面，然后按下“menu”键，弹出 menu 菜单，点击“编辑”按钮，如图 2-5 所示。

步骤2 进入编辑模式，用手指按住需要加入快捷栏的应用程序图标，并将其拖曳到快捷栏，再松开手指，该图标便替换了原图标，如图 2-6 所示。

步骤3 再次按“menu”键，点击“完成”按钮完成全部操作，如图 2-7 所示。

步骤4 执行操作后，“手机邮箱”图标则将原来的“信息”图标替换，如图 2-8 所示。

专家提醒 把手机竖着拿在手中，然后将它旋转 90°（横过来），则手机的页面会跟着重心的变化而自动旋转起来，如图 2-9 所示。手机之所以能根据屏幕方向调整页面的方向，是因为手机中内置了重力感应器。

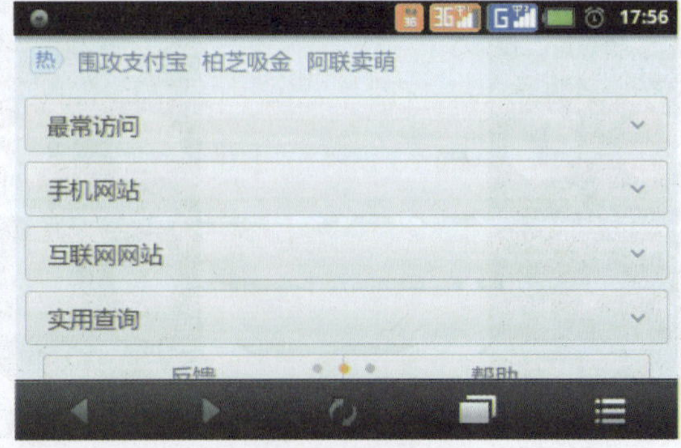

图2-9　页面旋转90°

2.1.3 切换 Android 桌面

如图 2-10 所示，在快捷栏中有 4 个小方块，意味着 Android 一共设置了 4 个桌面。如果第 1 个桌面上的图标或者插件放满了，还可以继续放置在第 2 个桌面或第 3 个桌面上。手指按在桌面上的空白处，左右滑动即可切换不同的桌面。

图 2-11 所示为第 2 个桌面下的"新浪新闻"插件。

图2-10 Android系统桌面

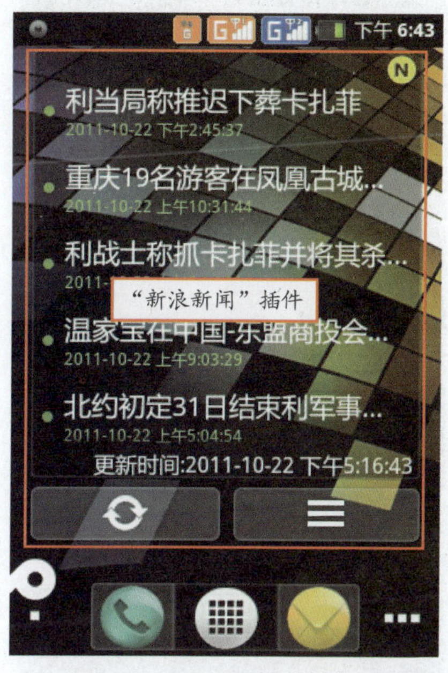

图2-11 "新浪新闻"插件

专家提醒 一般当手指接触到电容屏时，会"吸"走一点点电流，然后屏幕从四个角落均匀送电到拇指所在的位置，并以此来定位，所以电容屏在输电电压不稳定的情况下，会"飘移"甚至失效。因此，如果电量低于 20% 时，最好马上充电。

电容屏主要的缺点是漂移。当环境温度、湿度改变时，或环境电场发生改变时，都会引起电容屏的漂移，造成定位不准确。例如，开机后显示器温度上升会造成漂移；用户触摸屏幕的同时另一只手或身体一侧靠近显示器会漂移；电容触摸屏附近有较大的物体搬移后会漂移；用户触摸时如果有人围过来观看也会引起漂移；电容屏的漂移原因属于技术上的先天不足，环境电势面（包括用户的身体）虽然与电容触摸屏离得较远，却比手指头面积大得多，直接影响了触摸位置的测定。

2.1.4 添加 / 删除插件和快捷方式

Android 智能手机为用户留下了充足的个性定制空间。即首次打开 Android 智能手机桌面后，用户可以在空白的桌面上随意放置程序和插件，甚至经常访问的网站和常联系的朋友姓名均可根据自己的需要来自由定制。

1．添加插件

下面以添加“搜索联系人”插件为例，全程如图 2-12 ～图 2-15 所示。

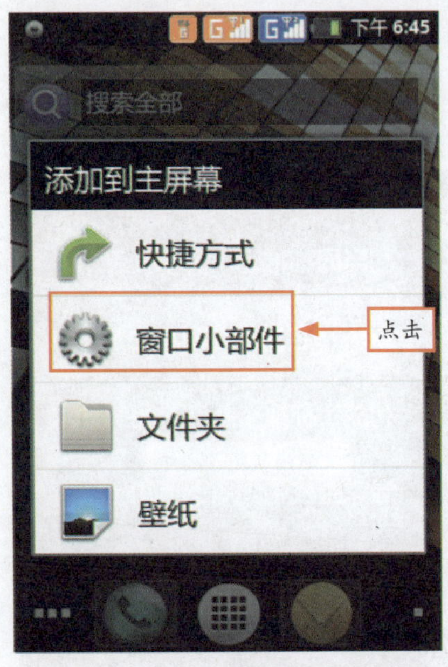

图2-12　点击“窗口小部件”图标

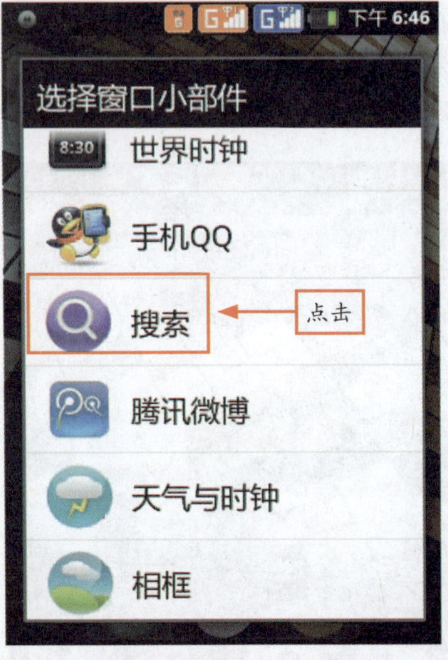

图2-13　点击“搜索”插件

图2-14　点击“通讯录”选项

图2-15　添加搜索插件

实战步骤：

步骤 1 用手指按住桌面空白处不放，便会弹出“添加到主屏幕”对话框，然后点击“窗口小部件”图标，如图 2-12 所示。

步骤 2 在弹出的“选择窗口小部件”菜单中用手指向上滑动屏幕，找到搜索工具并点击，如图 2-13 所示。

步骤 3 弹出“搜索”菜单，点击“通讯录”选项，如图 2-14 所示。

步骤 4 执行操作后，搜索联系人插件即可添加到桌面上，如图 2-15 所示。

2. 添加快捷方式

下面以“音乐”工具为例，全程如图 2-16 和图 2-17 所示。

图2-16 点击“音乐”图标

图2-17 添加快捷方式

实战步骤：

步骤 1 点击“应用程序”按钮进入其窗口，找到“音乐”图标，如图 2-16 所示。

步骤 2 按住“音乐”图标不放，则屏幕自动回到桌面视图，将图标拖曳至桌面空白处，松开手指，即可完成在桌面添加“音乐”工具的操作，如图 2-17 所示。

> **专家提醒** 另外，还有一种比较麻烦的方法，就是在如图 2-12 所示的“添加到主屏幕”对话框中选择“快捷方式”选项，用户可以亲自动手尝试。同时，在桌面添加文件夹的方法也在“添加到主屏幕”对话框中，具体操作方法可参照上文，此处不再赘述。

3．删除桌面插件或快捷方式

删除桌面插件或快捷方式比较简单，以删除“搜索联系人”插件为例，全程如图 2-18 和图 2-19 所示。

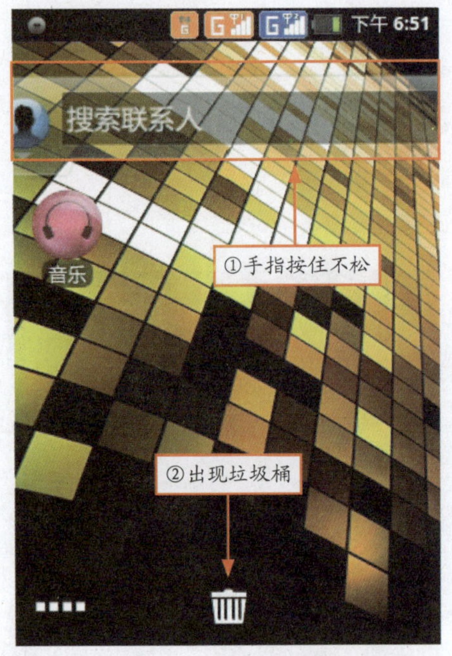

图2-18　按住相应插件

图2-19　拖到至垃圾桶

实战步骤：

步骤1　用手指按住“搜索联系人”图标不放，如图 2-18 所示。

步骤2　将图标拖曳至“垃圾桶”图标上，松开手指，即可完成在桌面删除“搜索联系人”插件的操作，如图 2-19 所示。

2.2 设置Android桌面工具

Android 系统的桌面比起 Apple 的 iOS 系统来说使用性与变化性都比较灵活，iOS 系统（iPhone/iPod/iPad）一直到 iOS4.X 之后才开始允许用户自定义桌面，而在各种 Android 系统上觉得理所当然的 Widgets，在 iOS 系统上面更是一个也没有（除非 JB）。本节主要介绍如何使自己的 Android 系统的桌面有个性并且“活”起来，让用户使用时能够得心应手。

2.2.1　更换 Android 桌面画面

Android 系统的主桌面不但可以使用系统预设的图片、相册里面的照片，还可以下载安装动态桌面的软件随时更换（限 Android 2.1 以上），首先回到主桌面按下“menu”键，选择“桌布”选项，就可以更改了。

更换桌面画面全程如图 2-20 ~ 图 2-23 所示。

图2-20 点击“壁纸”按钮

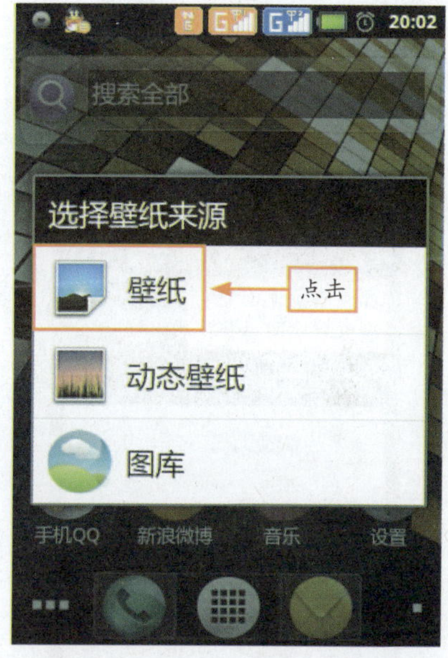

图2-21 点击“壁纸”选项

图2-22 选择相应壁纸

图2-23 更换壁纸效果

实战步骤：

步骤 1 在主界面上按“menu”键，弹出主菜单，点击“壁纸”按钮，如图 2-20 所示。

步骤 2 弹出“选择壁纸来源”对话框，点击“壁纸”选项，如图 2-21 所示。

步骤 3 滑动屏幕选择相应的壁纸，点击“设置壁纸”按钮，如图 2-22 所示。

步骤 4 执行操作后，即可更换桌面壁纸，效果如图 2-23 所示。

2.2.2 在桌面上建立文件夹

建立桌面文件夹全程如图 2-24 ～图 2-27 所示。

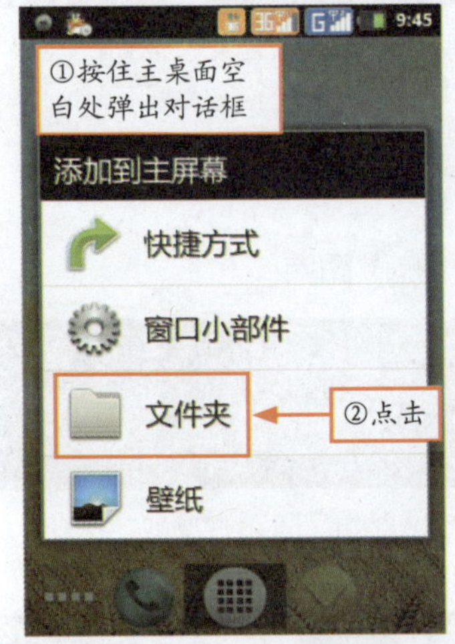

图2-24 点击“文件夹”选项

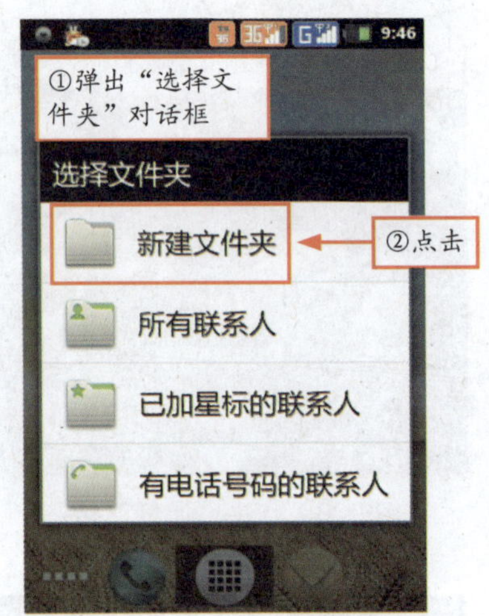

图2-25 点击“新建文件夹”选项

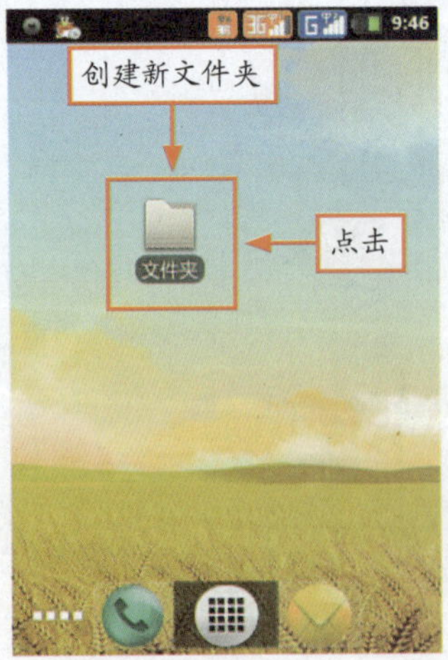

图2-26 建立文件夹

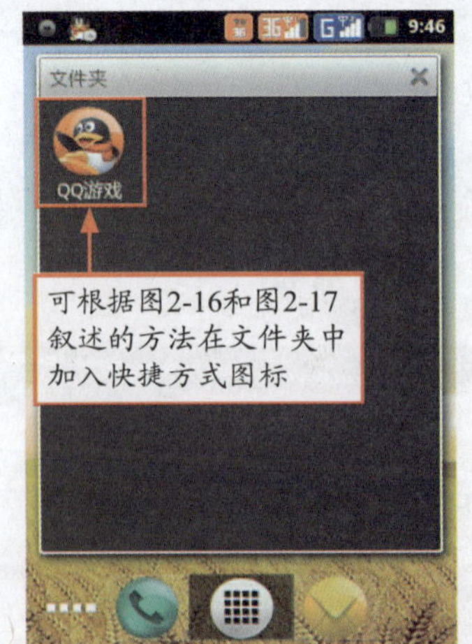

图2-27 管理文件夹

实战步骤：

步骤1 用手指在主桌面空白处长按不放，弹出相应对话框，点击“文件夹”选项，如图 2-24 所示。

步骤2 弹出“选择文件夹”对话框，点击“新建文件夹”选项，如图 2-25 所示。

步骤3 执行上述操作后，即可在桌面空白处新建一个文件夹，如图 2-26 所示。

步骤4 点击打开文件夹后，可根据图 2-16 和图 2-17 叙述的方法在文件夹中加入快捷方式图标，效果如图 2-27 所示。

> **专家提醒** 当用户在桌面上创建了太多的快捷方式后，可以将桌面上的快捷方式拖曳到文件夹中存放，除了可以节省桌面空间以外，还可以通过不同的文件夹进行归类管理。

2.2.3 在桌面上建立 Widget

Widget 在 Android 系统中被称为“窗口小部件”，它是一块可以在任意一个基于 HTML 的 Web 页面上执行的代码，它的表现形式可能是视频、地图、新闻、小游戏等。很多设计了 Widget 功能的手机可以大大增加方便性，如 HTC 的 Friend Stream、索尼的 Timescape、摩托罗拉的 MOTO Blur 等都是很知名的例子，而且 Android 与其主要对手 iPhone 最大差异也是在于 iOS 没有所谓的 Widget 功能。

建立与使用 Widget 的方法很简单，在图 2-24 中点击“窗口小部件”选项，然后再选择有 Widget 功能的程序即可，全程如图 2-28 和图 2-29 所示。

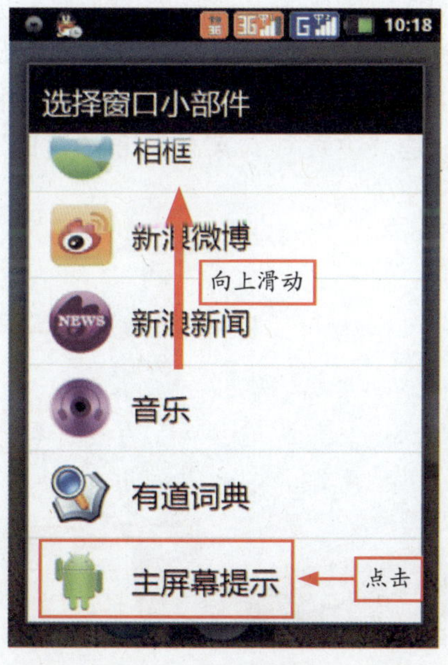

图2-28 点击“主屏幕提示”选项

图2-29 创建Widget

实战步骤：

步骤 1 用手指按住屏幕并向上滑动，点击“主屏幕提示”选项，如图 2-28 所示。

步骤 2 执行上述操作后，即可在桌面上创建“主屏幕提示”，如图 2-29 所示。

2.3 了解Android手机按键

Android 系统自从推出以来，在非常多的电子设备上都可以看到其身影，最常见的就是手机，当最近 Android 整体的变化性很大，所以像平板电脑、MP4、电子字典等设备也都可以看到以 Android 作为基础做修改套用的设备。

2.3.1 了解 Android 手机外观

似乎从苹果界定了手机的设计风格之后，众多的厂商便都将手机的外形设计成了直板大屏的样子。随着平板电脑类产品的不断热销，手机行业将会逐渐衍生出两个分支，其中一条重要的分支便是以平板电脑与手机的整合产品，这类产品目前还没有明确的定位，暂且称之为平板手机，这类手机相比平板电脑的最大优势是整合了通讯模块，除了可以打电话、发短信，还可以利用数据连接功能上网，弥补了传统平板电脑依赖 WiFi 的问题。

专家提醒 新鲜感、与众不同等元素还是能左右不少购买者的行为走向，所以那些非热门 Android 手机凭借其出色的外形设计，还是获得了不少购买者的喜爱。

下面介绍一款整合型产品——中兴 LIGHT（V9），其具备了 7 英寸的大尺寸屏幕、Android 2.1 操作系统以及 WiFi 和 3G 功能。7 英寸的触摸屏显得很震撼，占据了正面绝大部分的面积，仔细看还会发现边框采用了不对称设计，边框宽窄不同，如图 2-30 所示。操作区域则与大部分 Android 手机一样，3 个触控按键分别是“主页”、“菜单”和“返回”键，如图 2-31 所示。

图2-30 中兴LIGHT（V9）

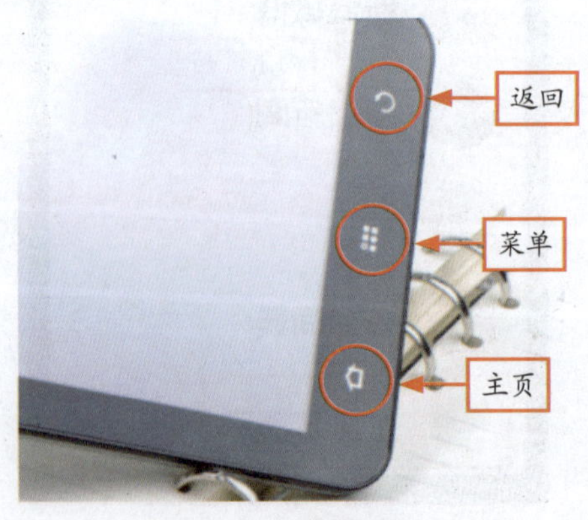

图2-31 触控按键

顶部标配了 3.5mm 耳机接口，其通用性是毋庸置疑的，电源键和音量调节键是 Android 平台必不可少的按键，如图 2-32 所示。

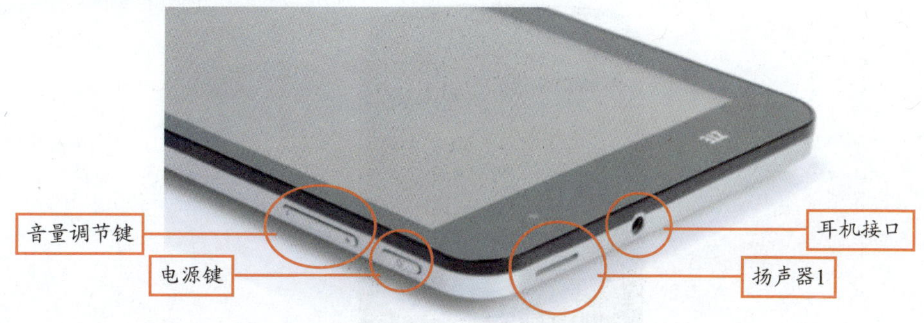

图2-32　手机顶部

在顶部和底部各配备了一个扬声器，这样，在横屏看电影时立体声的扬声器能带来很好的用户体验，如图 2-33 所示。MicroUSB 接口则成为了一种趋势，即将成为未来的行业统一接口。

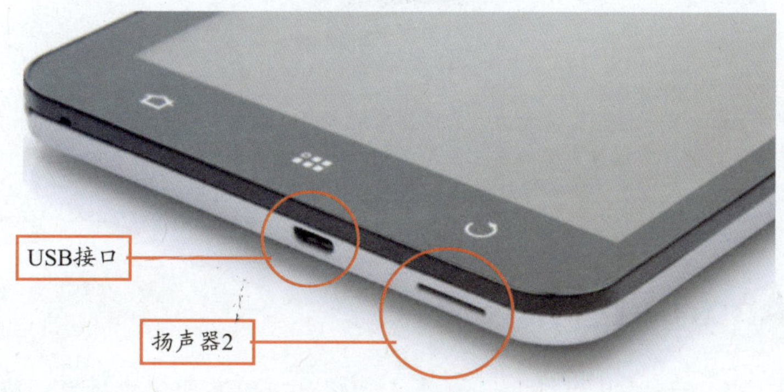

图2-33　手机底部

专家提醒 正规新机子的包装和说明书印刷精美，多为铜版纸印刷，字体清晰，外包装的材质也十分坚固。由于运输保护条件好，包装的平整性十分好，不会出现压皱的情况。而翻新机一般都没有原包装，不少是从地下工厂简单印制而成，多为单面纸张，图案显示不清或者色彩有所偏；说明书也十分简陋，甚至直接复印而成，手感粗糙，包装方面也容易挤压变形。

2.3.2　了解 Android 按键功能

Android 手机的几个基本按键分别为："Home" 键（回主画面）、"menu" 键（菜单）、"返回" 键与 "搜索" 键 4 个独立按键。它们会随着手机品牌型号不同而产生不同的顺序，或许没有实体按键甚至可能被直接省略（如"搜索"键），如图 2-34 所示，但几乎所有 Android 的界面程序都会用到这些功能。

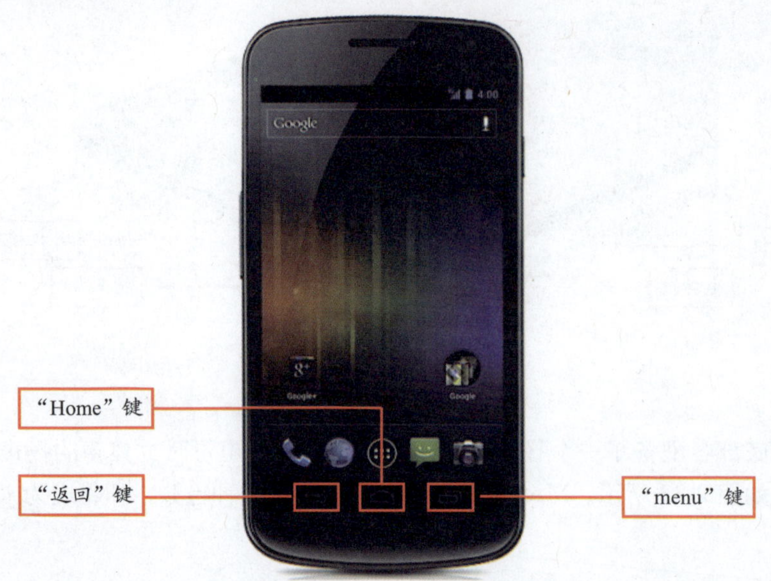

图2-34　手机按键

专家提醒 每个品牌的 Android 手机配置按键的方式或许有所不同（如很多手机就没有配置下方的轨迹球），但万变不离其宗，手机屏幕下方的 4 个按键可帮助用户使用多种功能和快捷方式。某些 Android 手机会缺少搜索键，在使用过程中会带来诸多不便，所以选手机时尽量选择 4 个主要按键齐全的机型。

2.4 使用Android通讯设备

打电话和发短信是手机的基本功能，虽然 Android 手机配置越来越高，就像一部掌上智能终端，但是归根结底它还是一部手机。本节主要介绍使用 Android 手机接听 / 拨打电话和接收 / 发送短信的使用方法。

2.4.1　接听 / 拨打电话

当用户想要给其他人拨打电话时，点击"快捷栏"的"拨号"按钮，进入拨号界面，如图 2-3 所示，输入相应的电话号码后，点击"呼叫"就可以打电话了。当然用户还可以使用其他第三方的通讯软件来进行拨号，能更方便地进行通讯管理。

1. 触宝拨号

"触宝拨号"是一款功能强大的智能拨号软件，可以快速查找联系人，支持简拼、全接、号码的复合智能检索，瞬间找到所需要的联系人，另外，还提供了IP拨号、归属地显示、短信、通话记录等全面的个人通讯管理功能。在“应用程序”中点击“触宝拨号”的图标即可运行相应软件，如图2-35所示。

点击“触宝拨号”快捷方式，即可进入该软件的拨号界面，如图2-36所示。搜索联系人时，在“触宝拨号”中依次输入姓名的首字母所在按键即可。比如想找到联系人“追忆迷迭”，依次按下9963（Z字母在9键，依此类推），目标联系人便出现在眼前。

图2-35　点击软件快捷方式

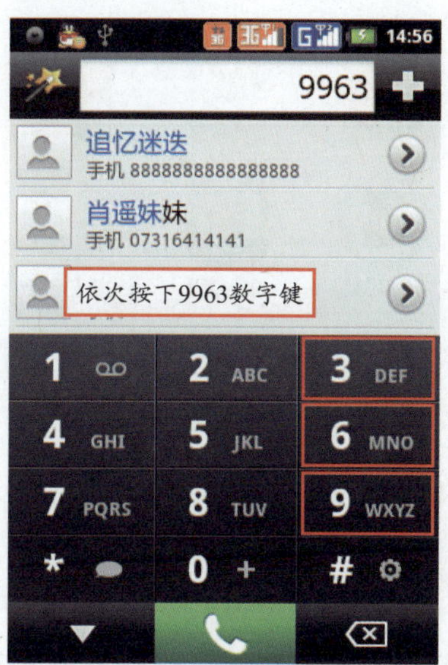

图2-36　触宝拨号

2．来电通

“来电通”是一种智能手机上常用的来电去电DIY显示软件，同时还有来电防火墙，隐私通讯等功能，能有效地为用户隐私信息进行有效防护，避免用户信息泄露；其次还可以帮助用户进行日常通话上网流量统计、长途自动IP拨号、垃圾短信骚扰和来去电归属地显示等，方便用户节省话费，使手机通信更加随心所欲。

安装完软件后，点击快捷方式进入来电通程序，主界面如图2-37所示，下面依次介绍该软件的使用方法。

- 智能拨号：类似于“触宝拨号”的拨号面板，此处不再赘述。
- 号码查询：查询日常生活中常用的一些电话号码和不明来电的归属地，如图2-38所示。
- 来去电设置：在手机屏幕上显示来电和去电电话号码的归属地，使用户做到心中有数。来电显示画面如图2-39所示，向右侧滑动绿色按钮接听电话即可，若挂断则只需将红色按钮挂断电话向左侧滑动即可。

图2-37 “来电通”主界面

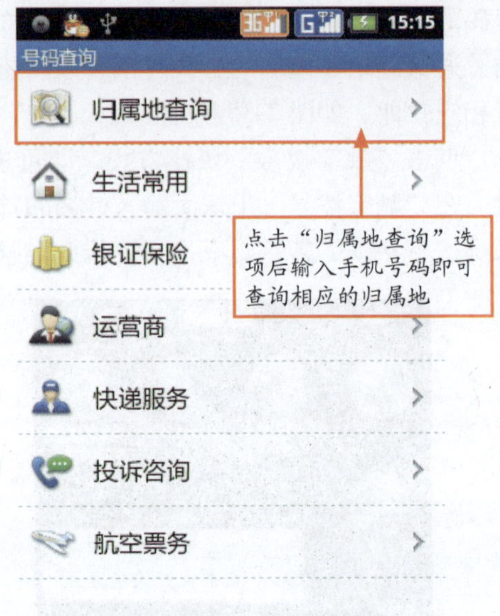

图2-38 “来电通”号码查询

- 隐私管理：可以将私密联系号码添加到里面，则和该号码相关的短信和通话记录全不在手机中显示，只有进入“隐私管理”中且填入用户设置好的密码后才能看到，从而有效保护用户的隐私，如图 2-40 所示。

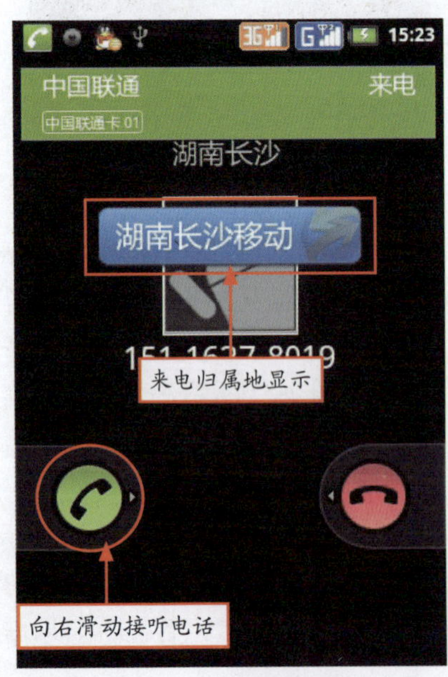

图2-39 来电归属地显示

图2-40 设置隐私密码

- IP 电话设置：设置好 IP 规则后，拨打非本地区的电话时则不需要手动添加 IP 前缀，来电通会自动添加。如图 2-41 所示，移动用户在“IP 前缀”文本框中填写 17951 即可，可以节省话费。
- 骚扰拦截：可以帮助用户防止骚扰电话和广告短信等打扰，使用户悠然自得。

首先设置“拦截规则”，如图 2-42 所示，一般只拦截一声来电、无号码来电、陌生固话短信，或者使用“定时拦截”拦截固定时段的短信和电话。

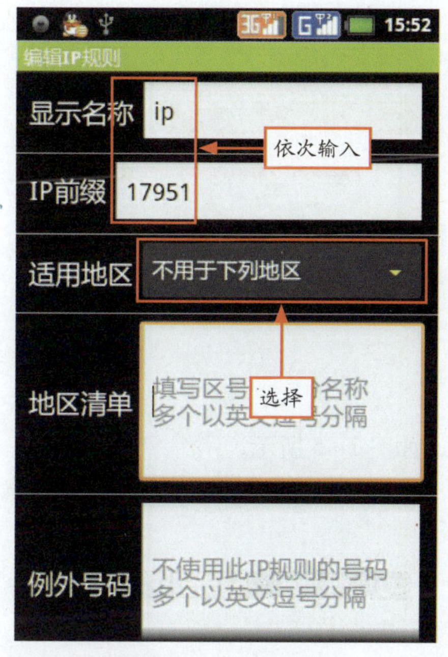

图2-41　IP电话设置

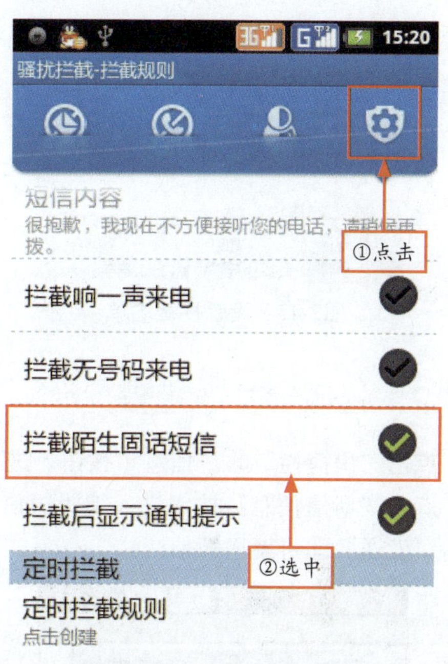

图2-42　设置拦截规则

然后在“黑白名单”中添加要拦截的通讯名单，如图 2-43 所示，或者要拦截短信息的关键字。

- 流量监控：对用户手机的 2G/3G 数据流量进行监控统计，使用户能及时掌握流量走向，防止不明巨额话费的产生，如图 2-44 所示。

专家提醒 使用来电通还具有以下功能：可以自定义号码库，根据需要定义自己的来电 / 去电归属地数据库；信息统计功能，记录收发短信 / 彩信的数量；分组数据统计功能，记录上网流量；在线更新归属地数据库和软件版本；电话信息拦截功能，拦截不希望接听 / 接收的电话或信息；在手机通讯记录和收件箱中直接显示归属地信息；在手机通讯记录的未接来电中显示响铃时间；来电延迟响铃，防止“响一声”电话骚扰；全屏短信显示，在新短信到达时直接弹出短信内容，并进行相关操作；自动 IP 电话拨号，自动判断长途电话，自动加拨相应的 IP 前缀；桌面智能拨号，在待机界面输入查找条件就可以直接搜索联系人，并进行相关操作；查询手机通讯记录的号码归属地信息；查询收件箱的短信、彩信号码归属地信息；查询名片夹号码的归属地信息；查询国内 / 国际长途区号；查询常用热线电话。

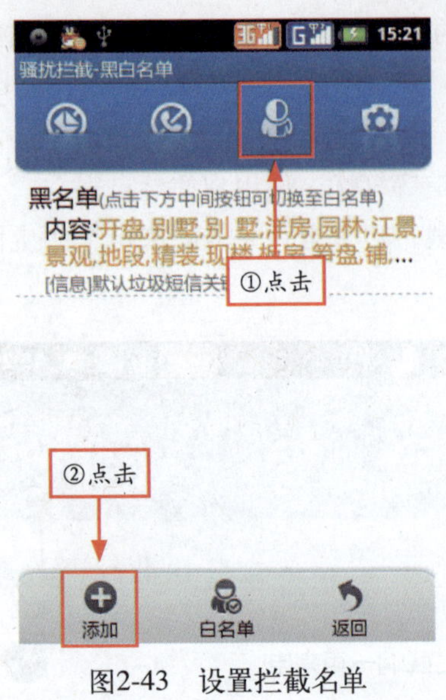

图2-43　设置拦截名单

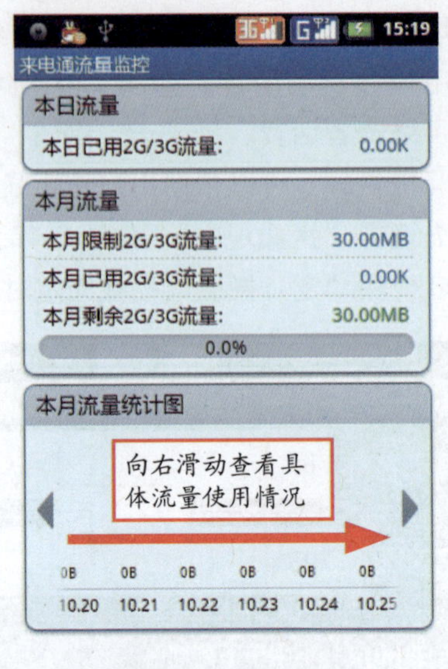

图2-44　流量监控

2.4.2　接收 / 发送短信

点击“快捷栏”的“信息”按钮，进入信息页面，如图 2-45 所示。

点击“新建信息”按钮进入编辑短信页面，如图 2-46 所示，编辑好短信和收件人信息后，点击“发送”即可发送短信。

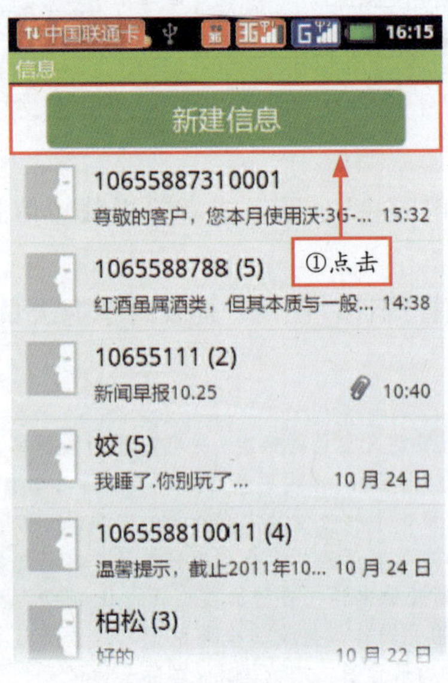

图2-45　信息页面

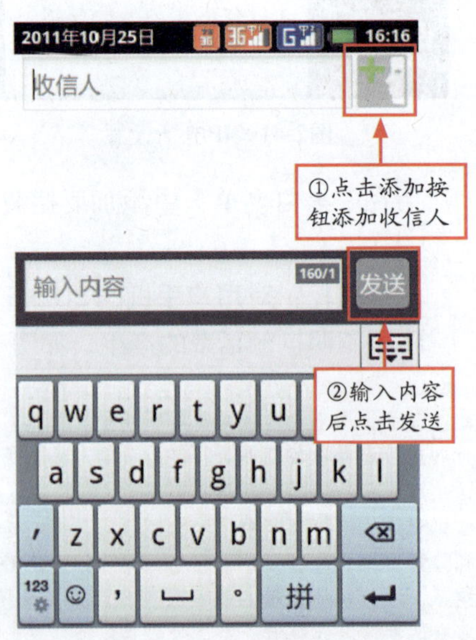

图2-46　编辑短信页面

另外，还可以使用“GO短信”软件来收发信息。“GO短信”加强版是在原GO短信版本的基础上进行全面升级的高级版本，是一款完全免费的短信增加与应用软件，其不但界面酷炫，而且支持气泡式/列表会话界面、支持来信即显弹窗、拥有信息备份/恢复功能、支持安全锁加密/黑名单功能，还支持文件夹管理，拥有丰富个性化设置的Android短信应用。

GO知信加强版可以和GO短信同时存在，只需在老版本的“提醒设置”中把“启用通知”和“启动即显短信窗口”选项关掉；建议同时保存两者一段时间。

如果需要将“GO短信”中的设置信息导入到加强版，只需在“设置”→“GO短信服务”→“设置信息备份与恢复”中备份（如果你的GO短信没有这项服务，请先更新至GO短信最新版本），然后在GO短信加强版中导入即可。

专家提醒 测试版用户请先卸载测试版，再安装正式版软件。

按下“menu”键即可打开该软件的选项菜单，如图2-47所示。

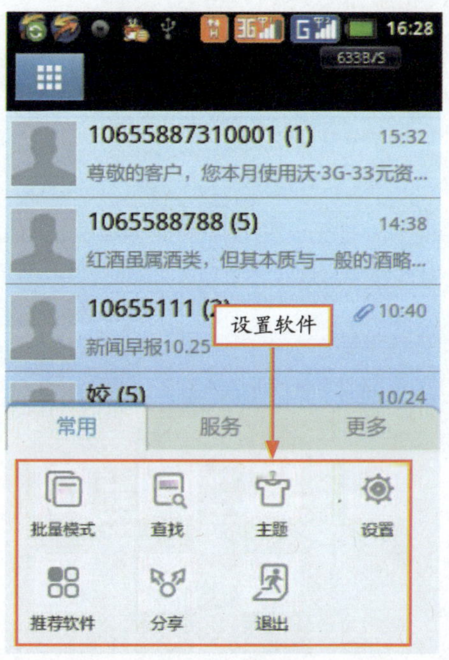

图2-47　GO短信

第 3 章 安装与管理软件

知识要点

- 通过软件商店安装 / 卸载 Android 软件
- 通过 91 手机助手安装 / 卸载 Android 软件
- 通过豌豆荚安装 / 卸载 Android 软件
- 在手机端安装 / 卸载 Android 软件

3.1 通过软件商店安装/卸载Android软件

用户可以通过“应用程序”中的软件商店来下载安装各种软件。点击“应用程序”按钮进入后，切换至相应的页面，点击“软件商店”图标即可进入，其界面如图 3-1 所示。

软件商店中的软件分为应用程序和游戏两类，用手指轻轻触摸屏幕上的任何一个分类都会出现其子分类，并能按人气和时间进行排序，方便用户选择。点击相应软件图标将会显示该软件的详细功能描述、网友评论、作者信息等内容，若想安装此软件，可以直接点击“可安装”按钮，如图 3-2 所示。

图3-1　软件商店

图3-2　安装软件

软件安装成功后，可以在程序列表中找到软件的快捷方式图标，点击即可运行。

3.2 通过91手机助手安装/卸载Android软件

91 手机助手是由网龙公司推出的第三方智能手机管理软件，是目前全球唯一一款全面支持 iPhone、Windows Mobile、Android、Wince、Symbian S60 五大智能手机系统的 PC 端管理软件，具有智能手机主题、壁纸、铃声、音乐、电影、软件、电子书的搜索、下载、安装的功能。

可以通过 91 手机助手下载电子书并配合 91 熊猫看书软件进行移动阅读，通过 RSS 订阅新闻，极大地节省了下载流量，连接 91 手机助手即可自动更新订阅 RSS，为 PC 客户端与移动阅读搭建了无缝链接的桥梁。本节主要介绍通过 91 手机助手安装 / 卸载 Android 软件的操作方法。

3.2.1　下载 91 手机助手

使用“91 手机助手”软件可以很方便地在电脑端对手机上的各种资源进行管理，用户可以更安全便捷地下载安装自己喜欢的应用程序。在使用 91 手机助手之前，需要先下载和安装 91 手机助手软件。

下载 91 手机助手全程如图 3-3 ～图 3-8 所示。

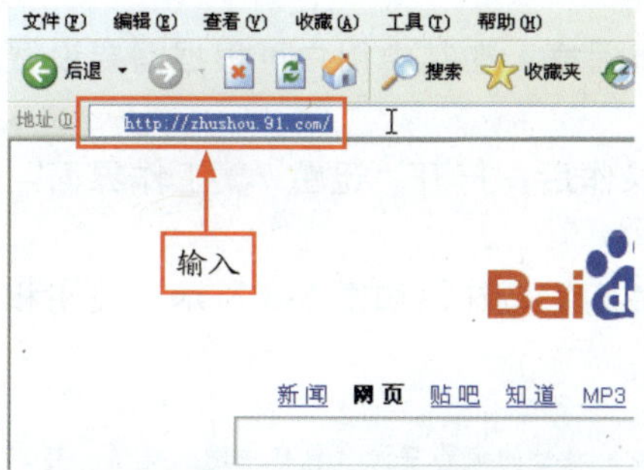

图3-3　输入91手机助手官网网址

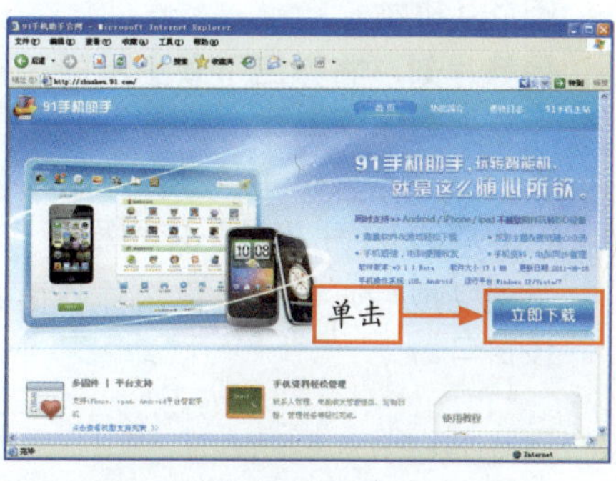

图3-4　进入91手机助手官网

图3-5　单击“立即下载”按钮

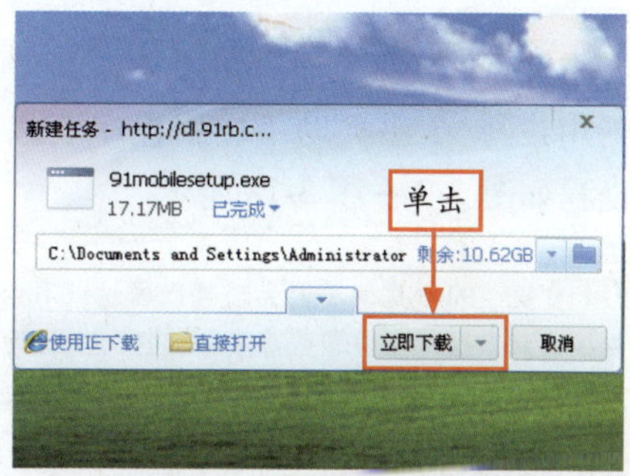

图3-6　设置下载后的保存位置

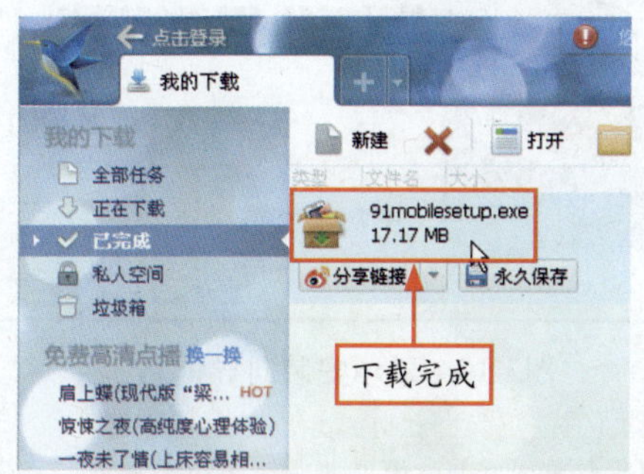

图3-7　显示已下载的程序

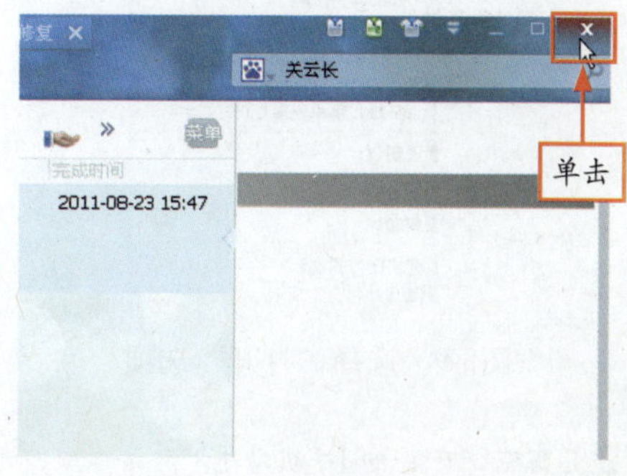

图3-8　单击“关闭”按钮

实战步骤：

步骤 1 打开 IE 浏览器，在地址栏中输入 91 手机助手官方网址 http://zhushou.91.com，如图 3-3 所示。

步骤 2 按“Enter”键确认，或者单击窗口右侧的“转到”按钮，进入 91 手机助手官方网站，如图 3-4 所示。

步骤 3 在 91 手机助手官方网站中，单击“立即下载”按钮，此时该按钮由蓝色变为橙色，如图 3-5 所示。

步骤 4 稍等片刻，将弹出下载工具的“新建任务”对话框，在其中用户可根据需要设置软件下载后的保存位置，如图 3-6 所示。

步骤 5 在对话框中，单击“立即下载”按钮，执行操作后，打开“迅雷 7”工作界面，显示已下载的 91 手机助手应用程序，如图 3-7 所示。

步骤 6 下载完成后，单击迅雷工作界面右上角的“关闭”按钮，如图 3-8 所示，关闭和退出该窗口。

专家提醒 使用91手机助手程序，用户可以快速方便地搜索和下载到海量的免费资源（包括主题、壁纸、铃声、软件、音乐），实现全能的手机资料管理（系统文件、短信、联系人），随时备份还原手机里面的重要数据。

3.2.2 安装 91 手机助手

当用户将 91 手机助手应用程序下载至电脑中后，接下来介绍安装 91 手机助手的操作方法，全程如图 3-9 ~图 3-18 所示。

专家提醒 安装91手机助手时，还可以通过以下两种方法启动91手机助手应用程序：在文件夹中，选择91手机助手应用程序，双击鼠标左键即可启动；选择91手机助手应用程序，按“Enter”键确认，也可以启动。

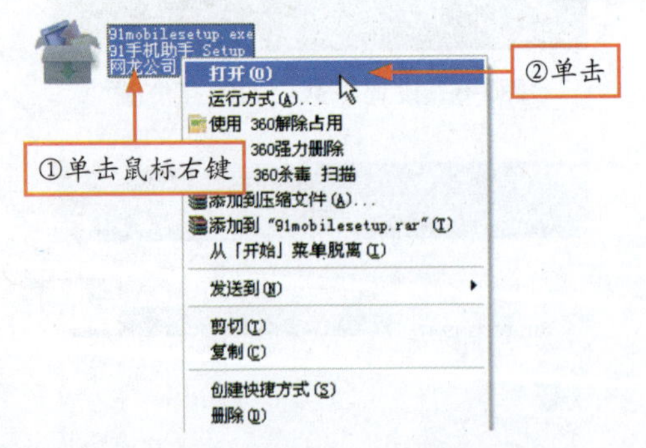

图3-9 选择“打开”选项

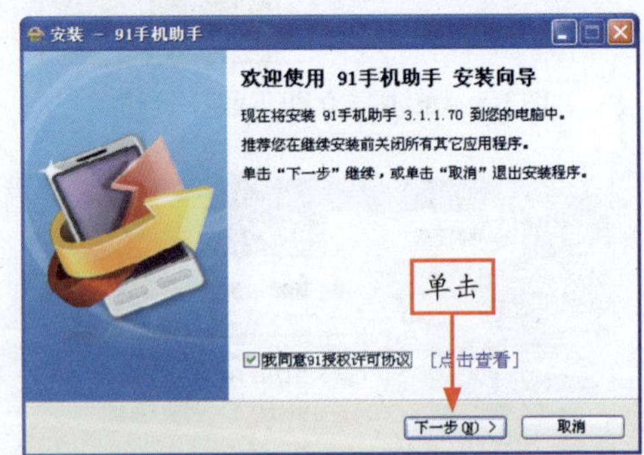

图3-10 显示安装向导信息

专家提醒 在“安装—91手机助手”对话框中，选中“我同意91授权许可协议”复选框后，单击右侧的“点击查看”超链接，在弹出的页面中，可以查看授权协议内容。

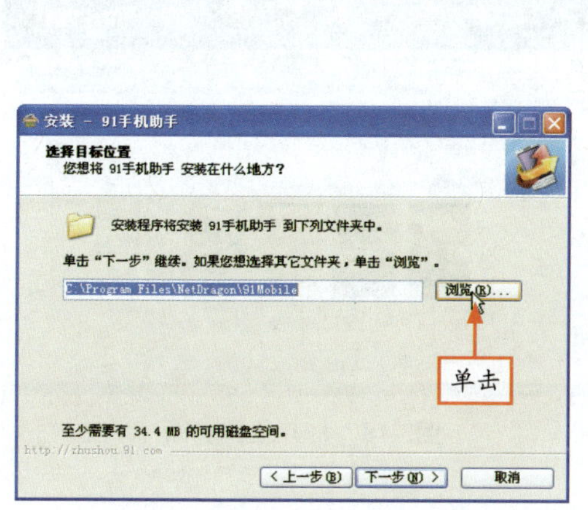

图3-11　单击“浏览”按钮

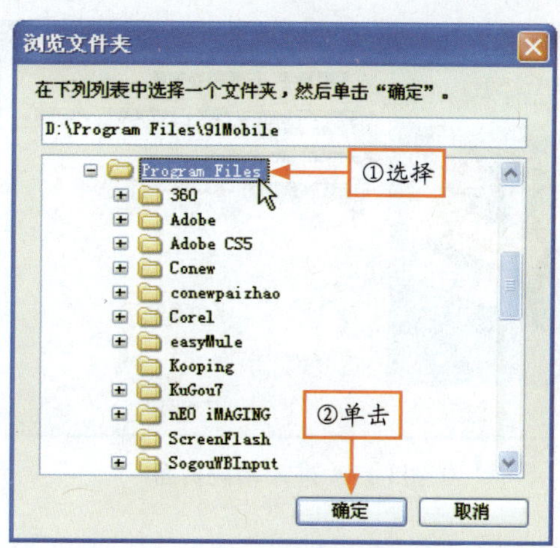

图3-12　选择软件安装位置

专家提醒 在“选择目标位置”页面中，如果对磁盘中文件夹的位置了如指掌，还可以在下方的路径文本框中手动输入软件的安装位置，不必单击“浏览”按钮。

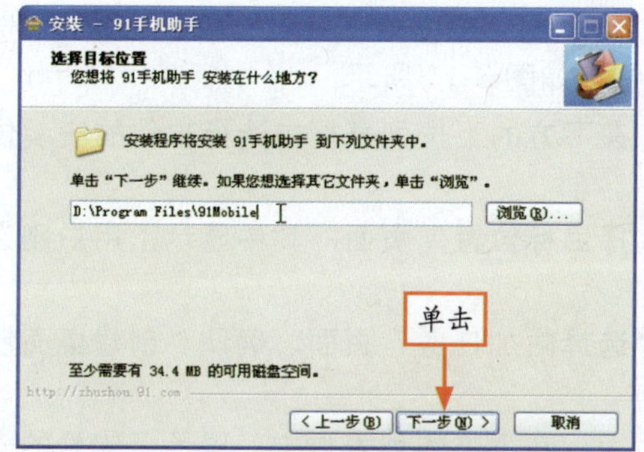

图3-13　显示设置的位置

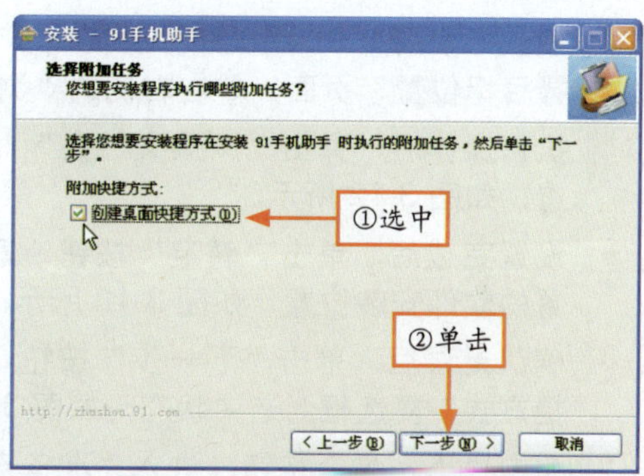

图3-14　复选框为选中状态

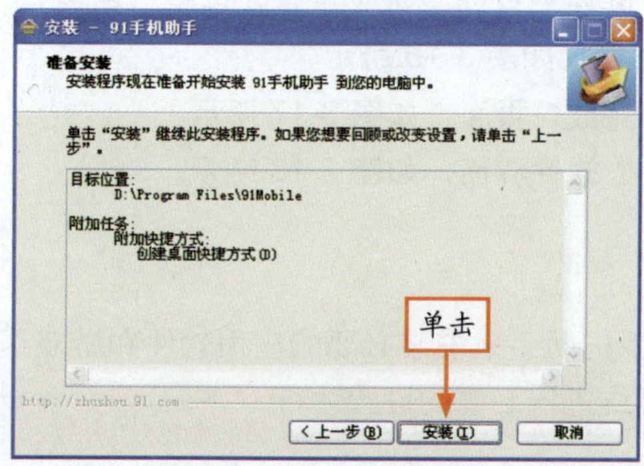

图3-15　显示安装信息

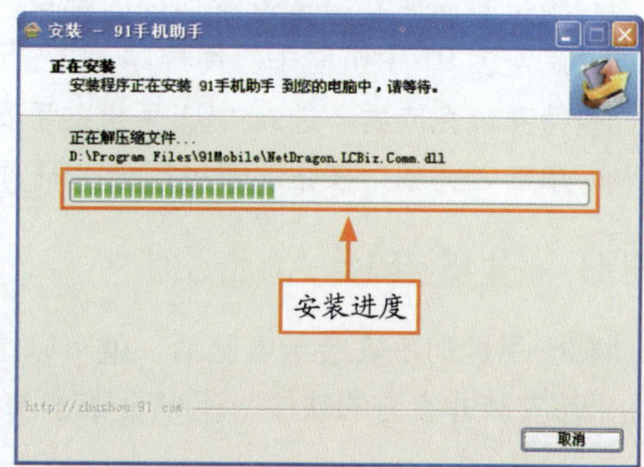

图3-16　显示安装进度

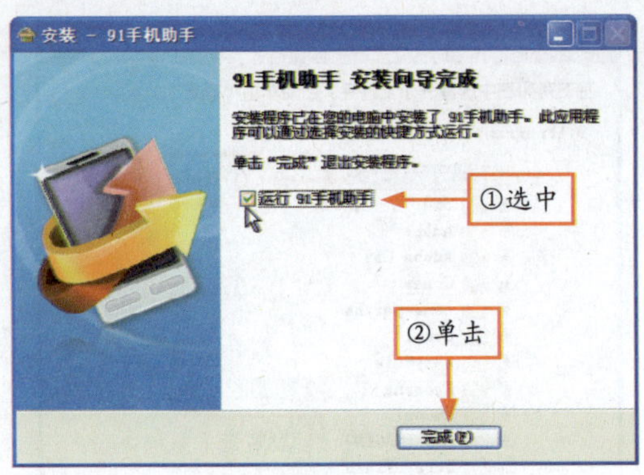

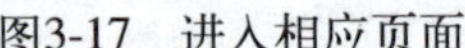
图3-17　进入相应页面

图3-18　打开软件界面

实战步骤：

步骤1 打开 91 手机助手安装程序所在的文件夹，选择 .exe 格式的安装文件，单击鼠标右键，弹出快捷菜单，选择“打开”选项，如图 3-9 所示。

步骤2 执行操作后，将弹出“安装—91 手机助手”对话框，其中显示了该应用程序的安装向导信息，如图 3-10 所示。

步骤3 确认“我同意 91 授权许可协议”复选框为选中状态，单击“下一步”按钮，进入“选择目标位置”页面，单击右侧的“浏览”按钮，如图 3-11 所示。

步骤4 执行操作后，弹出“浏览文件夹”对话框，在下方的下拉列表框中选择软件的安装位置，如图 3-12 所示。

步骤5 设置完成后，单击“确定”按钮，返回“选择目标位置”页面，其中显示了用户刚设置的软件安装位置，如图 3-13 所示。

步骤6 确认无误后，单击“下一步”按钮，进入“选择附加任务”页面，确认“创建桌面快捷方式”复选框为选中状态，如图 3-14 所示。

步骤7 单击“下一步”按钮，进入“准备安装”页面，在下方的列表框中，显示了软件的安装信息，如图 3-15 所示。

步骤8 确认前面所有设置没有任何问题后，单击“安装”按钮，进入“正在安装”页面，开始安装 91 手机助手应用程序，并显示安装进度，如图 3-16 所示。

步骤9 待安装完成后，进入“91 手机助手安装向导完成”页面，如图 3-17 所示。

步骤10 单击“完成”按钮，即可打开“91 手机助手”软件界面，如图 3-18 所示。

3.2.3　设置连接 Android

将 91 手机助手安装至电脑后，就可以运用 91 手机助手来安装必要的应用软件和游戏了。但如果想安装非官方的软件，还必须要对 Android 系统进行必要的设置才行。

专家提醒 进行设置之前一定要先安装手机的驱动程序。

设置 Android 系统 USB 连接全程如图 3-19 ～图 3-22 所示。

图3-19　点击“设置”按钮

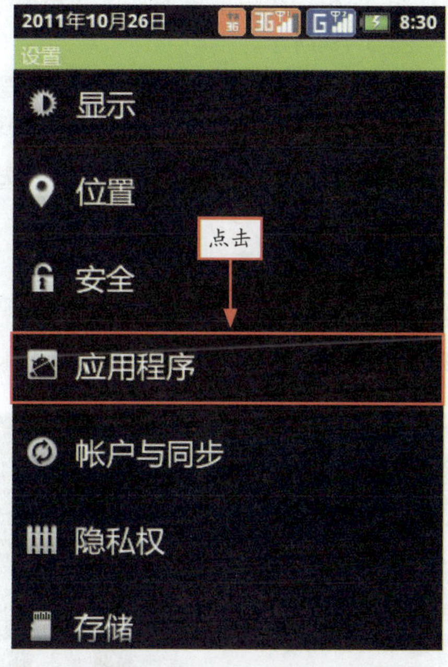

图3-20　点击“应用程序”选项

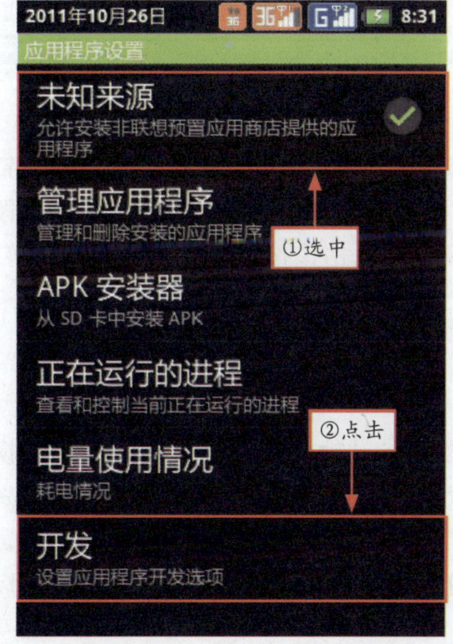

图3-21　点击“开发”选项

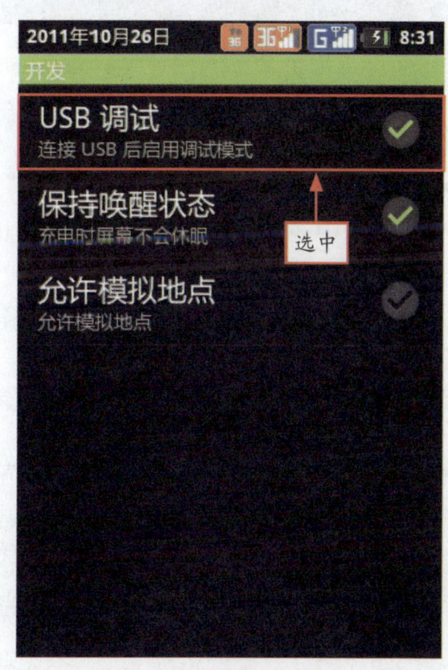

图3-22　设置USB调试

实战步骤：

步骤1 在 Android 的主界面按下“menu”键，在弹出的底部菜单中点击“设置”按钮，如图 3-19 所示。

步骤2 进入“设置”菜单，点击“应用程序”选项，如图 3-20 所示。

步骤3 进入“应用程序设置”页面，选中“未知来源”选项，如图 3-21 所示。

步骤4 点击“开发”选项进入其界面，选中“USB 调试”选项，如图 3-22 所示。

3.2.4 安装软件和游戏

将手机与计算机进行连接，从“开始”菜单中，启动 91 手机助手应用程序，如图 3-23 所示，执行操作后，即可进入 91 手机助手工作界面，如图 3-24 所示。

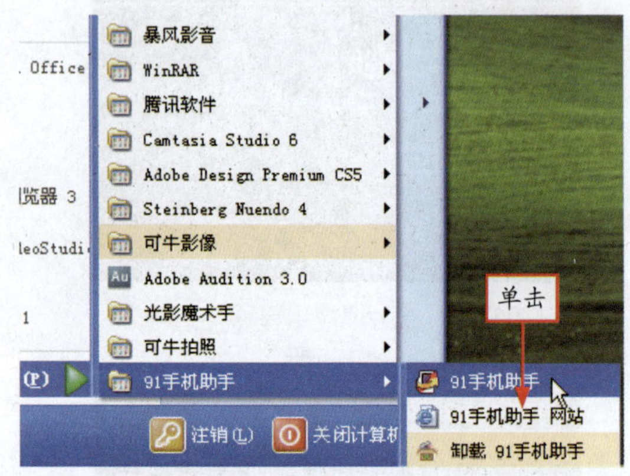

图3-23 启动应用程序

图3-24 进入工作界面

- 单击工作界面上方的“游戏·应用”图标，切换至“游戏·应用”界面，在“热门游戏”选项卡中，向用户提供了多种热门的游戏，如图 3-25 所示，将鼠标移至相应游戏图标上，即可显示“下载安装”按钮，如图 3-26 所示，单击该按钮，即可下载相应游戏，用户可根据需要选择相应的游戏进行下载操作。

> **专家提醒** 在91手机助手工作界面的“热门游戏”选项卡中，用户可根据需要一次性下载多种热门游戏。

- 在“游戏·应用”界面中，单击界面左侧窗格中的“软件宝库”按钮，即可切换至“软件宝库”选项卡，将鼠标移至需要下载的软件图标上，即可显示“下载安装”按钮，如图 3-27 所示；单击“下载安装”按钮，在工作界面右上角，将显示下载进度，如图 3-28 所示；稍等片刻，待下载完成后，即可应用到 Android 手机中，用户还可以根据需要进行其他操作。

图3-25　提供多种热门游戏

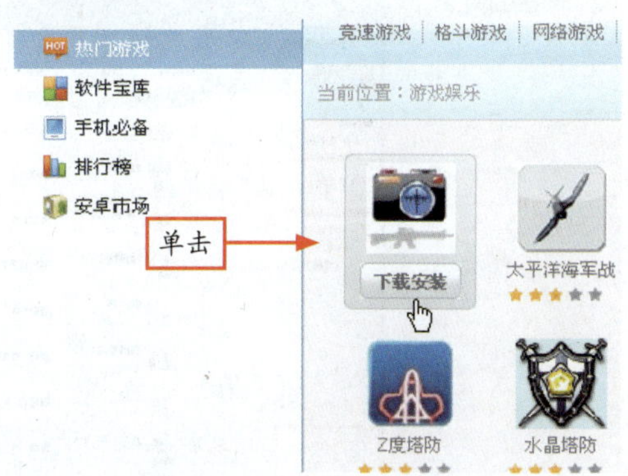

图3-26　显示“下载安装”按钮

图3-27　单击“下载安装”按钮

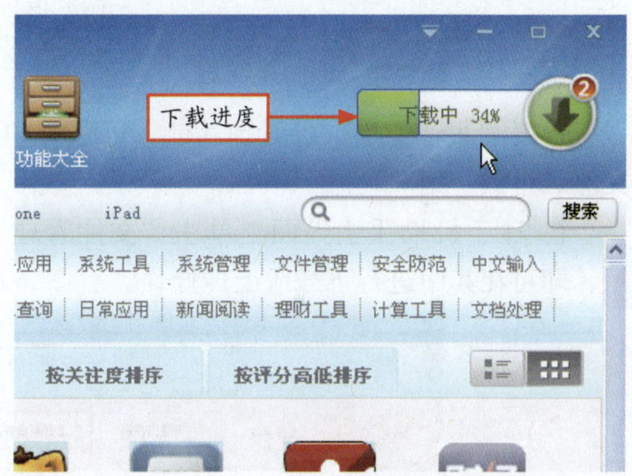

图3-28　显示下载进度

3.2.5　卸载软件和游戏

为了节省磁盘空间，可以通过 91 手机助手对已下载的软件或游戏进行卸载。下面介绍“软件管理”界面中卸载软件和游戏的操作方法，如图 3-29 所示。

选中需要卸载软件或游戏前面的复选框，单击“卸载选中软件”按钮即可进行批量卸载。

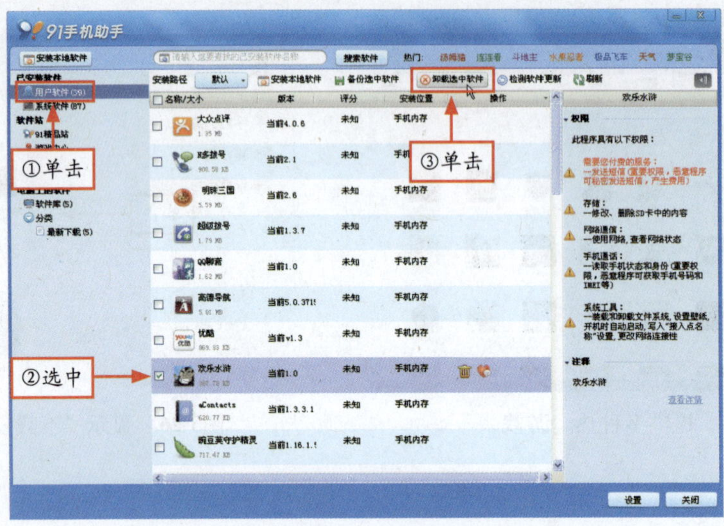

图3-29　卸载游戏

3.2.6　管理手机内存卡

91手机助手具有文件管理功能，可以将PC上的文件“上传”到手机内存卡，或将内存卡文件“下载”到PC上。

在91手机助手主界面上单击“文件管理”按钮，进入“文件管理”界面，如图3-30所示，即可在其中进行下载或上传操作。

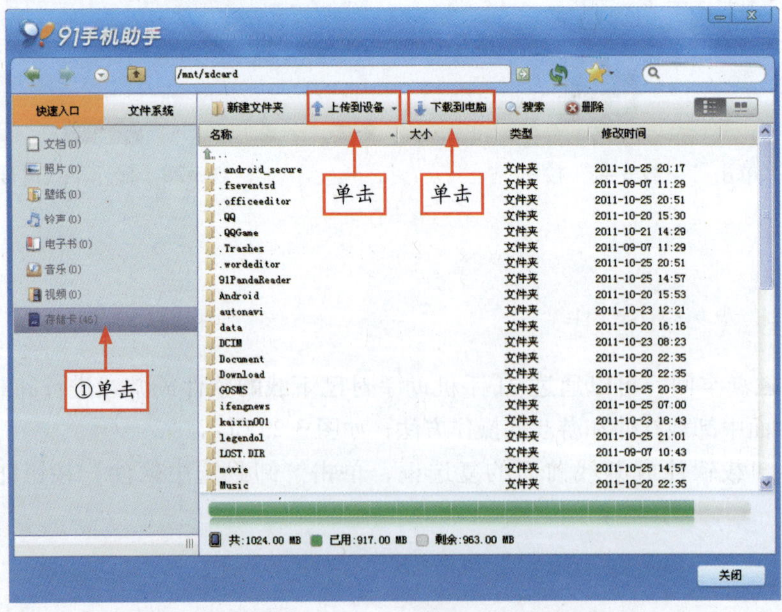

图3-30　进入“文件管理”界面

专家提醒 在网上下载的Android应用程序文件的后缀名都是.apk，是Android专用的程序文件，就像电脑的应用程序后缀名是.exe一样。

3.3 通过豌豆荚安装/卸载Android软件

豌豆荚手机精灵是一款可以安装在电脑上的软件，把手机和电脑连接以后，可通过豌豆荚手机精灵在电脑上管理手机中的通讯录、短信、应用程序和音乐等，也能在电脑上备份手机中的资料。此外，可直接一键下载优酷网、土豆网、新浪视频等主流视频网站视频到手机中，本地和网络视频自动转码，传进手机就能观看。

专家提醒 豌豆荚是一款基于Android系统的手机管理软件，具有备份/恢复重要资料、通讯录资料管理、应用程序管理、音乐下载管理、视频下载管理等功能。

3.3.1 下载安装豌豆荚

豌豆荚手机精灵可以在电脑上安装、管理手机应用程序，下载常见装机必备软件。用户可以打开豌豆荚官网：http://wandoujia.com/，进入页面后单击“下载安装豌豆荚手机精灵”按钮即可，如图 3-31 所示。

图3-31 豌豆荚手机精灵主页

3.3.2 连接豌豆荚精灵

安装完成豌豆荚精灵程序后，按照提示将手机连接到电脑，然后安装相应的硬件驱动程序，安装完成后出现如图 3-32 所示的界面。

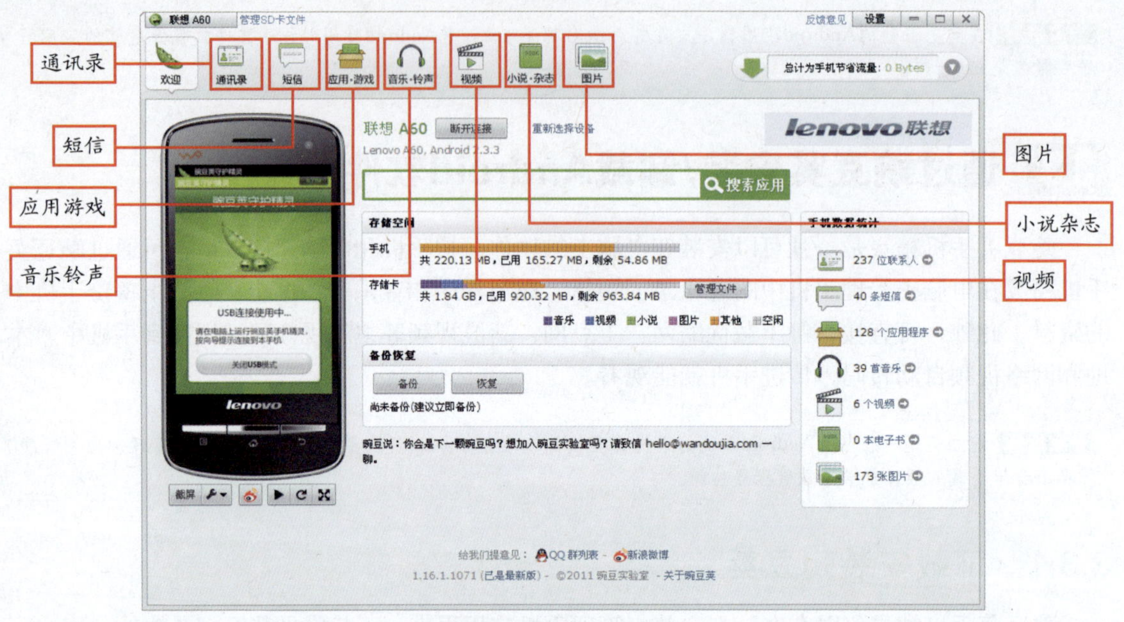

图3-32 运行豌豆荚

豌豆荚手机精灵软件的主界面中有以下功能：

- 通讯录。豌豆荚软件中的通讯录，除具有常规功能，如导入和导出功能外，还支持各种其他手机和软件的导出格式，界面设计应该是现有软件中最方便的了，搜索功能支持拼音首字母，分组功能支持拖拽，编辑界面使用了流行的即点即输功能，还能更新大头贴，非常方便。
- 短信。豌豆荚的短信排布方式很有特色，既不像一些 PC 套件那样直接将一条条短信按时间顺序排序，如果想查看对话非常麻烦；也不是完全按联系人分开排，要一次看全最近收到的不同人发来的短信要点击很多次。而是采用了两种相结合的方式，无论是要直接看短信内容还是要按时间顺序浏览，都可以在同样的界面中完成。另外发短信时在收件人中输入拼音首字母，就会有自动完成的提示框弹出来，非常方便。而群发的选择器也很不错，逢年过节的时候给亲友发短信很方便。唯一的不足，就是不能最小化到托盘。
- 应用程序。内容丰富，能下载的东西非常多，而且可以批量安装。可以直接在管理视图里面看见重要权限，删除可疑软件很方便。
- 音乐。可以给手机里面的音乐添加歌词和专辑。软件左边有一个“热门音乐”的功能，进去后可以直接搜索下载到手机。

- 视频。豌豆荚能直接搜索优酷、土豆这几个网站的视频，一键操作就可以自动完成下载、转码和传输的操作，非常方便。本地视频在传输过程中也会自动转码。

3.3.3 安装软件、游戏

豌豆荚手机精灵不仅是一款电脑软件，也是一款 Android 用户必备的桌面端手机套件。豌豆荚手机精灵具有界面清新、容易上手、安全稳定的特点。除了具备手机截屏、联系人管理、在电脑上收发短信、数据备份等手机 PC 套件常见功能之外，还能够帮助用户用最省流量、最快捷方便的方式获取安卓应用程序、音乐、视频、电子书等网络资源，并轻松灌进 Android 手机。支持 USB 数据线连接、WiFi 无线连接和离线三种模式，且全面支持市面上各种主流 Android 手机。

在豌豆荚手机精灵主界面上单击“应用 · 游戏”按钮，进入“应用 · 游戏”界面，如图 3-33 所示。

图3-33 进入“应用·游戏”界面

在左侧的导航菜单中单击“游戏”链接，进入“游戏”界面，在需要安装的游戏右侧单击“安装”按钮，如图 3-34 所示。

执行操作后，豌豆荚手机精灵将该游戏程序自动下载并安装到连接的手机上，如图 3-35 所示。安装完毕后，进入手机“应用程序”菜单，即可看到所安装的游戏，如图 3-36 所示。

图3-34 单击“安装”按钮

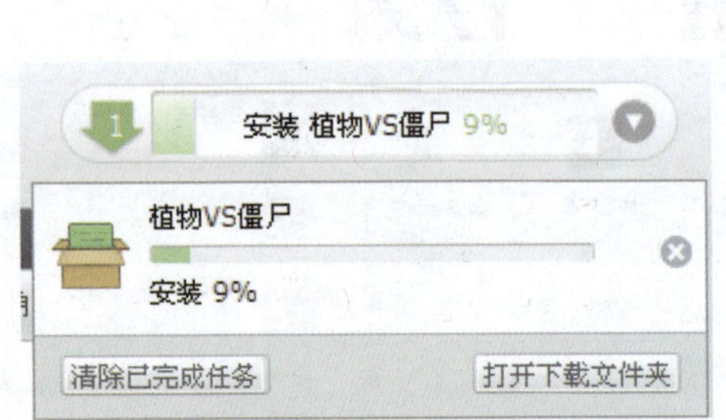

图3-35 下载安装游戏

图3-36 “应用程序”菜单

专家提醒 虽然豌豆荚是个Android管理器，但其影音功能对其他手机也适用。只要能当U盘用的手机，甚至是MP3、MP4、PSP等设备，都能使用这里的影音功能下载东西。

3.3.4 更新软件、游戏

在如图3-34所示的界面中选择左侧的“可升级的应用”选项，并进入其界面，在界面中列出了手机中安装的所有可以升级的程序，如图3-37所示，单击程序后相应的“升级”按钮，即可对已安装的程序进行更新。

图3-37　升级手机程序

3.3.5　卸载软件、游戏

在如图 3-34 所示的界面中选择左侧的“已安装的应用”选项，并进入其界面，在界面中列出了手机中安装的所有程序，如图 3-38 所示。选中相应程序后，再单击“应用详情”选项区中的“卸载”按钮即可对其进行卸载。

图3-38　卸载手机程序

3.3.6 管理手机 SD 卡

Android 系统上体积较大的游戏，会把游戏端和数据包分开，用户必须要把数据包放到内存卡上指定的位置，这就需要借助于豌豆荚的 SD 卡管理功能了。

单击豌豆荚程序顶部的“管理 SD 卡文件”链接，如图 3-39 所示，即可打开手机的内存卡文件夹，如图 3-40 所示，可以很方便地对文件和文件夹进行各种操作。

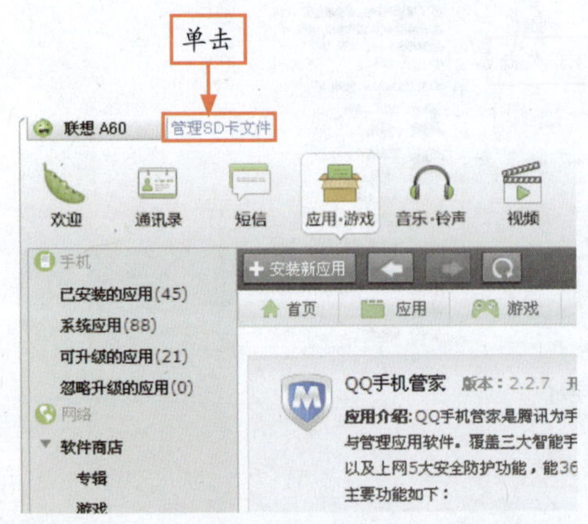

图3-39 单击“管理SD卡文件”链接

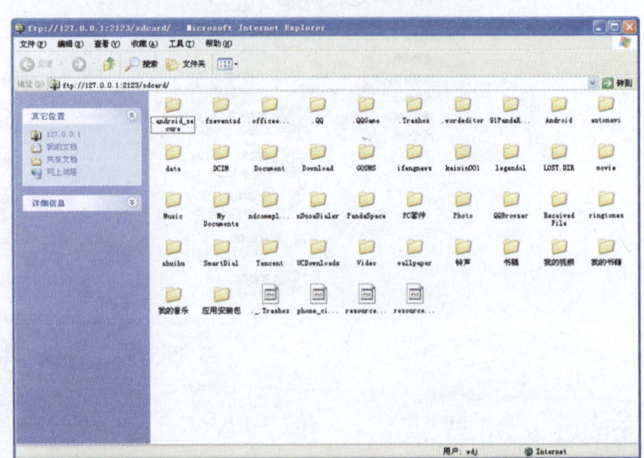

图3-40 打开内存卡文件夹

3.4 在手机端安装/卸载Android软件

除了在电脑上使用非系统客户端软件来下载、安装游戏和应用程序外，用户还可以直接在手机上使用 91 手机助手、豌豆荚以及直接登录网站下载各种 Android 程序。

3.4.1 使用 91 手机助手手机版

进入“应用程序”菜单，点击“91 手机助手”图标，如图 3-41 所示，即可启动 91 手机助手程序，如图 3-42 所示。

选择需要下载的软件或游戏，然后点击“下载”按钮，即可进入下载界面，如图 3-43 所示。下载完成后，系统会提示用户进行安装，安装完成即可运行相应程序。

另外，用户还可以对手机中已安装的软件和游戏进行更新，在如图 3-42 所示的界面中点击“更多”按钮，然后在打开的界面中点击“软件管理”按钮，进入“软件管理”界面，即可显示手机中可以进行的升级的所有软件，点击“升级”按钮即可对软件进行更新，如图 3-44 所示。

图3-41　点击“91手机助手”图标

图3-42　启动91手机助手程序

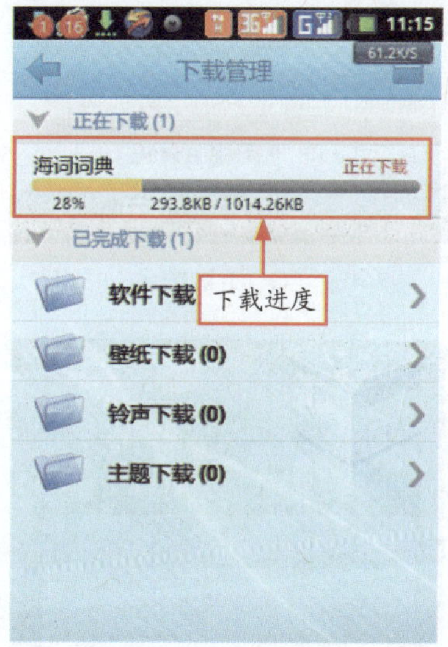

图3-43　进入下载界面

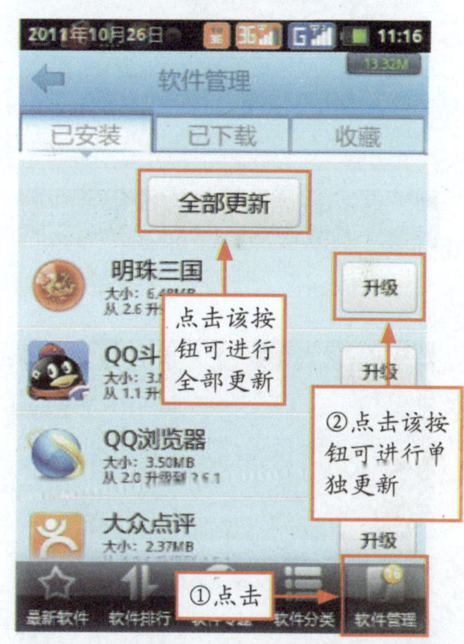

图3-44　更新程序

专家提醒 91手机助手是由网龙公司推出的第三方智能手机管理软件，目前能够支持iPhone、Android、Symbian S60等手机操作系统。用户可以直接在手机上安装91手机助手，就可以方便地实现搜索、下载及安装主题、壁纸、铃声、音乐、电影、软件、电子书等功能。91手机助手手机版支持断点续传、多线程等下载方式，用户还可以把下载资源添加到下载列表中但暂不下载，稍后再在稳定的网络环境下进行批量下载。可以通过搜索的方式来查找资源。同时，它还通过分类的形式来划分不同的下载资源，这也算是另外一种选择了。此外，它还整合了资讯和应用评测与教程的功能，这对于部分发烧友来说也是一种不错的功能。其左下角的“下载管理”可以管理这些应用，包括安装、卸载、删除等。

3.4.2 使用手机下载软件和游戏

用户可以在手机中直接使用各种浏览器（如 UC 浏览器、QQ 浏览器等）登录相应网站后，下载软件和程序。

下面以腾讯应用中心的 Android 专区为例，具体网址为：http://a.app.com/g/s?aid=firstrecommend_a。下载 Android 程序全程如图 3-45 ～图 3-50 所示。

图3-45　点击相应程序

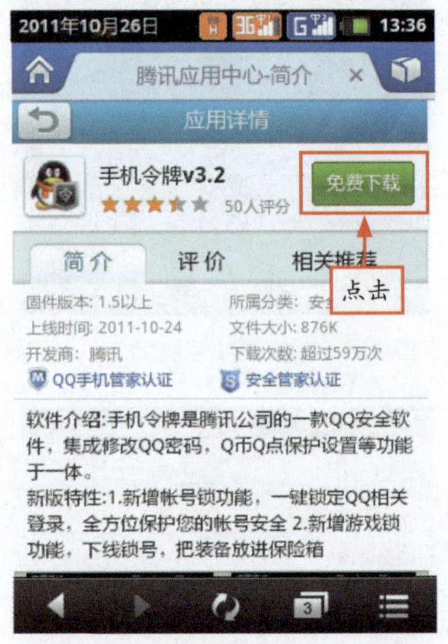

图3-46　“QQ手机管家”界面

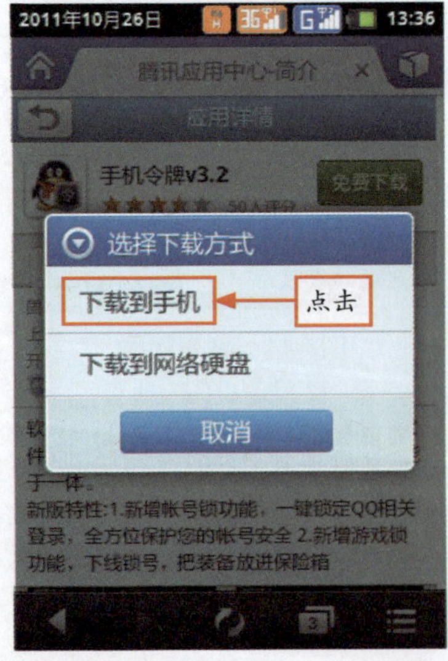

图3-47　“选择下载方式”对话框

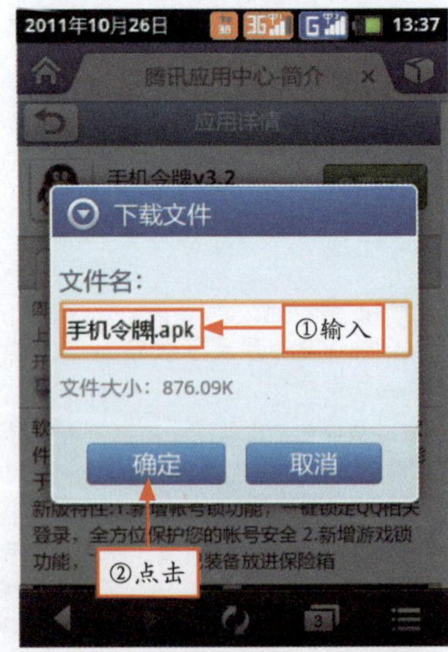

图3-48　“下载文件”对话框

专家提醒 用户可以使用手机下载一些容量比较小的程序，不仅方便而且速度也非常快，但如果要下载大型的程序，还是使用电脑进行下载，这样不会浪费流量。

图3-49　浏览器的功能菜单

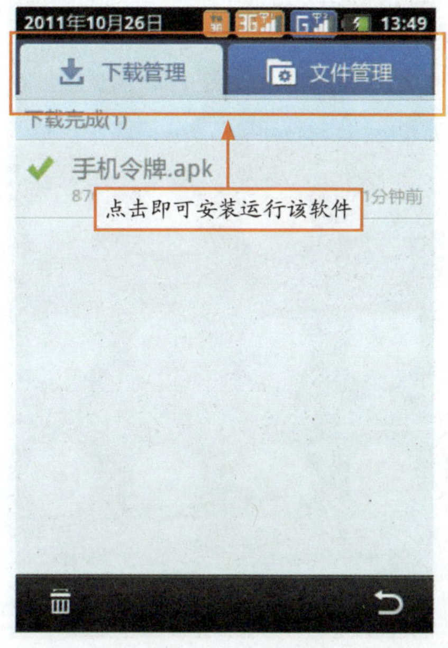

图3-50　下载完成

实战步骤：

步骤1 进入“应用程序”菜单，点击“QQ 浏览器”启动后进入“Android 专区”|“腾讯应用中心”页面，如图 3-45 所示。

步骤2 点击“QQ 手机管家”软件，进入其下载页面，如图 3-46 所示。

步骤3 点击“免费下载”按钮，弹出“选择下载方式”对话框，如图 3-47 所示。

步骤4 点击“下载到手机”选项，弹出“下载文件”对话框，在“文件名”文本框中输入相应文件名，如图 3-48 所示。

步骤5 点击“确定”按钮，即可开始下载软件，点击右下角的菜单按钮，弹出浏览器的功能菜单，如图 3-49 所示。

步骤6 点击“下载管理”按钮，进入“下载管理”页面，即可看到下载完成的软件，如图 3-50 所示，点击软件后即可进行安装。

3.4.3　在文件管理器中安装软件

与在电脑上使用鼠标双击 .exe 文件安装程序的操作相同，首先打开 Android 系统自带的文件管理器或者用前面介绍的方法安装一款第三方文件管理器并打开，如 ES 文件浏览器等，在相应位置找到放置的 APK 安装文件，点击运行安装即可。前提是该软件的安装文件已经复制到手机的存储卡中。

下面以安装“QQ 安全助手”为例，全程如图 3-51 ～图 3-54 所示。

图3-51 点击“文件管理”图标

图3-52 点击相应软件

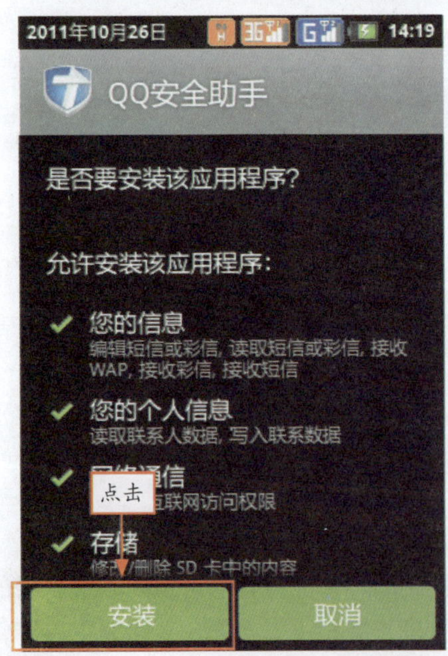

图3-53 点击“安装”按钮

图3-54 点击“完成”按钮

实战步骤：

步骤1 进入“应用程序”菜单，找到并点击“文件管理”图标，如图 3-51 所示。

步骤2 进入文件夹列表，在 SD 卡中找到并点击 QQ 安全助手软件，如图 3-52 所示。

步骤3 进入安装界面，点击“安装”按钮，如图 3-53 所示。

步骤4 安装完成后进入如图 3-54 所示的界面，点击“完成”按钮即可在“应用程序”菜单中找到刚安装软件的快捷方式。

> **专家提醒** 用户可首先用电脑下载QQ安全助手软件，然后通过USB数据线将手机和电脑连接，将该软件传送到手机SD卡中。

3.4.4　删除手机中不需要的软件

当用户手机的 SD 卡内存已满或者不需要某些软件时，可以将不需要的软件卸载掉。下面以 QQ 安全助手为例，删除该软件全程如图 3-55 和图 3-56 所示。

图3-55　卸载软件

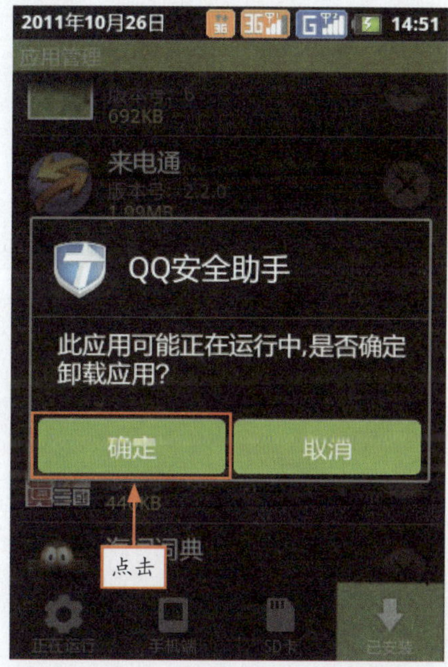

图3-56　卸载QQ安全助手

实战步骤：

步骤1 在“应用程序”菜单中点击“应用管理”图标，进入其界面，然后点击“已安装”按钮，切换至安装的应用程序界面，如图 3-55 所示。

步骤2 在应用程序列表中找到并点击 QQ 安全助手软件右侧的删除按钮，弹出提示信息框，点击“确定”按钮即可卸载该软件，如图 3-56 所示。

第 4 章 Android 同步与通讯

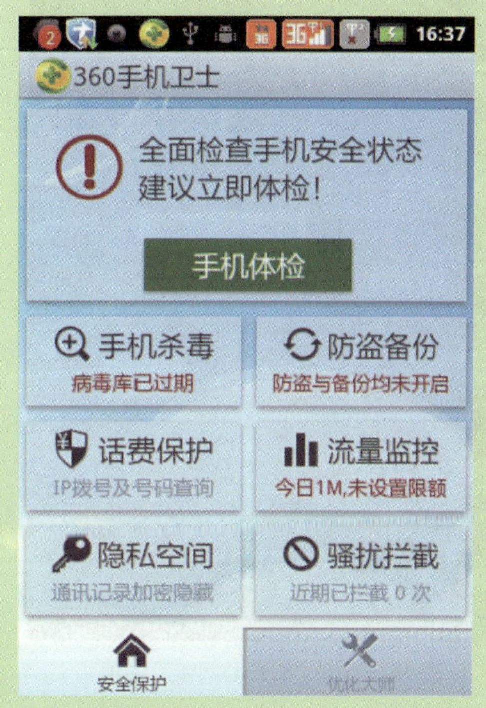

知识要点

- Android 自带的同步功能
- 使用豌豆荚同步管理
- 通讯信息管理
- 通讯安全管理

4.1 Android自带的同步功能

学会同步和备份 Android 手机中的通讯录、短信、壁纸、铃声甚至系统和软件设置等，就不用担心手机因为不慎丢失或损坏而造成的麻烦。本节主要介绍使用 Android 系统自带的同步和备份功能。

4.1.1 账户与同步功能

Android 自带了很好用的同步功能，全程如图 4-1 和图 4-2 所示。

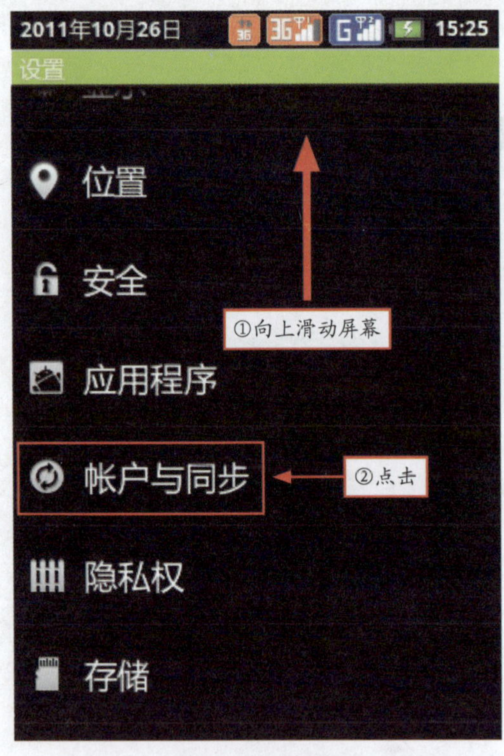

图4-1 点击“账户与同步”选项

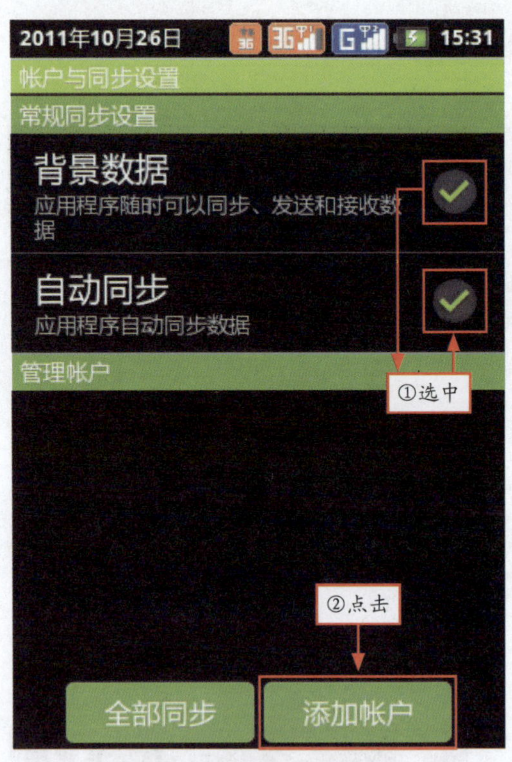

图4-2 设置账户与同步

实战步骤：

步骤1 点击“设置”|“账户与同步”选项，如图 4-1 所示。

步骤2 进入账户与同步设置后，选中“背景数据”和“自动同步”两个选项，并且点击“添加账户”按钮添加一个账户即可，如图 4-2 所示。

> **专家提醒** 也可以不选中“自动同步”选项进而采取手动同步。设置自动同步后，手机会自动连接网络同步，这样就完成了手机中联系人的同步。

4.1.2 导入 / 导出联系人

如果用户之前使用的是一般手机，然后换成使用Android系统手机的话，首先遇到的问题就是如何将原本存在旧手机SIM卡中的联系人资料复制到Android手机中。其实使用Android手机自带的导入 / 导出功能可以很方便地导出联系人资料。

导入 / 导出联系人资料全程如图4-3～图4-6所示。

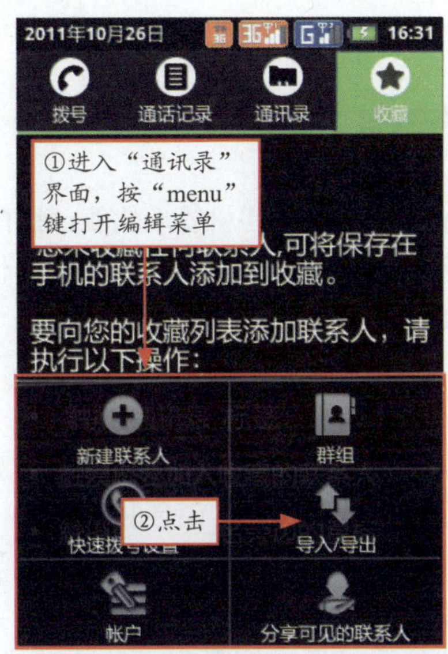

图4-3　打开“通讯录”菜单

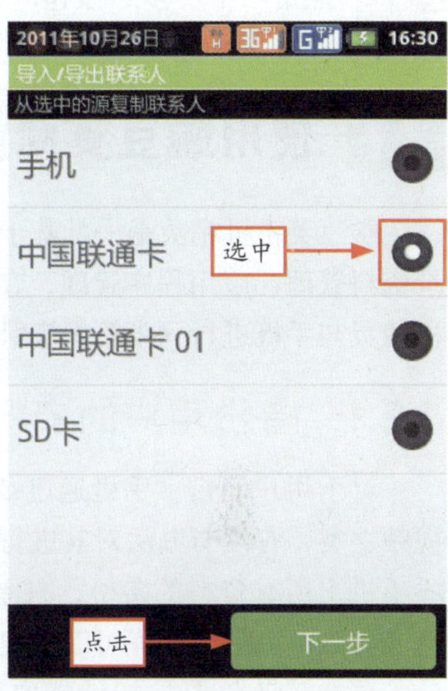

图4-4　选中相应SIM卡

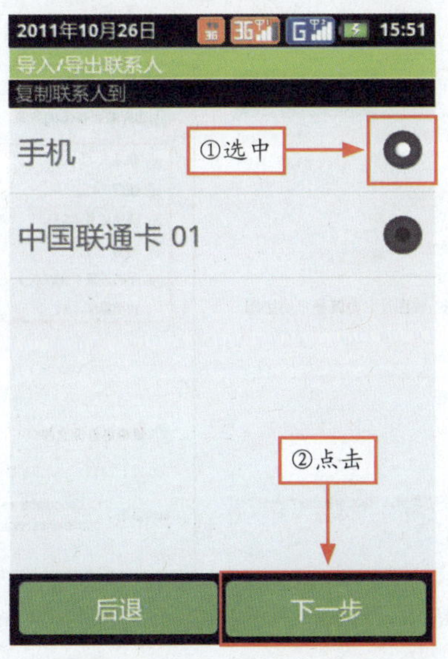

图4-5　选中“手机”选项

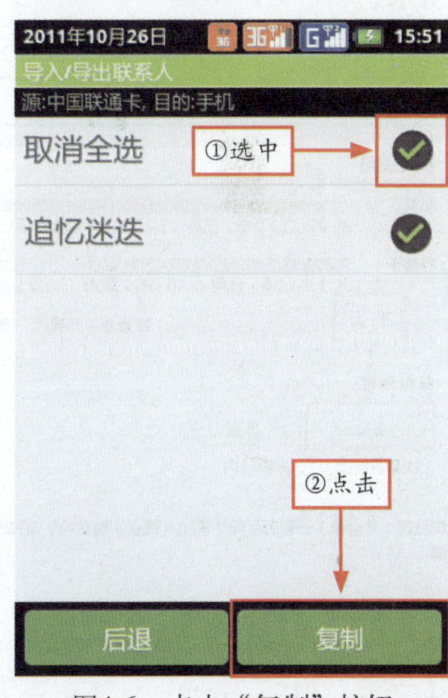

图4-6　点击“复制”按钮

实战步骤：

步骤1 在“应用程序”菜单中点击“通讯录”图标，进入通讯录界面，然后按“menu”键打开编辑菜单，点击“导入 / 导出”选项，如图4-3所示。

步骤2 在弹出的菜单中选中需要导出的SIM卡，如图4-4所示。

步骤3 点击“下一步”按钮，在弹出的菜单中选中导出到“手机”选项，如图 4-5 所示。

步骤4 点击“下一步”按钮，在弹出的菜单中选中“全部选择”选项，然后点击“复制”按钮即可复制出 SIM 卡中的联系人资料，如图 4-6 所示。

4.2 使用豌豆荚同步管理

豌豆荚手机精灵是一款基于 Android 系统的手机管理软件，具有备份恢复重要资料、通讯录资料管理、应用程序管理，音乐下载、视频下载与管理等功能。本节主要介绍使用豌豆荚手机精灵与手机进行同步管理资料和通讯的方法。

4.2.1 备份用户的资料

对于用户而言，手机通讯录上多达数百个联系人、又有很多重要的短信，其他还有照片、视频之类，有没有办法对其进行备份？方法当然有，而且非常简单，简单到“点”一下就能完成手机上所有资料的备份，只需使用豌豆荚手机精灵的“备份功能”。当然，当用户需要把资料还原到手机时，同样可以实现一键还原所有资料到手机上。

单击“备份”按钮就能实现备份手机所有资料到电脑的功能，全程如图 4-7 ~ 图 4-10 所示。

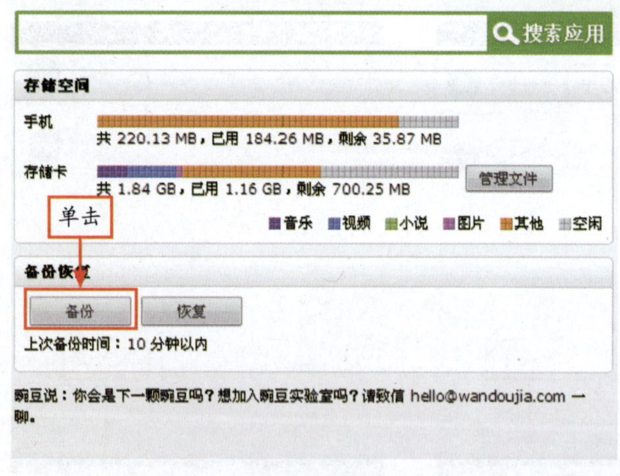

图4-7 单击“备份”按钮

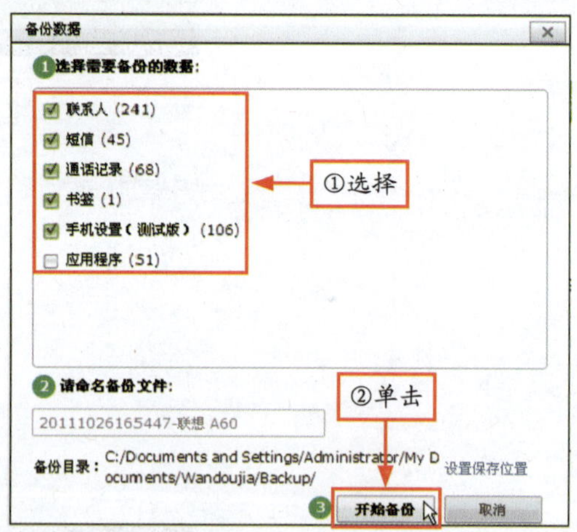

图4-8 单击“开始备份”按钮

专家提醒 doubleTwist和豌豆荚的很大区别是，豌豆荚提供的是更全面的解决方案，而doubleTwist更专注在媒体娱乐方面。例如doubleTwist的应用下载功能就只能在电脑上看，相对来说豌豆荚的体验就要流畅很多。

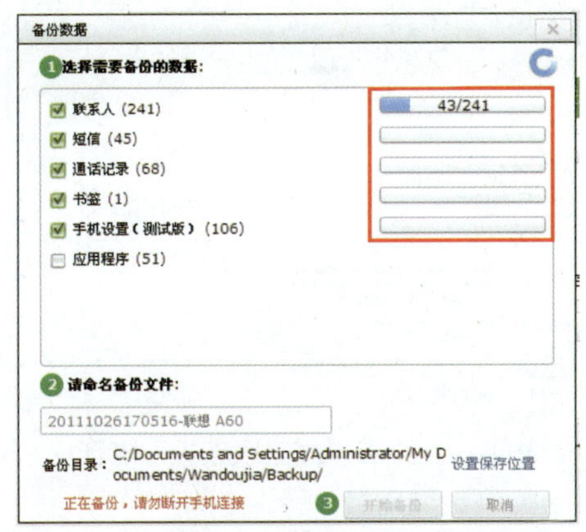

图4-9 显示备份进度

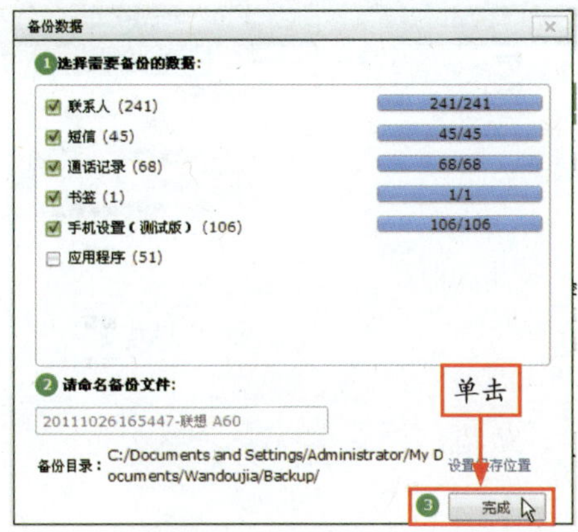

图4-10 完成备份

实战步骤:

步骤1 运行豌豆荚软件，将手机连接好后在其主界面中单击“备份”按钮，如图 4-7 所示。

步骤2 弹出“备份数据”对话框，选中需要备份资料前面的复选框，如图 4-8 所示。

步骤3 单击“开始备份”按钮，显示备份的进度，如图 4-9 所示。

步骤4 稍等片刻后备份完成，单击“完成”按钮即可，如图 4-10 所示。

4.2.2 管理手机联系人

使用豌豆荚手机精灵，可以帮用户轻松管理数量众多的联系人。用户可以对手机里的联系人随时进行添加、删除或者分组，也可以进行通讯录备份，当手机丢失或者更换手机时，通过豌豆荚手机精灵可以方便地恢复导入。目前豌豆荚手机精灵支持 CSV，vCARD 的导入、导出，同时还能从 Outlook、Gmail 里添加联系人。为联系人分组，可以让用户更快更方便地管理联系人，就如为 QQ 好友分组一样。

管理手机联系人全程如图 4-11 ～图 4-18 所示。

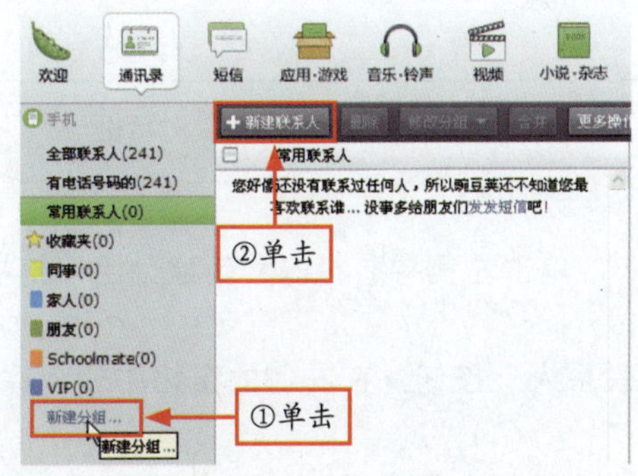

图4-11 新建分组

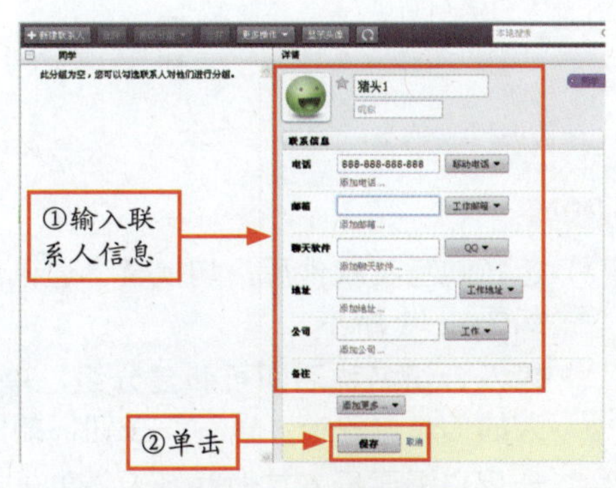

图4-12 新建联系人

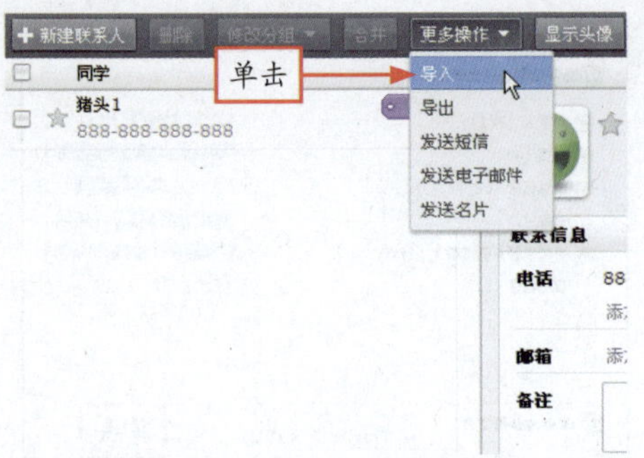

图4-13 单击“导入”命令

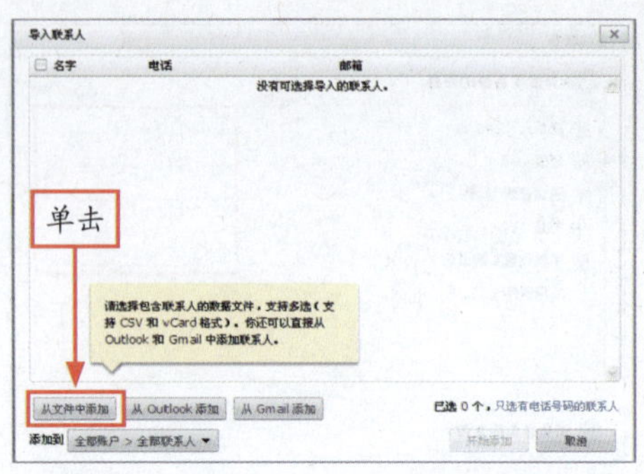

图4-14 弹出“导入联系人”对话框

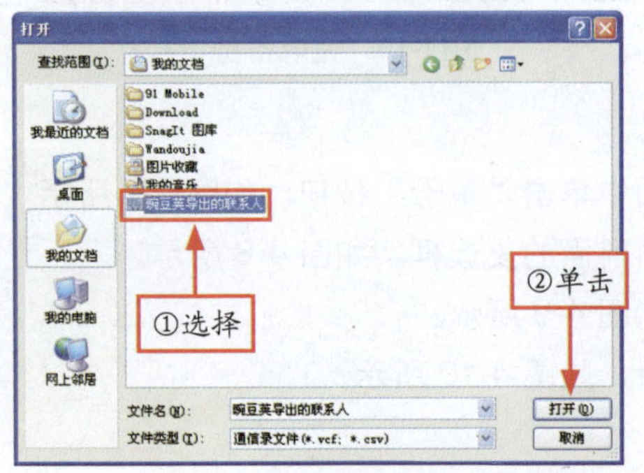

图4-15 选择备份文件

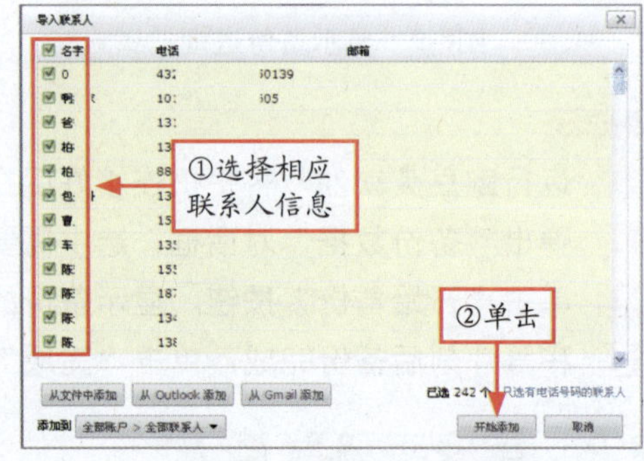

图4-16 选择恢复信息

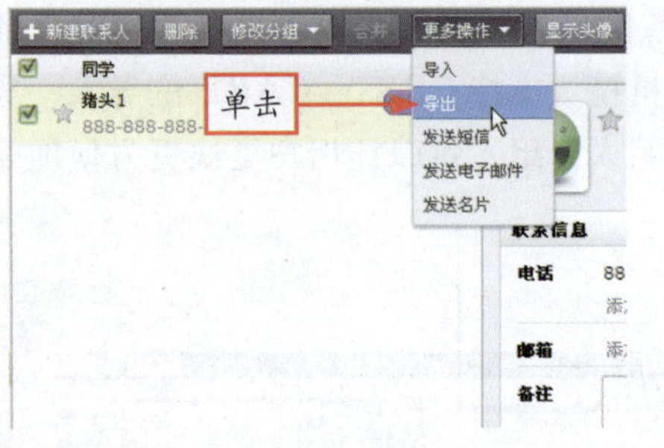

图4-17 单击“导出”命令

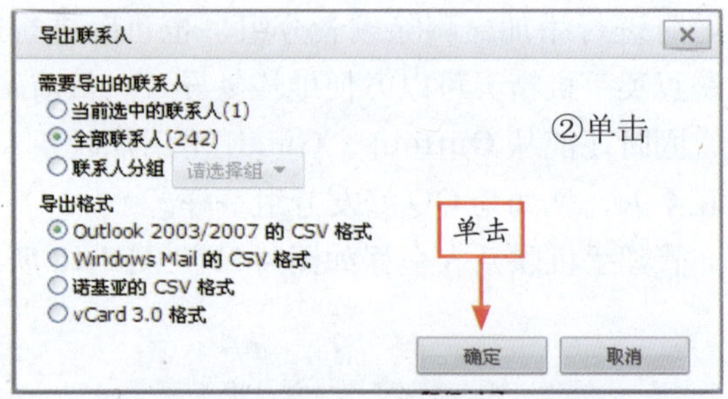

图4-18 弹出“导出联系人”对话框

实战步骤：

步骤1 运行豌豆荚软件后，切换至“通讯录”选项卡，单击左侧导航栏的“新建分组”链接，如图 4-11 所示。

步骤2 输入分组名称后即可新建分组，单击“添加联系人”按钮，在右侧的窗格中输入联系人的信息，单击“保存”按钮，如图 4-12 所示。

步骤3 若用户需要导入其他联系人，单击“更多操作”|“导入”命令，如图 4-13 所示。

步骤4 弹出“导入联系人”对话框，单击“从文件中添加”按钮，如图 4-14 所示。

步骤5 弹出“打开”对话框，选择备份的联系人资料，如图 4-15 所示。

步骤6 单击“打开”按钮，返回“导入联系人”对话框，选中需要导入联系人前面的复选框，然后单击“开始添加”按钮，如图 4-16 所示。

步骤7 若用户需要将该分组的联系人进行备份，可单击“更多操作”|“导出”命令，如图 4-17 所示。

步骤8 弹出“导出联系人”对话框，可设置需要导出的联系人和导出格式，设置完毕后单击“确定”按钮即可，如图 4-18 所示。

4.2.3 在电脑上收发短信

用户在使用手机时可能经常遇到下面这种情形：节假日时，希望在电脑上快速编辑特别的节日祝福短信，群发给亲戚、挚友、同事、客户等不同人群；手机上有大量的短信，若想删除其中的部分短信，如在手机上操作太繁琐了，可在电脑上删除、管理短信。

使用豌豆荚手机精灵可以帮用户完成下面工作：支持在电脑上收发、管理短信，可以选择按照时间、联系人来排列短信；能方便地使用电脑高效地回复短信；也能方便地选择不同人群进行短信群发。

在电脑上收发短信全程如图 4-19 ~图 4-22 所示。

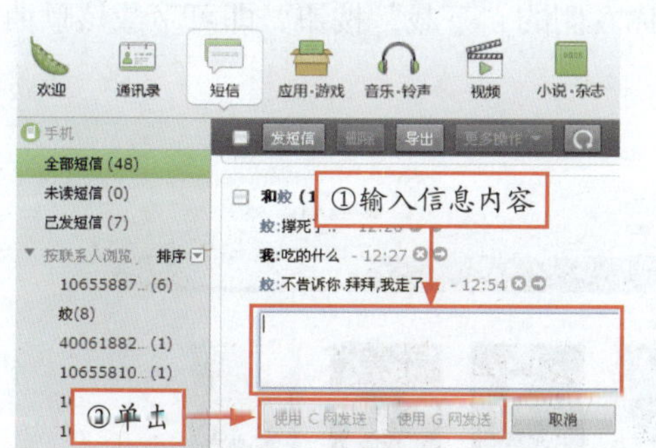

图4-19 直接发送信息

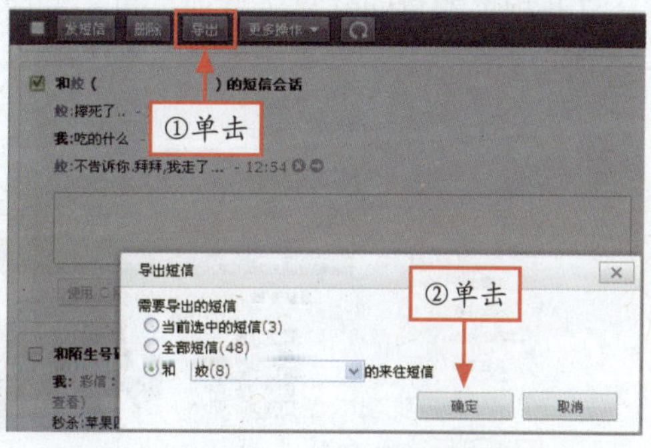

图4-20 导出信息

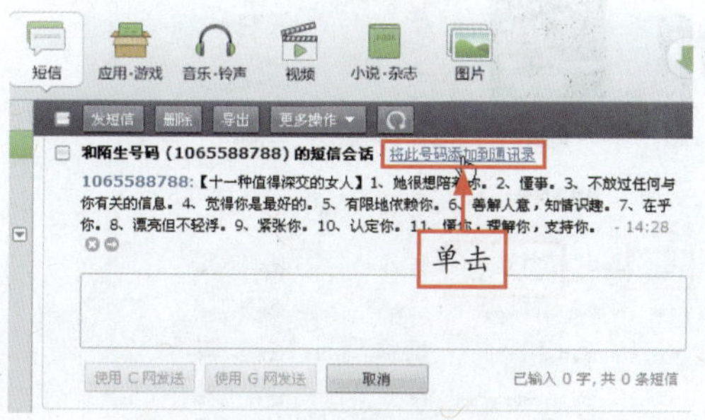

图4-21 单击相应链接

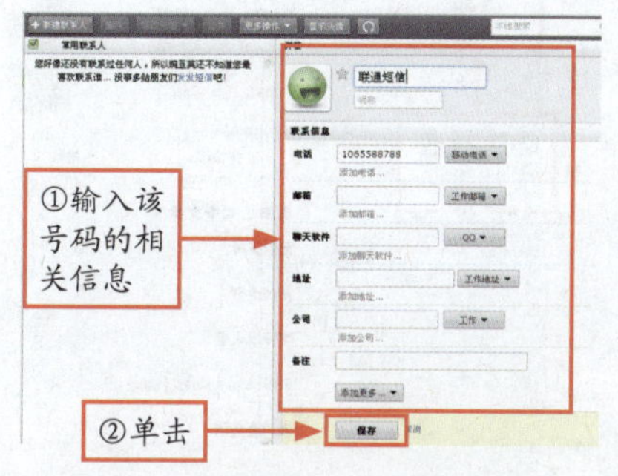

图4-22 输入该号码信息

实战步骤：

步骤1 运行豌豆荚软件后，切换至“短信”选项卡，在右侧的窗格中列出了手机中的短信内容，用户可以直接在相应联系人信息下的文本框中输入信息内容后单击发送按钮进行短信聊天，如图 4-19 所示。

步骤2 选择相应联系人前面的复选框后，单击“导出”按钮，弹出“导出短信”对话框，用户可以在其中选择需要导出的短信，单击“确定”按钮即可，如图 4-20 所示。

步骤3 对于没有保存联系人的短信，可以单击“将此号码添加到通讯录”链接，如图 4-21 所示。

步骤4 进入添加联系人的页面，输入该号码的相关信息，单击“保存”按钮即可将该号码添加到通讯录，如图 4-22 所示。

4.2.4 管理音乐与铃声

当用户觉得用手机下载音乐太浪费流量，想要把音乐下载到电脑再导入到移动设备上播放，或者手机上的音乐、专辑也能像在 PC 上一样井井有条，希望手机上的音乐都带有自动匹配的歌词时，可以使用豌豆荚手机精灵方便地通过网络搜索音乐并下载到手机，导入本地音乐到手机，或通过电脑管理手机音乐，包括专辑封面、专辑演唱者、歌词等信息。

运行豌豆荚软件后，切换至“音乐 · 铃声”选项卡，单击左侧导航栏的相应音乐频道链接，打开相关的页面并显示歌曲，单击歌曲名称右侧的“下载”按钮，即可下载该歌曲，如图 4-23 所示。

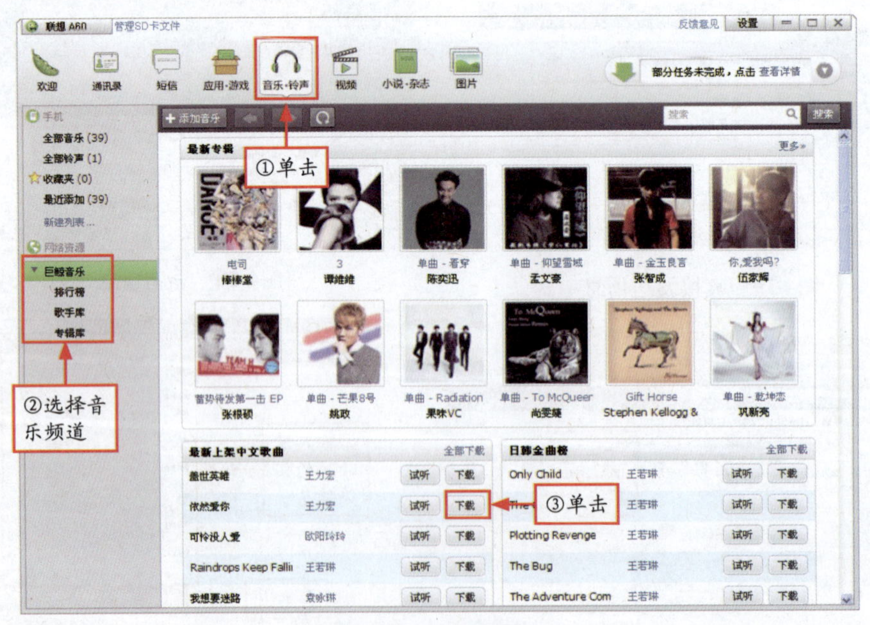

图4-23　下载音乐

若用户想要下载特定的歌手或者歌曲，可以在右上角的“搜索”文本框中输入相应信息，然后单击“搜索”按钮，打开相关的音乐内容，单击想要下载歌曲名称右侧的“下载”按钮即可，如图 4-24 所示。

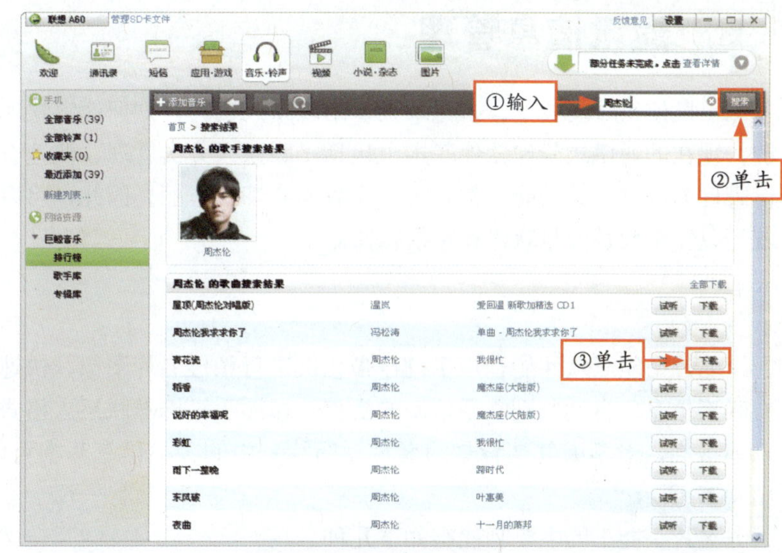

图4-24 下载特定歌曲

4.2.5 管理手机的视频

豌豆荚手机精灵为用户提供了非常丰富的视频内容。在视频功能版块里，甚至可以下载名校公开课，然后可以直接在手机上听课，如图 4-25 所示。

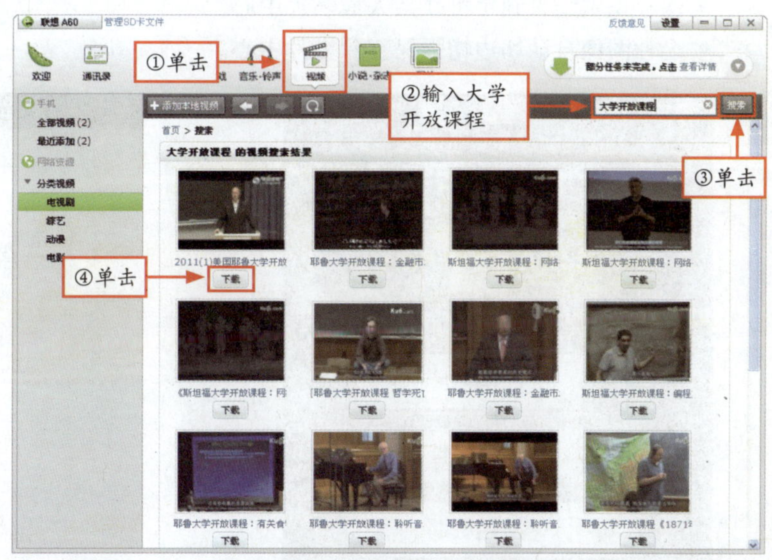

图4-25 下载名校公开课

豌豆荚手机精灵支持一键导入网络视频或本地视频到各种移动设备，包括各种操作系统的手机、PSP、MP4、NDS 等。通过豌豆荚手机精灵，可以一键下载来自优酷网、土豆网等主流视频网站的视频到 Android 手机；更支持将电脑上的电影、美剧、日剧等视频资源，转码导入到手机上。

4.3 通讯信息管理

手机使用时间长了，会记录大量的联系人资料，如何能够快速便捷地找到目标联系人是关键，现在的通讯录管理软件基本上包括了联系人分类管理、快速查找、在线存储以及来电和短信管理等内容，其功能非常强大，且界面亲切、华丽。因此，可以说，装一个通讯录管理软件就可以完全代替拨号软件和短信软件。

4.3.1 名片全能王

名片全能王软件能利用手机自带相机进行拍摄名片图像，快速扫描并读取名片图像上的所有联系信息，自动判别联系信息的类型，按照手机标准联系人格式存入电话本与名片中心，识别率很高，对不太复杂背景的名片（图片）中的各类信息基本可以达到全识别，如图 4-26 和图 4-27 所示。

名片全能王的主要功能有如下几种。

- 自动判别图像旋转方向。
- 自动判别名片图像语言种类。
- 保存识别结果到手机联系人或名片中心。
- 名片图像自动切边增强保存到名片中心。

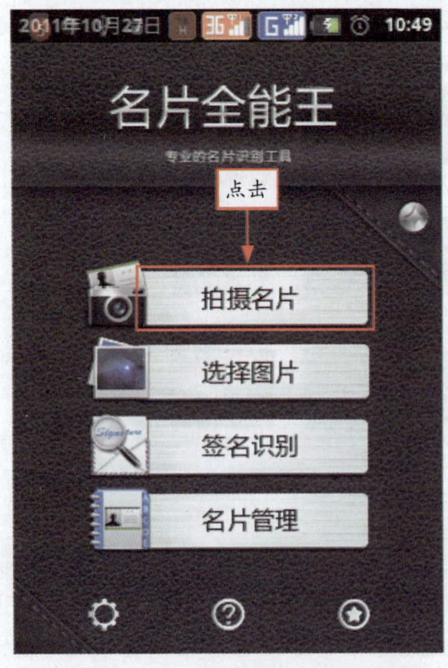

图4-26　启动名片全能王

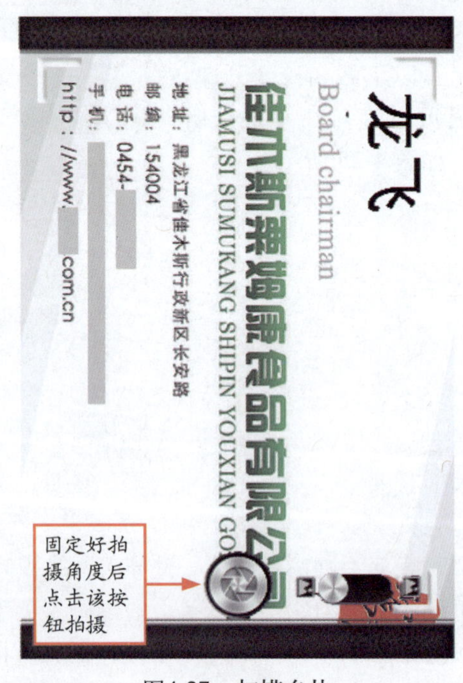

图4-27　扫描名片

扫描名片后，软件会自动识别名片中的信息，而且还可以对其进行修改，如图 4-28 所示。另外，该软件还具备电子邮件签名功能，在主界面上点击“签名识别”按钮即可进入如图 4-29 所示的界面，编辑电子邮件签名。

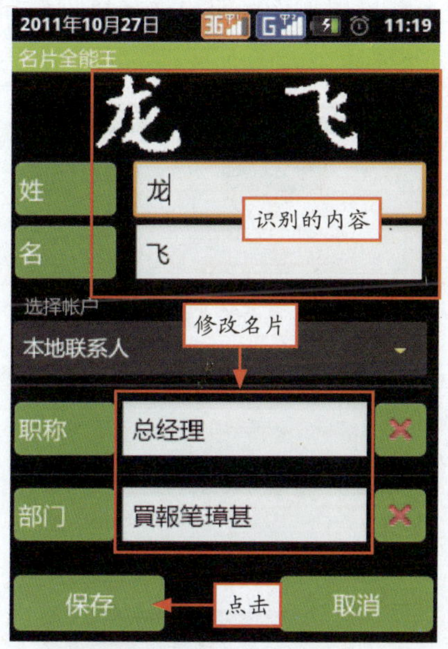

图4-28 修改名片内容

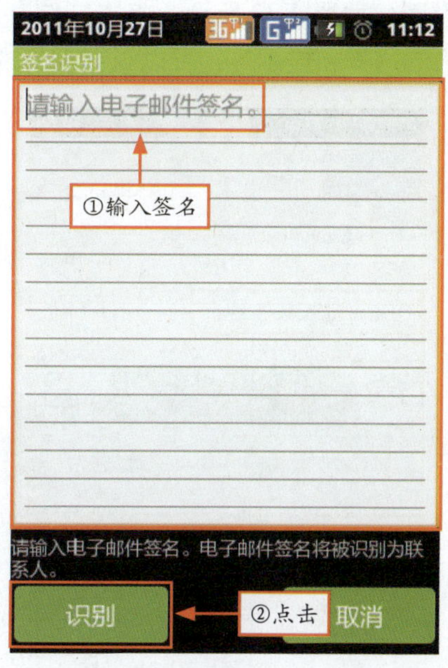

图4-29 编辑电子邮件签名

4.3.2 友录通讯录

友录通讯录的主要功能如下。

- 友录通讯录的智能拨号功能模拟了手机用户曾经使用过的数字键盘的字母反查拼音的功能，支持按姓名全拼、简拼、拼音首字母及电话号码等方式查询，并将通话记录中的陌生号码（未存入通讯录）也纳入查找范围，使用非常方便。
- 友录通讯录的通话记录界面将同一天同一号码同一方向（呼入 / 呼出 / 未接）的通话记录组织在一起，用户可以轻松地看出发生了什么，列表长度也得到了控制，既详细又清晰。
- 可以轻松地从联系人列表切换至分组列表（点击联系人列表界面底部的分组按钮），在这里，用户可以添加分组、给当前分组添加成员，可以直接给整个分组群发短信，也可以选择分组内的部分成员，然后将它们移动或复制到其他分组，简洁而又强大。
- 友录通讯录提供了“多选”功能（在联系人列表界面的选项内可以找到），使用此功能，可以选中若干个人，进行发信息或加入分组等操作。
- 可以将常用的联系人“收藏”到这个界面，需要联系某人时只需点一下联系人的头像即可，干净利落。

安装完成后点击运行软件，首先呈现在屏幕上的是软件的拨号面板，如图 4-30 所示。

第 2 栏是短信息，方便撰写和发送短信息，还可以将重要的信息进行收藏，如图 4-31 所示。按下“menu”键，在打开的菜单中点击“完全设置”按钮，即可进入友录通讯录软件的设置界面，如图 4-32 所示。点击“信息设置”选项进入其设置界面，可以选择接收到新信息时手机的通知和提示等，可以根据需要进行设置，如图 4-33 所示。

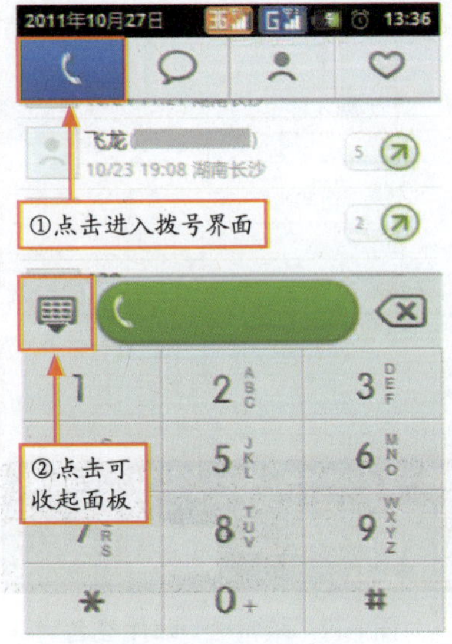

图4-30　进入拨号界面

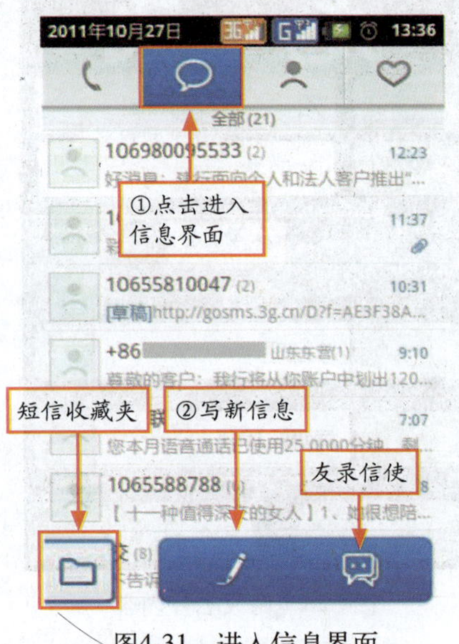

图4-31　进入信息界面

图4-32　打开设置菜单

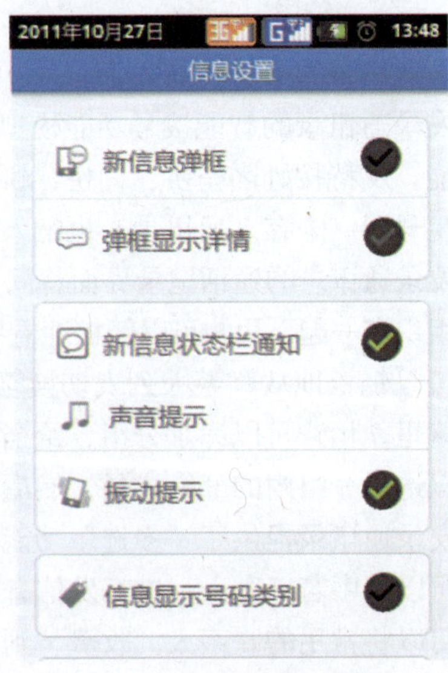

图4-33　设置通讯录信息

第 3 栏是通讯录，下面 3 个按钮功能依次为创建联系人、搜索联系人和创建新的联系人分组。其中联系人分组，可使用户轻松地将手机联系人“人以群分”，从而方便地进行特定短信群发和网络同步操作，如图 4-34 所示。

第 4 栏为收藏联系人，将常用的或者重要的联系人放在这里，可以方便快捷地进行联系，如图 4-35 所示。

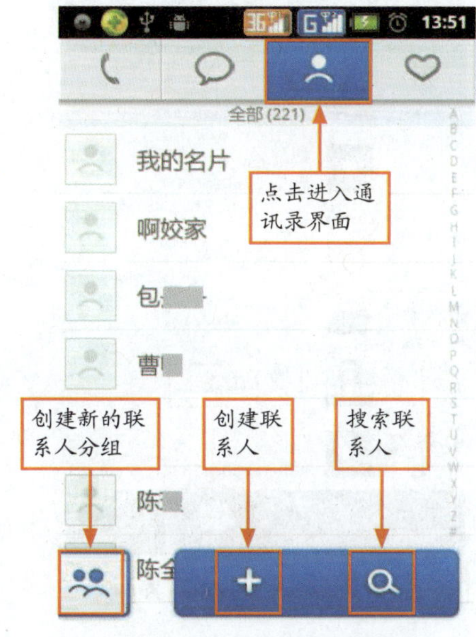

图4-34　进入通讯录界面

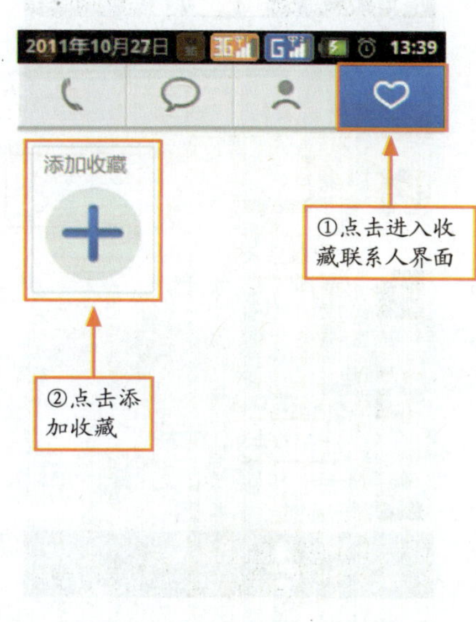

图4-35　进行收藏联系人界面

专家提醒 自带拨号键的机型在安装友录通讯录后第一次按拨号键时，会弹出一个对话框，在其中选择“友录通讯录”即可。如果之前已经设置了别的程序为默认拨号程序，则可以打开系统“设置”界面，进入“应用程序”|“管理应用程序”界面，找到并点击之前设置为默认拨号程序的应用程序，在弹出界面内点击“清除默认设置”选项，即可还原为未设置状态，此后返回桌面，按“拨号”键，就能进行再次选择了。

4.3.3　GO 联系人

GO 联系人加强版是一款功能强大的手机联系人增强应用，它替代了 Android 系统原生电话本对联系人查找和管理不方便的缺点，提供了联系人快速查找、分组管理、快速拨号和添加收藏的功能，同时还提供安全备份和恢复等贴心功能。

点击运行 GO 联系人加强版，进入“联系人”界面，点击右上角的添加联系人按钮即可添加新的联系人，如图 4-36 所示。

点击“分组”按钮进入“分组”界面，点击添加分组按钮可以添加新的分组，另外还可以将联系人加入该新分组，如图 4-37 所示。

点击“收藏”按钮进入“收藏”界面，将常用的或者重要的联系人放在这里，可以方便快捷地进行联系，如图4-38所示。

按“menu”键打开程序菜单，可再其中进行添加收藏、批量删除、删除全部、主题等设置，如图4-39所示。

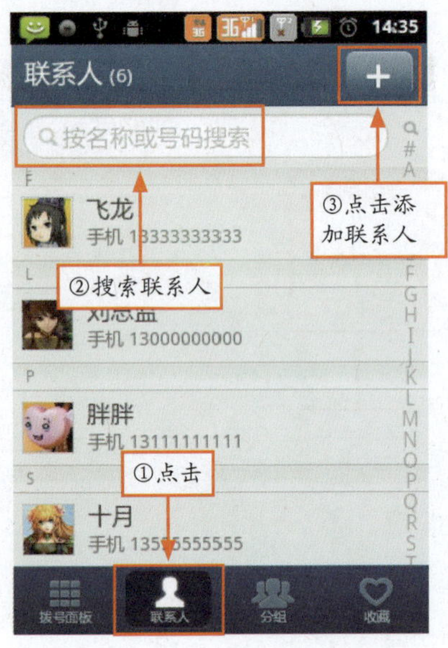

图4-36 进入“联系人”界面

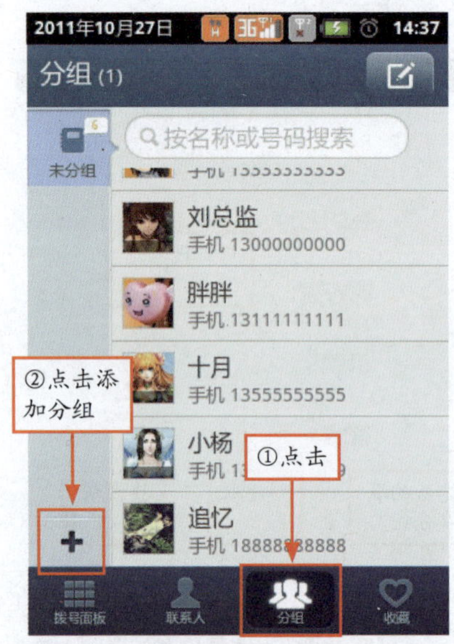

图4-37 进入“分组”界面

图4-38 进入“收藏”界面

图4-39 打开程序菜单

使用 GO 联系人备份手机联系人全程如图 4-40 ～图 4-43 所示。

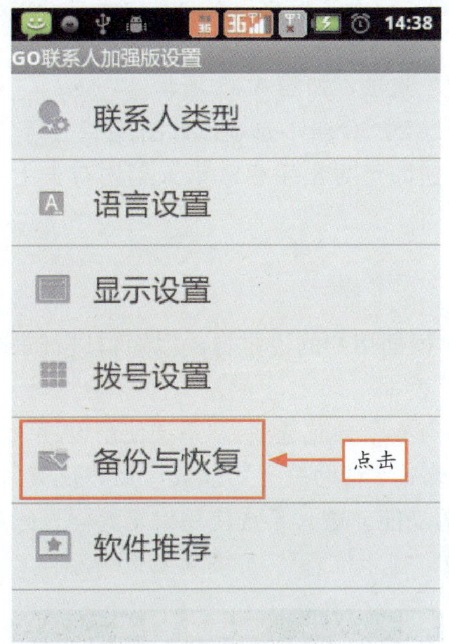

图4-40 点击“备份与恢复”选项

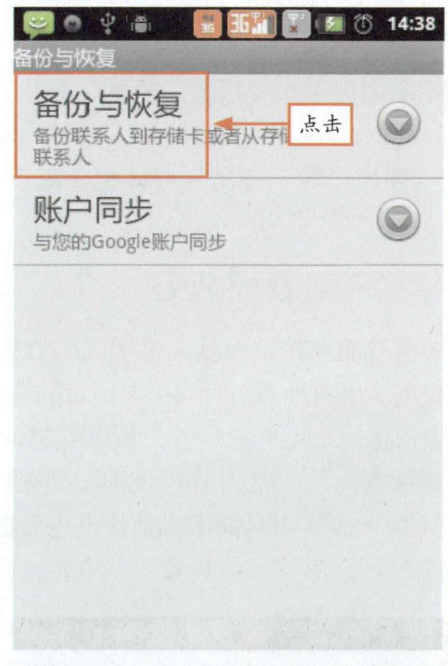

图4-41 点击“备份与恢复”选项

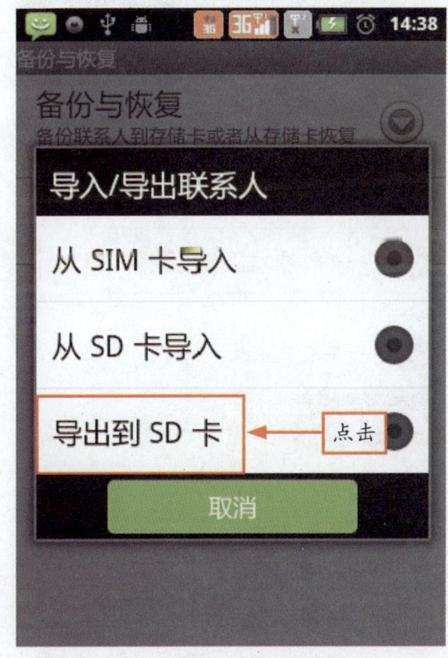

图4-42 点击“导出到SD卡”选项

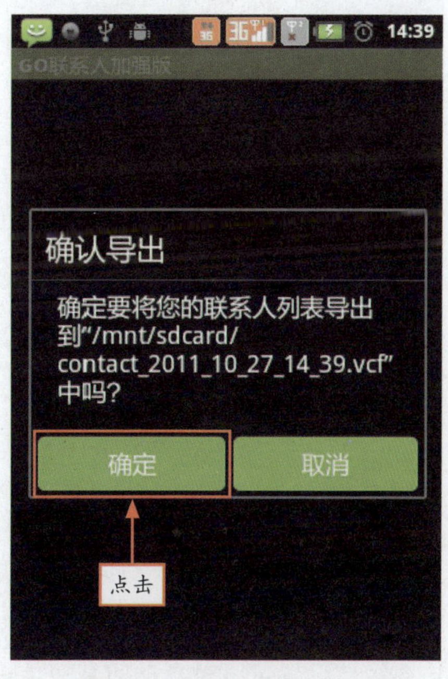

图4-43 点击“确定”按钮

实战步骤：

步骤 1 在图 4-39 所示的程序菜单中点击“设置”按钮，打开“设置”菜单，点击“备份与恢复”选项，如图 4-40 所示。

步骤 2 打开“备份与恢复”菜单，点击“备份与恢复”选项，如图 4-41 所示。

步骤 3 弹出“导入／导出联系人”对话框，点击“导出到 SD 卡”选项，如图 4-42 所示。

步骤 4 弹出“确认导出”对话框，点击“确定”按钮即可导出手机联系人到内存卡上，如图 4-43 所示。

4.3.4 来电智能应答

来电智能应答是一款来电增强的智能应答软件。根据用户的设定自动以短信进行来电回复，避免了用户抽不出时间接电话后的尴尬与麻烦。

点击运行来电智能应答，可以看到，在首页一共有 6 个导航选项：“系统使用设置”、“号码归属地查询”、“常用号码查询”、“来电黑名单设置”、“帮助关于”以及“用户反馈”，如图 4-44 所示。其中，前面 4 个是来电智能应答的主要功能。进入系统使用设置界面，此功能下共有 3 个选项：“基本设置”、“应答短信设置”以及“提示信息”，如图 4-45 所示。

图4-44 来电智能应答首页

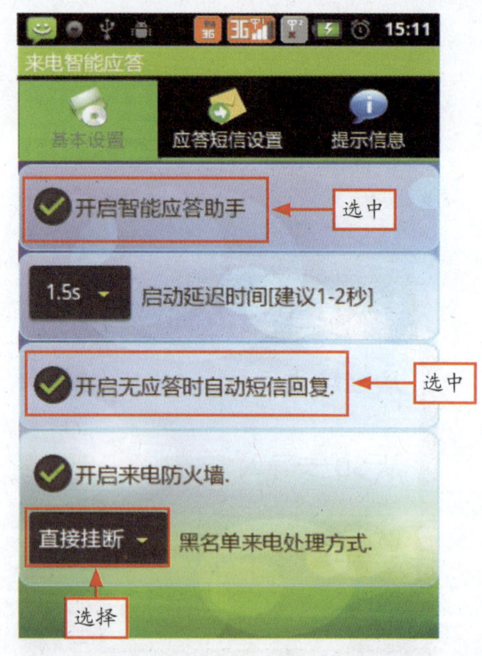

图4-45 进入系统使用设置界面

基本设置可以对黑名单的来电处理方式进行设置，也可以确定是否开启自动短信回复功能。应答短信设置可以对自动回复短信进行个性化编辑，其中有 3 种不同场景的短信可供编辑："发送通用应答短信"、"正在开会的应答短信"以及"正在开车的应答短信"，如图 4-46 所示。

进入号码归属地查询页面，输入用户需要查询的手机号码，点击"查询"按钮，就能得到这个号码的归属地、固话区号以及使用的手机卡类型 3 个属性，查询结果一目了然。对于上班族来说，在日常生活中，有些号码是经常要用到的，如快递号码、银行号码、保险号码等。来电智能应答能够存储特有的常用号码查询，解决了上班族对于日常使用的号码的需要，方便了大家的生活。常用号码查询提供了 7 种不同类型的常用号码查询，包括："生活常用"、"银行服务"、"通讯服务"、"投诉举报"、"保险服务"、"快递服务"以及"售后服务"，如图 4-47 所示。

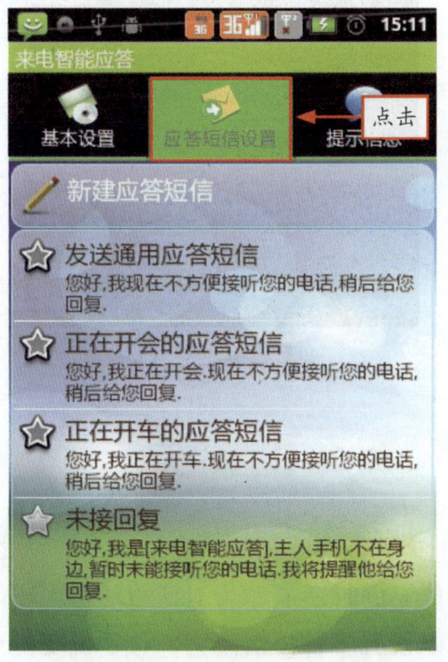

图4-46　设置应答短信

图4-47　查询常用号码

4.3.5　通话录音器

通话录音器（all call recorder）可以把当前的语音通话通过 3gp 文件的形式记录下来，让用户想听就听。使用此功能的时候注意手机允许的录音最长时间和次数，一般是几分钟。如果需要长时间录音，建议采用外接的答录机录音。

专家提醒 手机普遍具有通话录音功能，常见的都是一分钟录音，可将短暂通话内容记录下来，一般作为法庭重要物证和不可轻视的证据，也可适当地作为娱乐。手机录音直接就可以保存在手机内存上，需要时可以直接调出来，非常方便。

点击运行“通话录音”，进入其界面后按“menu”键打开程序菜单，如图 4-48 所示。点击“设置”按钮打开“设置”菜单，分别选中“启动通话录音”和“录制对方的声音”选项，如图 4-49 所示。

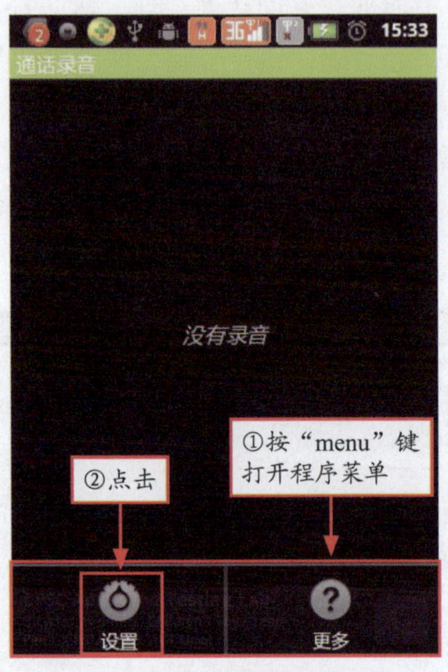

图4-48　打开程序菜单

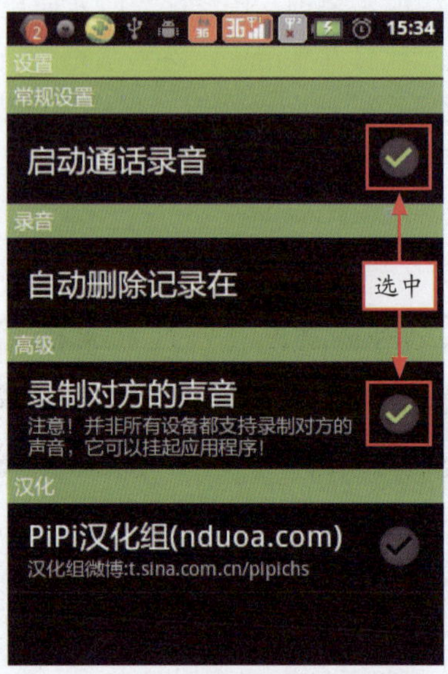

图4-49　设置软件

4.4 通讯安全管理

使用 360 手机卫士、QQ 安全助手、金山手机卫士等手机安全软件，除了可以抵御来势汹汹的恶意软件外，还支持防骚扰电话、垃圾短信等功能，同时还能作为电话短信防火墙使用，能自行创建黑白名单，拦截特定的电话和短信，并可以设置多种拒接方案，让手机变得干净。本节主要介绍使用软件来增强通讯的安全，让用户放心地使用手机。

4.4.1 QQ 安全助手

QQ 安全助手是由腾讯倾力出品，集“一键体检优化”、“双核杀毒”、“防骚扰”、“流量管理”、“通讯录同步”、“QQ 账号防护”、“隐私保护”等多个实用功能于一体的手机安全与管理软件。

QQ 安全助手是一款完全免费的手机安全与管理软件，用户没有 root 权限则不能删除 QQ 安全助手。其覆盖了 4 大智能手机平台，提供系统、通讯、隐私、软件、上网 5 大安全体系；防病毒、防骚扰、防泄密、防盗号、防扣费 5 大防护功能。QQ 安全助手与卡巴斯基合作提供双核引擎并自主研发强大的云端查杀，独创智能拦截防骚扰，整合 QQ 同步助手打造永不丢失的通讯录，内置手机令牌保护QQ账号，为手机终端提供全方位的安全保护与贴心管理。

图4-50 进入程序主界面

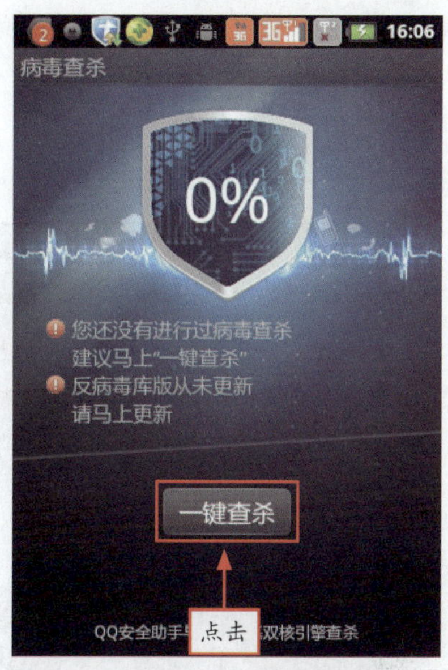

图4-51 点击“一键查杀”按钮

在手机屏幕中找到“QQ安全助手”图标，点击图标进入程序主界面，显示9个常用功能模块，如图4-50所示。点击“病毒查杀”图标，进入其界面，点击“一键查杀”按钮即可扫描并清除恶意软件或病毒，如图4-51所示。第一次安装QQ安全助手之后建议查杀一次，以后定期进行查杀。

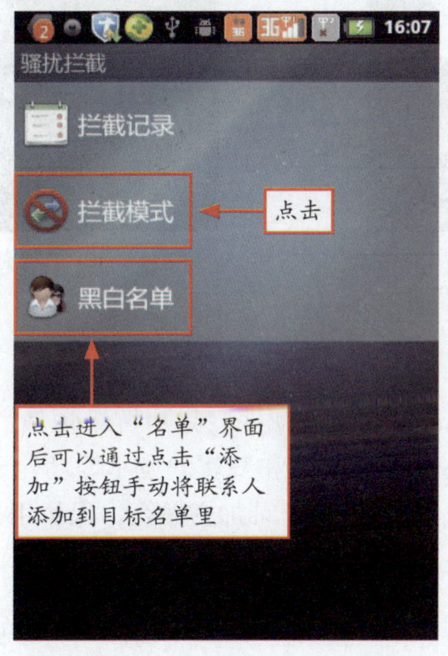

图4-52 进入骚扰拦截界面

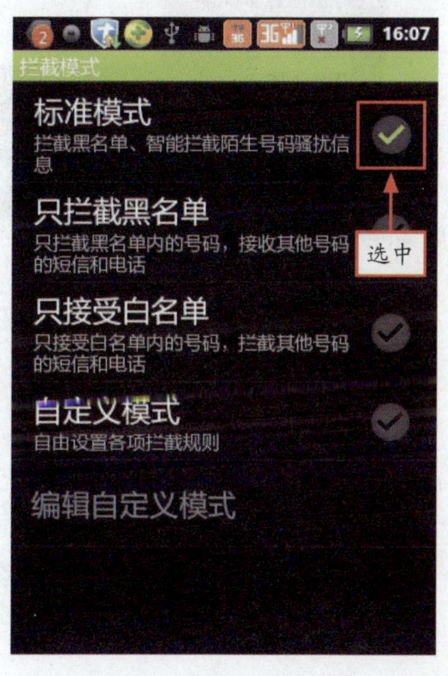

图4-53 设置拦截模式

在主界面上点击“骚扰拦截”图标进入其功能界面，如图4-52所示。点击“拦截模式”进入设置界面，可以对拦截模式进行设置，也可以自己编辑所需要的拦截方式，如图4-53所示。

“私密空间”是QQ安全助手的一项创新功能，可以对手机中的重要联系人信息、通话记录进行加密，让私密信息及通话记录自动隐藏，确保用户的个人隐私不被暴露，实现全面的隐私保护。

点击“私密空间”图标进入其界面，初次打开的时候需要进行设置密码。私密空间界面分为短信和电话两大部分，分别显示私密联系人的短消息和通话记录。按“menu”键打开程序菜单，单击“私密联系人”按钮，如图 4-54 所示。进入“私密联系人管理”界面，可以查看和添加私密好友，如图 4-55 所示。

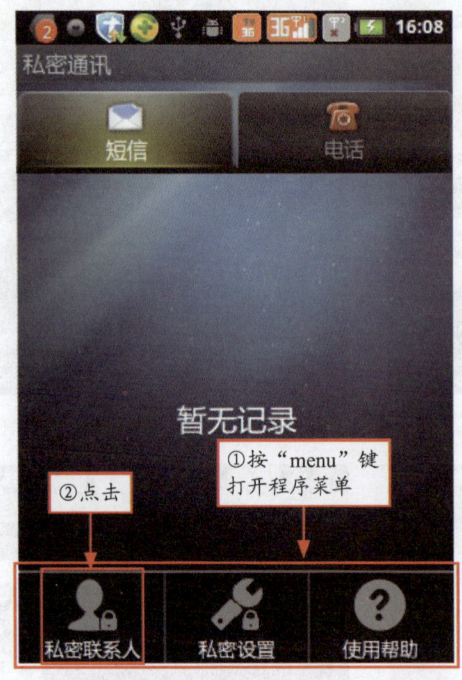

图4-54　单击“私密联系人”按钮

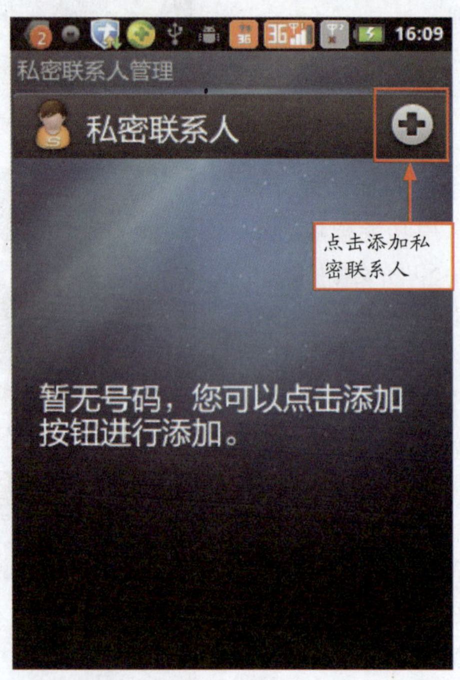

图4-55　进入“私密联系人管理”界面

4.4.2　360 手机卫士

360 手机卫士是一款完全免费的手机安全软件，集防垃圾短信、防骚扰电话、防隐私泄漏、长途电话 IP 自动拨号、系统清理手机加速和归属地显示等功能于一身。拦截垃圾短信和骚扰来电，还用户清静的手机空间。隐私通讯记录加密保存，保护用户的个人隐私，来电和去电归属地显示，通话信息一目了然。

专家提醒 被植入“手机护士”木马的手机，会在应用程序菜单中生成手机卫士图标，但是用户使用系统自备的“程序管理”中的“删除”功能删除该图标，就会自动关闭程序管理页面，返回手机桌面。而且用户会同时发现手机内安装的手机安全类软件已经不能启动，中招后可以使用360“手机卫士”木马专杀工具进行查杀。

在手机屏幕中找到“360 手机卫士”图标，点击图标进入程序主界面，主要分为“安全保护”和“优化大师”两项基本功能。在“安全保护”页面中，可以点击“手机体检”按钮对手机进行整体的安全检查，如图 4-56 和图 4-57 所示。

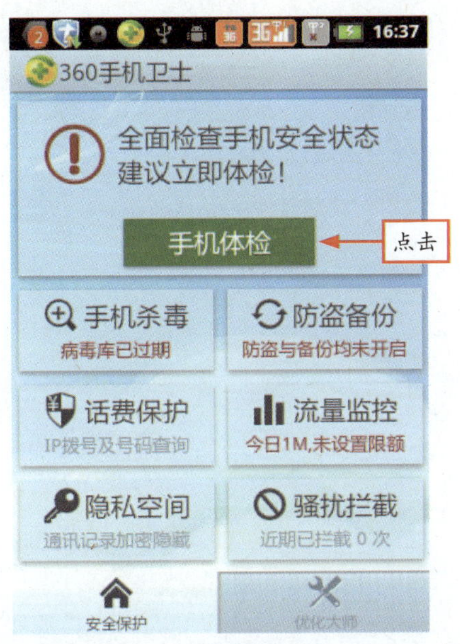

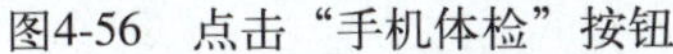

图4-56　点击“手机体检”按钮

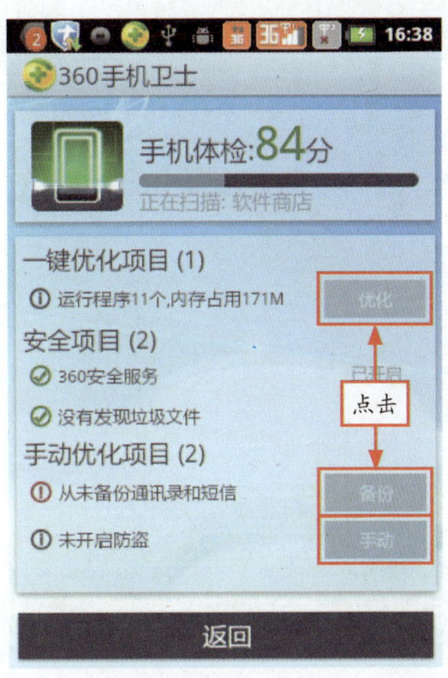

图4-57　进行安全检查

点击下面的“优化大师”按钮切换至其页面，点击“手机加速”按钮可以对手机系统进行整体优化，如图4-58和4-59所示。

图4-58　点击“手机加速”按钮

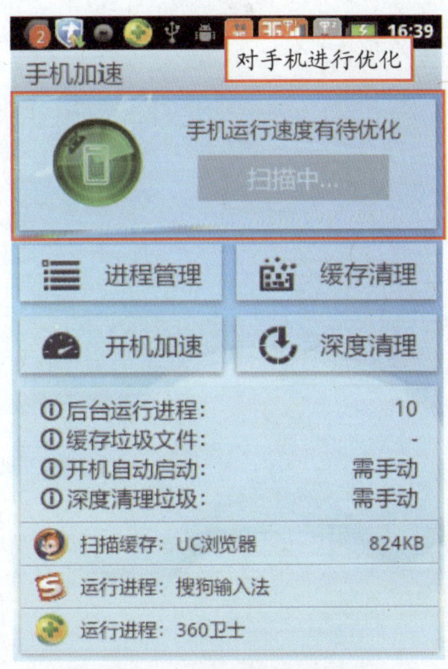

图4-59　优化手机系统

第 5 章 Android 主题设置

知识要点

- 设置 Android 桌面主题
- 设置 Android 手机铃声
- 管理 Android 屏幕设置
- 设置桌面天气和时间
- 管理 Android 输入法

5.1 设置Android桌面主题

Android系统具有很强的开放性，方便用户对系统进行全新的设置，这也是很多用户自己美化和修改的rom（可以理解为操作系统）的原因。如果用户还没有达到直接修改rom的境界，可以先从手机本身的设置下手，然后借用第三方软件强大的功能，打造一个独一无二又很酷的Android手机界面。

5.1.1 设置动态壁纸

Android系统的壁纸分为动态壁纸和一般的静态壁纸，在手机主界面上按“menu”键打开功能菜单，点击“壁纸”按钮，弹出“选择壁纸”对话框，点击“动态壁纸”选项，如图5-1所示。动态壁纸可以使整个桌面变成一个动态的画面，动态壁纸元素丰富，有点像电脑上面的屏保，使得桌面动感绚丽。

系统中自带的动态壁纸以缩略图的形式呈现出来，供用户预览，点击相应的缩略图，可以观看其动态效果，如图5-2所示，点击“草地、萤火虫和蒲公英”动态壁纸。

图5-1　点击“动态壁纸”选项

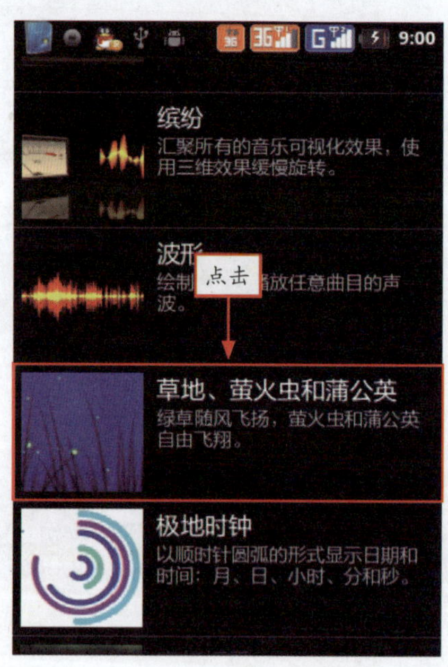

图5-2　选择动态壁纸

专家提醒 弹出“选择壁纸”对话框的另外一种操作：用手指按住桌面的空白处不放，弹出“添加到主画面”对话框，点击“壁纸”选项即可。

打开“草地、萤火虫和蒲公英”动态壁纸的预览画面，如图5-3所示，如果用户对该效果满意可以点击“设置壁纸”按钮，即可设置为当前壁纸。按“home”键返回桌面，即可看到更换的动态壁纸效果，该壁纸还会呈现出昼夜变化，如图 5-4 所示。

图5-3　预览画面

图5-4　查看动态壁纸效果

5.1.2　91 熊猫桌面

使用“91 熊猫桌面”全程如图 5-5 ～图 5-10 所示。

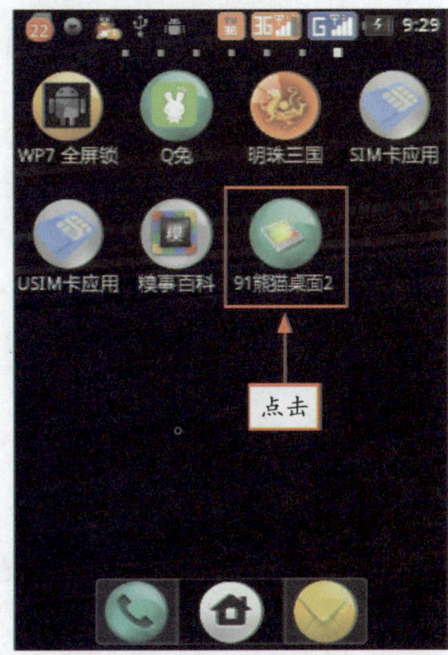

图5-5　点击“91熊猫桌面”图标

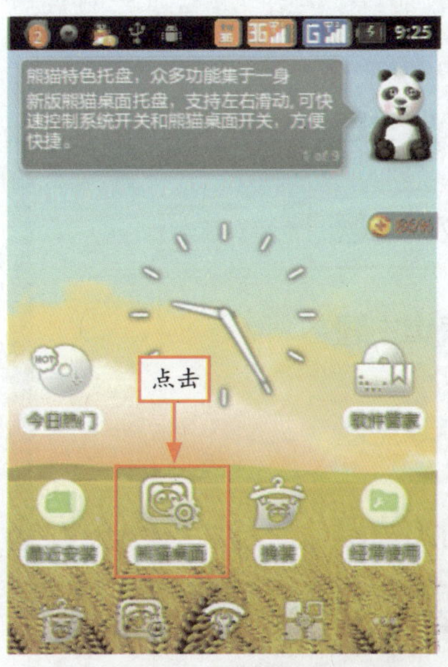

图5-6　点击“熊猫桌面”图标

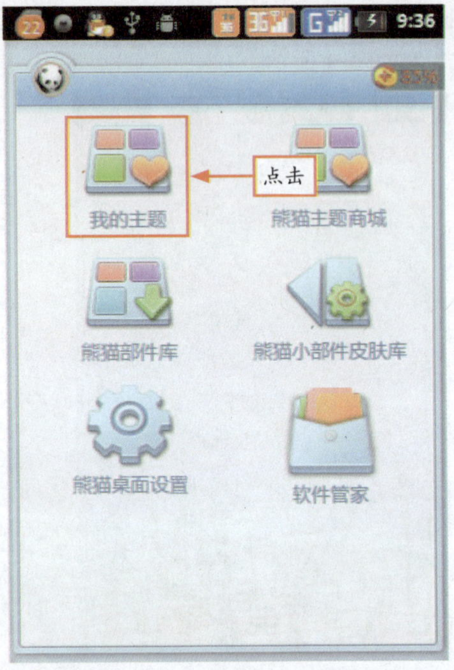

图5-7　点击“我的主题”图标

图5-8　点击“幸福约定”主题

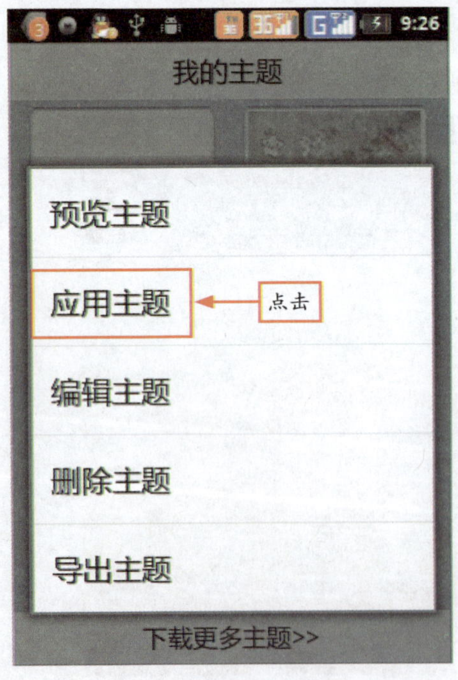

图5-9　点击“应用主题”选项

图5-10　预览主题效果

实战步骤：

步骤1 下载安装 91 熊猫桌面后，进入“应用程序”菜单，找到并点击“91 熊猫桌面”图标，如图 5-5 所示。

步骤2 即可进入 91 熊猫桌面，如果用户对该主题不满意，可以点击“熊猫桌面”图标来更换其他主题，如图 5-6 所示。

步骤3 打开“熊猫桌面”菜单，点击“我的主题”图标，如图 5-7 所示。

步骤4 进入“我的主题”界面，点击“幸福约定”主题，如图 5-8 所示。

步骤5 弹出设置菜单，点击“应用主题”选项，如图 5-9 所示。

步骤6 执行上述操作后，即可应用所选择的主题，效果如图 5-10 所示。

5.1.3　Windows 7 桌面

Windows 7 桌面是一款能够把 Android 桌面变成 Windows 7 系统风格桌面的软件。该软件运行非常流畅，桌面确实有 Windows 7 的风格，而且渐变效果很好。虽然是仿照产品，却真实地继承了微软的风格，让手机桌面和电脑的桌面一样倍感亲切。

安装完 Windows 7 桌面主题软件后，按下“home”键，默认设置是回到手机的主界面，但是现在手机会让用户选择是回到“启动器”（原手机主界面）还是“Windows 7 桌面”，如图 5-11 所示。点击“Windows 7 桌面”选项后即可进入 Windows 7 系统风格桌面，虽然用户自己设置的壁纸还是一样的，但界面风格已经非常不同了，连左下角的 Widnows 开始菜单都有，如图 5-12 所示。

图5-11　点击“WIN7桌面”选项

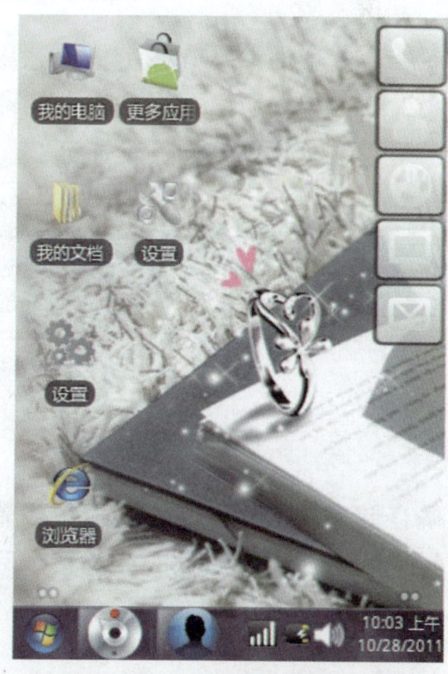

图5-12　进入Windows 7桌面

当用户将手机横过来的时候，屏幕也会跟着自动旋转为横屏，点击“开始”菜单图标，也会像 Windows 7 系统一样弹出开始菜单，可在其中运行与搜索各种程序，使用非常方便，如图 5-13 所示。

图5-13　点击“开始菜单”图标

5.2 设置Android手机铃声

铃声是达人个性最好的展示平台，用户可以为不同的联系人匹配不同的来电铃声，以体现这位联系人的独特气质以及用户对他的印象，也可以流行什么就播放什么，自主裁剪习惯的时尚歌曲，用它来唤起用户的日常通话。

专家提醒 铃声文件可以被放置在内存卡中，但之前用户必须正确地设置了文件夹，确保Android手机能够正确识别。将Android手机连接到电脑，在电脑的磁盘选项中，点击手机内存卡，建立放置铃声的文件夹。文件夹的名字必须为英文，如Alarms（闹钟铃声）、Notifications（短信通知铃声）和Ringtones（来电铃声）等。将用户喜欢的歌曲或铃声放入新建的文件夹中，将手机与电脑断开，则Android手机便可识别新添加的铃声文件夹和文件了。

5.2.1　设置手机来电铃声

正确存储喜欢的铃音文件后便可设置铃声，下面介绍 3 种设置方法：第一种适合为所有来电设定统一的铃声，第二种适合为某个联系人指定特定的铃声。

1．设置系统默认铃声

设置系统默认铃声全程如图 5-14 ～图 5-17 所示。

专家提醒 选中系统中的默认铃声后，即可进行试听。

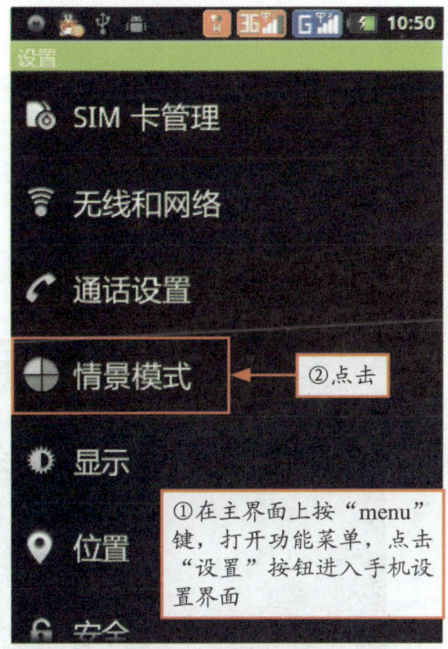

图5-14 点击“情景模式”选项

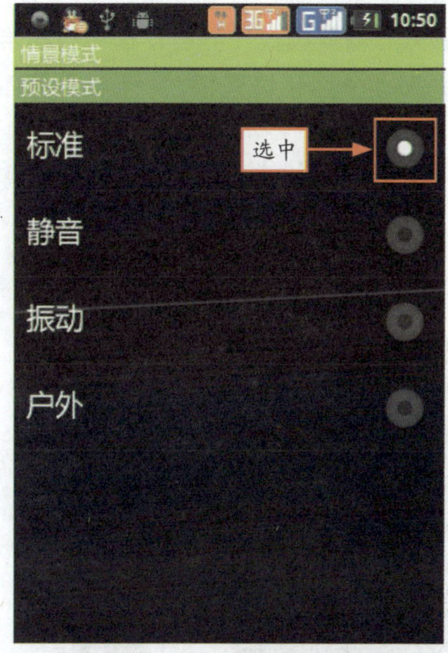

图5-15 选中“标注”选项

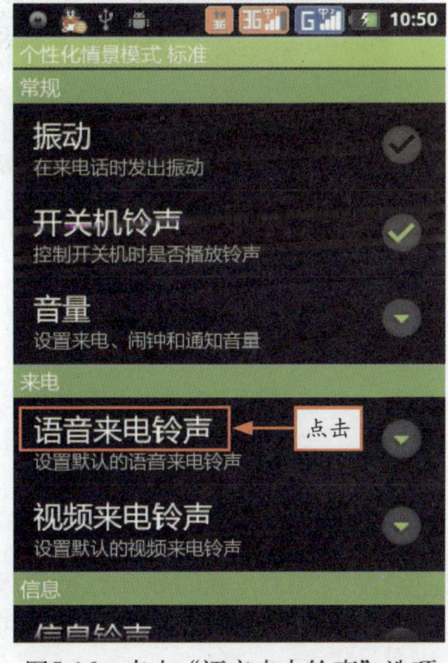

图5-16 点击“语音来电铃声”选项

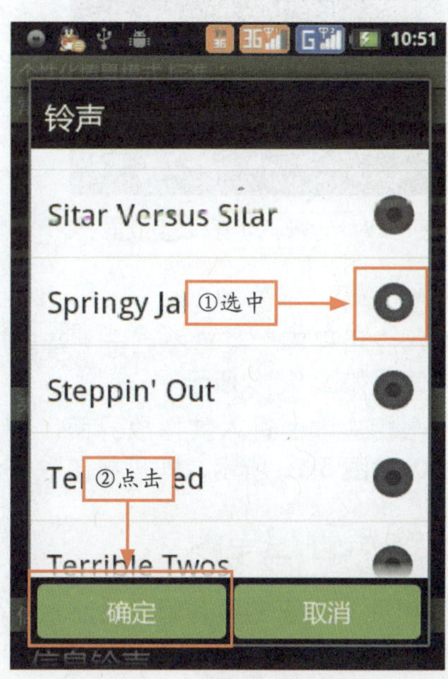

图5-17 选中相应铃声

实战步骤：

步骤1 在主界面上按“menu”键，打开功能菜单，点击“设置”按钮进入手机设置界面，点击“情景模式”选项，如图 5-14 所示。

步骤2 进入“情景模式”界面，选中“标准”模式选项，如图 5-15 所示。

步骤3 进入“个性化情景模式 标准”界面，在“来电”选项区中点击“语音来电铃声”选项，如图 5-16 所示。

步骤4 弹出“铃声”对话框，滑动屏幕选择需要的铃声，单击“确定”按钮，如图 5-17 所示。

2．设置个性化铃声

设置个性化铃声全程如图 5-18 和图 5-19 所示。

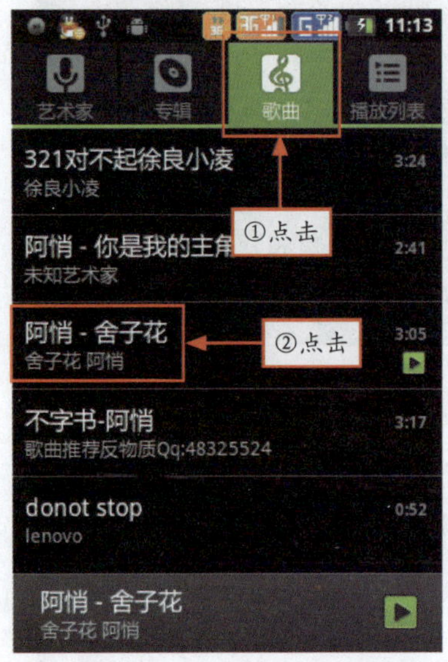

图5-18 运行“音乐”播放器

图5-19 点击“用作铃声”按钮

实战步骤：

步骤1 在“应用程序”菜单中点击“音乐”图标运行“音乐”播放器，点击“歌曲”进入该界面，如图 5-18 所示。

步骤2 点击相应歌曲进入其播放界面，按“menu”键打开操作菜单，点击“用作铃声”按钮，如图 5-19 所示，即可将该歌曲作为来电铃声。

5.2.2 铃声管理专家

Android 手机自带的铃音管理功能太过简单，不能将从网络上下载的好听的 mp3 设置为铃声，而且还不能设置分组联系人的铃声。用户可以下载“铃声管理专家”软件来帮助设置手机铃声。

铃声管理专家具有以下功能。

- 可设置来电震动方式。
- 可设置来电银幕灯光颜色。
- 可设置短信铃声。
- 群组来电设置。

专家提醒 当用户设置短信铃声前，需要把手机原装短信铃声设置为无声。

使用铃声管理专家全程如图 5-20 和图 5-21 所示。

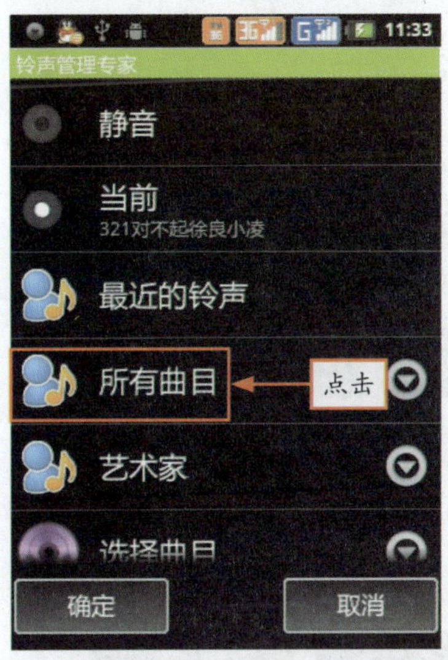

图5-20 点击"所有曲目"选项

图5-21 设置相应歌曲

实战步骤：

步骤 1 在"应用程序"菜单中点击"铃声管理专家"图标进入其界面，点击"所有曲目"选项，如图 5-20 所示。

步骤 2 打开"所有曲目"菜单，用户可以滑动屏幕来选择喜欢的歌曲，然后点击"确定"按钮，即可将该歌曲作为来电铃声，如图 5-21 所示。

5.2.3 小米分享

小米分享是一款专为 Android 手机用户量身打造的铃声、壁纸和短信下载的平台。与其他下载软件不同的是，小米分享的所有铃声、壁纸与短信笑话都是由数量庞大的热心用户自行上传提供的。

在"应用程序"菜单中点击"小米分享"的快捷方式，进入小米分享的主界面，如图 5-22 所示，用户可以在其中下载壁纸、铃声、书籍、音乐以及笑话等资源。点击下面的"我的分享”按钮进入其界面，点击“立即上传资料”按钮，即可将用户自己的相关资料上传到小米分享的主页，如图 5-23 所示。

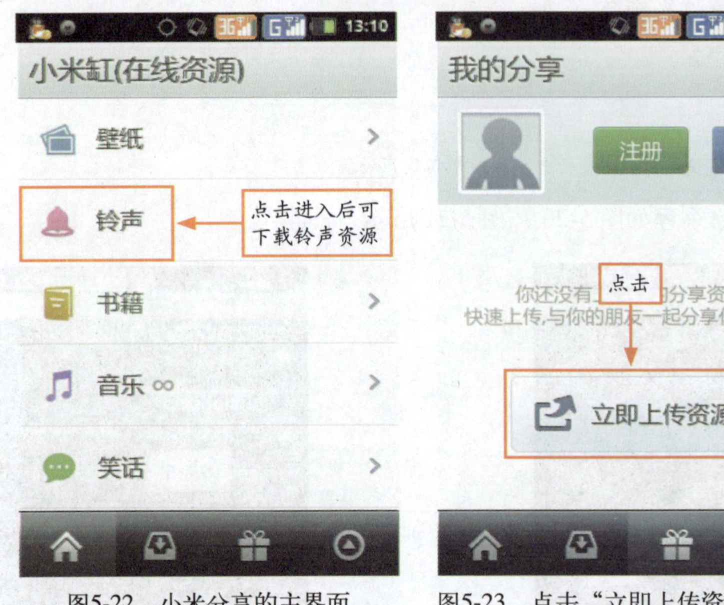

图5-22　小米分享的主界面　　图5-23　点击“立即上传资源”按钮

5.2.4　调整音量与类型

调整 Android 手机音量与响铃类型全程如图 5-24 和图 5-25 所示。

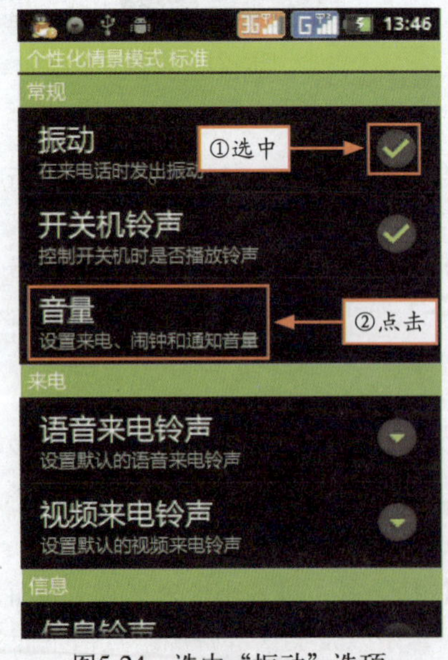

图5-24　选中“振动”选项

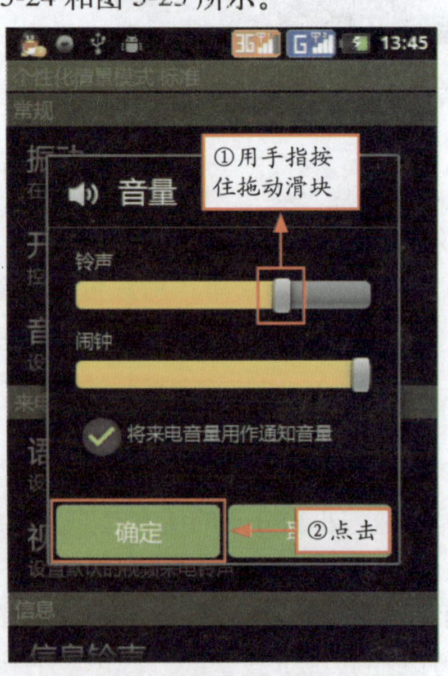

图5-25　调整响铃音量

实战步骤：

步骤1 进入“个性化情景模式 标准”设置界面，点击选中“振动”选项，即可在来电话时发出振动和铃声，如图 5-24 所示。

步骤2 点击“音量”选项，弹出“音量”对话框，拖动“铃声”下面的滑块即可相应地调整来电铃声的大小，如图 5-25 所示。

5.3 管理Android屏幕设置

手机如果经过一段时间没有任何操作，便会自动进入屏幕锁定状态。这是因为 Android 手机大多是屏幕比较大的电容屏，如果不锁定屏幕的话，无意中接触到屏幕，屏幕便处于操作状态，用户可能会无意间拨出电话或者播放音乐。

5.3.1 设置锁屏与解锁

当手机闲置一段时间后，屏幕便会自动关闭，一方面可以节约手机电量，另一方面便会锁定屏幕，这个时候触摸屏幕手机没有任何反应。

进入手机“设置”界面，点击“显示”选项，如图 5-26 所示。进入“显示设置”界面，在其中可以选择屏幕自动进入锁定状态的时间，点击“屏幕延时”选项，如图 5-27 所示。

图5-26　点击“显示”选项

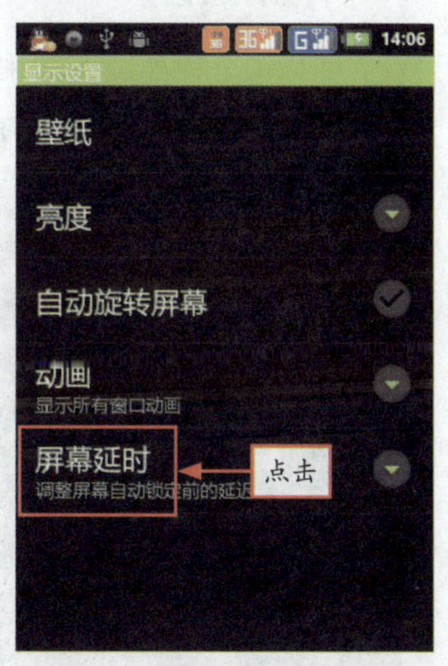

图5-27　点击“屏幕延时”选项

弹出“屏幕延时”对话框，可以用手指滑动屏幕选择一个合适的时间，比如选中“1 分钟”选项，则手机超过 1 分钟没有任何操作的话便会自动关闭屏幕进入锁定的状态，如图 5-28 所示。按下手机的“电源”键，手机屏幕便会点亮，进入解锁画面，如图 5-29 所示。用手指按住绿色的小锁按钮，向右拖动即可解锁，使手机恢复操作状态。

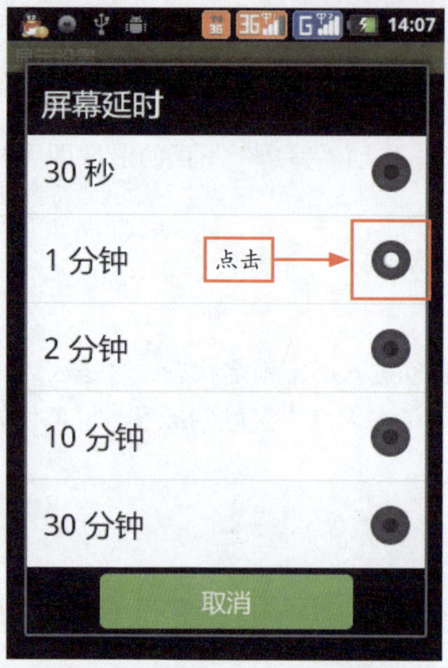

图5-28 选择屏幕超时

图5-29 屏幕锁定界面

5.3.2 WP7 屏幕锁

使用 WP7 屏幕锁全程如图 5-30 和图 5-31 所示。

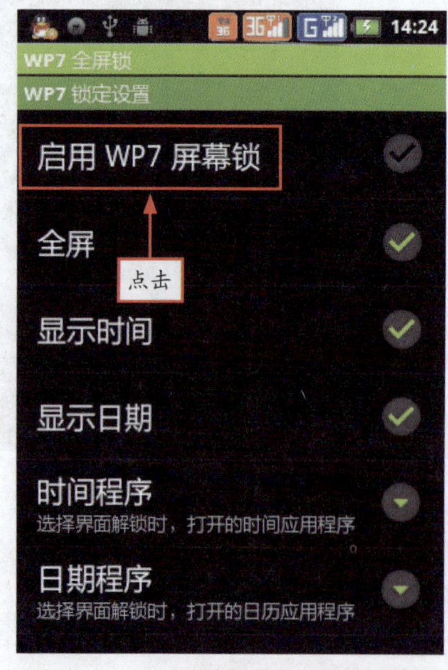

图5-30 点击“启用WP7屏幕锁”选项

图5-31 WP7锁屏界面

实战步骤:

步骤1 点击“WP7 屏幕锁”的快捷方式进入主界面，点击选中“启用 WP7 屏幕锁”选项即可启用屏幕锁，如图 5-30 所示。

步骤2 稍等片刻，当手机黑屏时按下“电源”键，即可看到 WP7 的锁屏界面，如图 5-31 所示，向上滑动屏幕即可解锁。

5.3.3 动态锁屏软件

下载安装“喜洋洋动态壁纸 + 锁屏”软件后，打开“应用程序”菜单，点击该软件的快捷方式进入主界面，如图 5-32 所示。

使用“喜洋洋动态壁纸 + 锁屏”软件可以直接开启动态壁纸、超萌锁屏以及各种壁纸特性等应用。点击“开启超萌锁屏”按钮，按两次“电源”键后即可查看效果，如图 5-33 所示，点击小羊的面部即可进行解锁，非常实用而且美观。

图5-32 点击“开启超萌锁屏”按钮

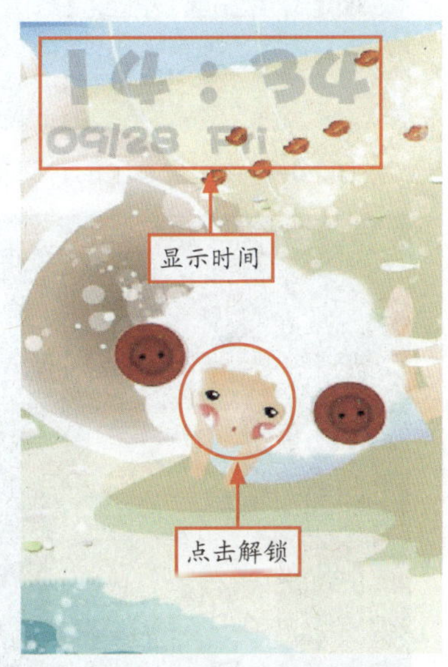

图5-33 超萌锁屏界面

5.4 设置桌面天气和时间

时间显示是手机最为基本的功能之一，而 Android 在时间系统上花费了一番工夫，使其拥有了众多强大并实用的新特性。

5.4.1 设置系统时间

设置系统默认时间全程如图 5-34 ～图 5-37 所示。

图5-34　点击屏幕上的时间

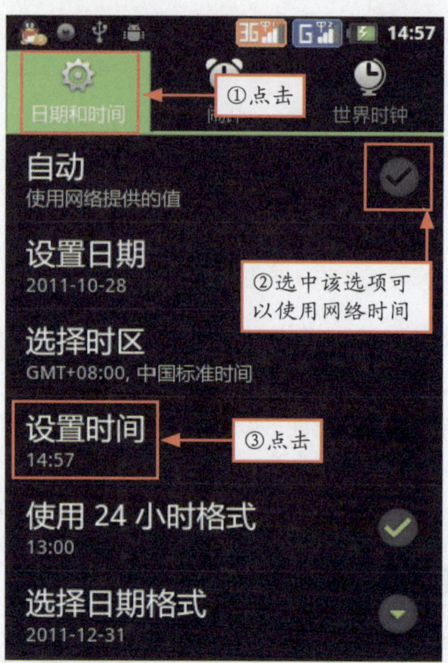

图5-35　点击“设置时间”选项

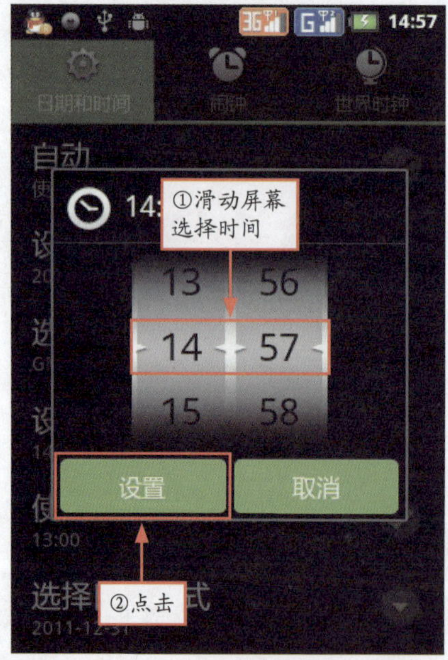

图5-36　设置时间

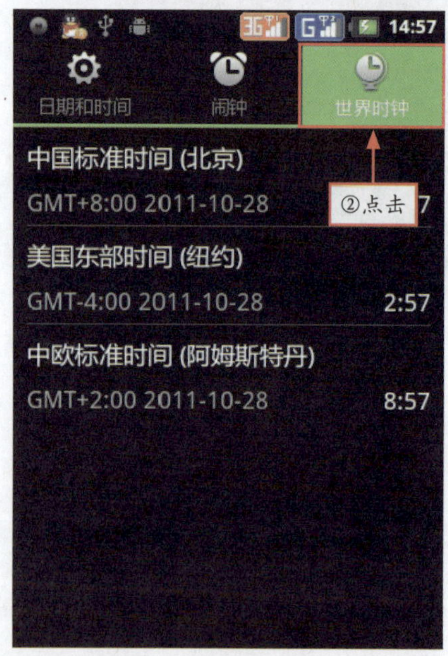

图5-37　查看时间时钟

实战步骤：

步骤1 点击手机主界面上的显示时间，如图 5-34 所示。

步骤2 进入“日期和时间”设置界面，点击“设置时间”选项，如图 5-35 所示。

步骤3 弹出设置时间对话框，向上或下滑动中间区域选择适当的时间数值，然后点击“设置”按钮即可设置时间，如图 5-36 所示。

步骤4 点击“世界时间”按钮进入其界面后，即可查看全球其他城市的时间，如图 5-37 所示。

> **专家提醒** 在“世界时间”界面中，按“menu”键打开操作菜单，点击“添加时间”按钮可以添加全球其他城市的时间。点击时间设置主界面中的“闹钟”按钮，进入闹钟界面，可以在其中设置多个闹钟。

5.4.2 设置系统天气

天气系统是 Android 的一大特色，不但可以随时查看多个城市最近几天的天气情况，还有特别设计的天气特效，给人耳目一新的感觉。

和时间程序一样，进入天气设置界面有两种方式：第一种是直接点击手机主界面上的“天气”图标即可；第二种是在“应用程序”菜单中找到并点击天气软件的快捷方式，进入天气设置界面。

> **专家提醒** 天气界面主页显示当天的天气状况，页面下方是最近4天的天气预报。上下滑动可以查看所有添加城市的天气情况。

设置系统默认天气全程如图 5-38 ～图 5-41 所示。

图5-38 点击“天气”图标

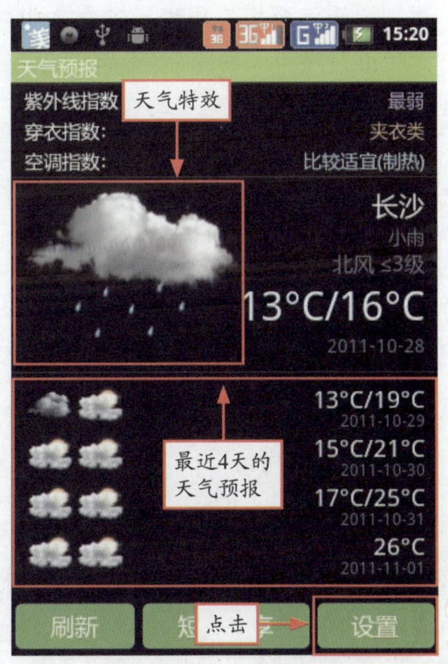

图5-39 点击“设置”按钮

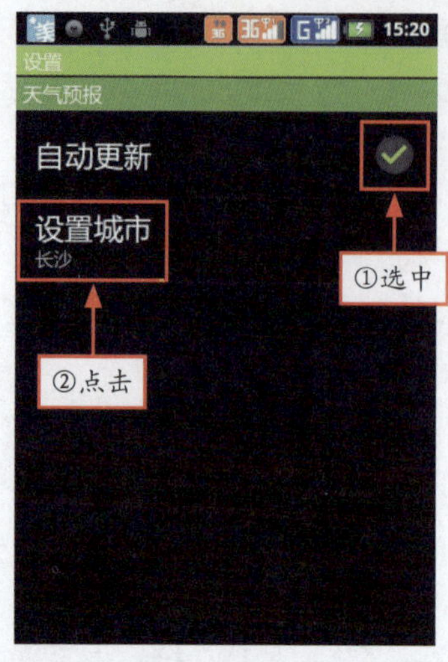

图5-40　点击“设置城市”选项

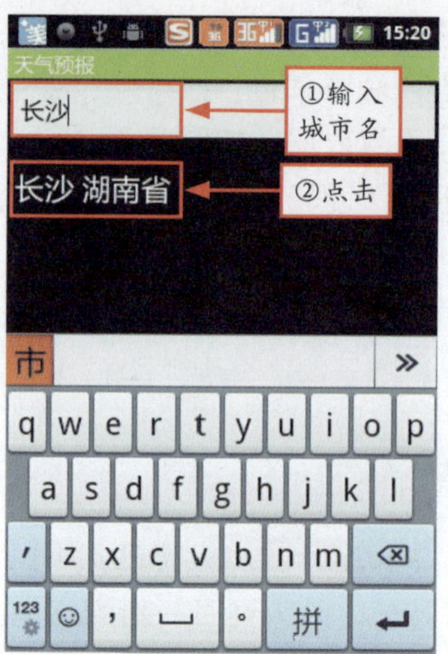

图5-41　输入城市名称

实战步骤：

步骤1 点击手机主界面上的“天气”图标，如图 5-38 所示。

步骤2 进入天气界面，点击“设置”按钮，如图 5-39 所示。

步骤3 进入天气的“设置”界面，点击“设置城市”选项，如图 5-40 所示。

步骤4 进入“天气预报”界面，在文本框中输入需要显示天气的城市，然后点击下面列出的城市名称即可，如图 5-41 所示。

5.4.3　365 日历

365 日历是一款漂亮的桌面工具，日历和天气预报是其主打功能，如图 5-42 和图 5-43 所示。

图5-42　365日历插件

图5-43　365天气插件

在“应用程序”菜单中点击“365 日历”图标，进入其主界面，如图 5-44 所示。向上滑动屏幕可以看到近段时间内的天气预报等信息，用户可以添加所在的城市，从而软件会自动联网下载该城市的天气情况。365 日历支持国内几乎所有地级城市，总数达到 2642 个地区。

点击下面导航栏的“工具”图标，进入“实用工具”界面，在其中可以查看黄历、吉日、天气、格言等信息，还可以使用“计算”工具计算时间日期差，如图 5-45 所示。

图5-44　365日历主界面

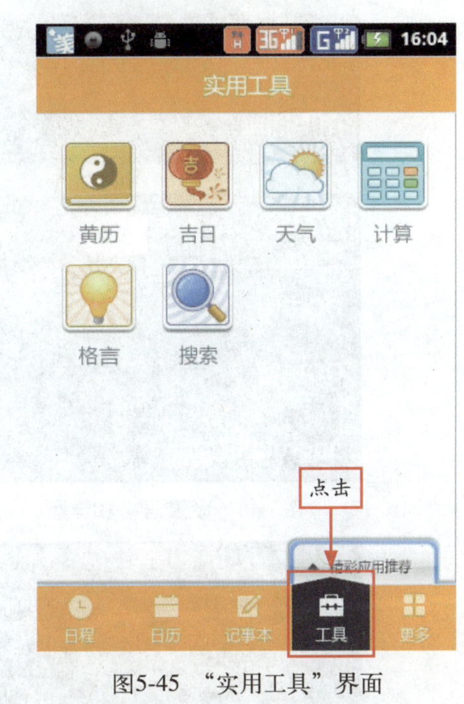

图5-45　“实用工具”界面

5.5 管理Android输入法

手机里的输入法应该是使用频率最高的软件了，选择一个好的输入法不仅可以提高文字的输入速度，而且可以提高输入的愉悦感。

5.5.1　搜狗输入法

搜狗手机输入法是搜狗公司为智能手机、平板电脑用户开发的输入法软件，目前支持如下平台的手机：AndroidPad、iPhone、WindowsMobilePPC、Android（2011-3-10）、iPad ios4.2x 测试版、SymbianS60 V2/V3/V5/3 Nokia 版。特色功能：通讯录词库联想、炫彩换肤、导入用户词库、细胞词库等、模糊音支持。

其以用户体验为指导加上技术创新，极大地方便了用户手机输入的使用，提高了输入的效率。搜狗手机输入法继承了全球用户量最多的 PC 中文输入法“搜狗拼音输入法”的产品理念，提出个性炫彩皮肤、细胞词库、词库更新备份、通讯录详情联想以及可以导入 PC 端输入法用户词库等功能。

使用搜狗输入法全程如图 5-46 ~ 图 5-51 所示。

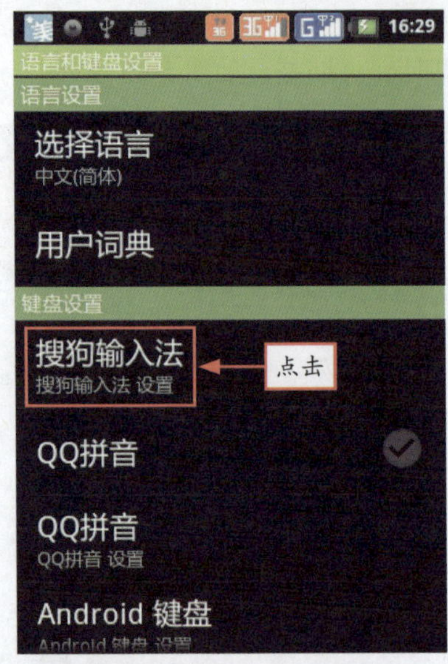

图5-46 设置语言和键盘

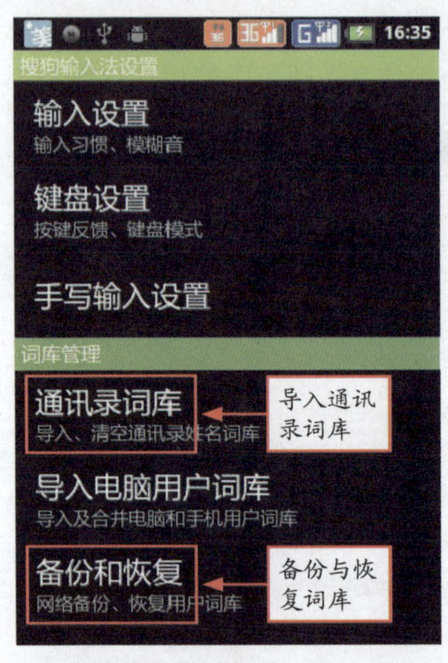

图5-47 设置搜狗输入法

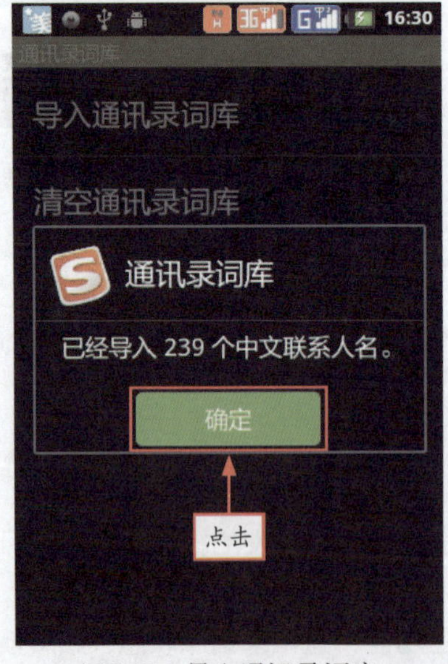

图5-48 导入通讯录词库

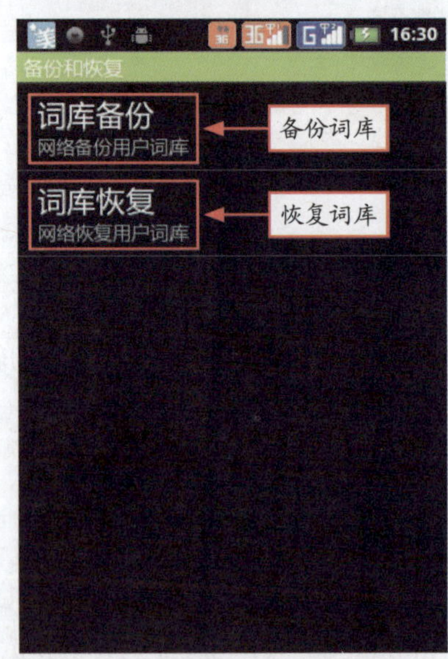

图5-49 备份与恢复词库

专家提醒 搜狗公司先后发布了适应Symbian、Windows Mobile PPC、Android、iOS等智能手机和针对MTK、Brew、Mstar、Spredtrum非智能手机的输入法，以及专为iPad、aPad、MeeGo等平板电脑打造的输入法。

图5-50　点击“搜狗输入法”选项

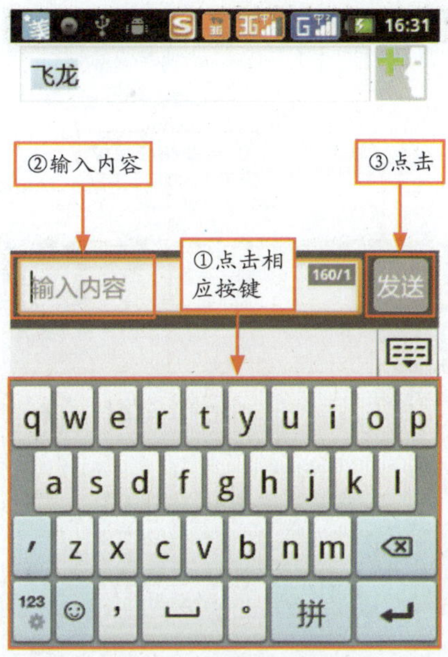

图5-51　使用搜狗输入法

实战步骤：

步骤 1 安装完搜狗输入法后，进入“设置”|“语言和键盘”设置界面，如图 5-46 所示。

步骤 2 点击“搜狗输入法”选项，进入其设置界面，如图 5-47 所示。

步骤 3 点击“通讯录词库”选项进入其界面后，可以将通讯录中的联系人人名作为一个词语，收录到输入法中，再次输入该人名的时候更加方便快捷，如图 5-48 所示。

步骤 4 输入法用久了，里面会保存很多用户自己常用的词汇，可以将它们同步到搜狗的服务器上面，如果刷了 rom 或者更换了手机，就可以从网络上还原一次，那些熟悉的词就都可以恢复回来，如图 5-49 所示。用户若要使用该功能，必须先注册一个账户。

步骤 5 完成以上的准备工作，就可以使用输入法了。进入短信界面，用手指点击“输入内容”文本框上面的“输入法”按钮，弹出“选择默认输入法”对话框，点击“搜狗输入法”选项即可，如图 5-50 所示。

步骤 6 执行上述操作后，即可使用搜狗输入法来输入信息，如图 5-51 所示。

5.5.2　QQ 输入法

QQ 拼音（手机版）是一款基于智能手机的输入法软件，不仅软件体积小、输入速度快、多键盘方案，如图 5-52 所示，还提供了标准版和增强版以满足不同用户的需求。QQ 拼音输入法为用户提供完善的设置管理工具，包括：基本设置、界面设置、词库管理和输入法管理 4 种类型，如图 5-53 所示。主要支持中文联想开关、英文自动追加空格、选择启动的输入方式、选择启用的模糊音、选择免摇杆操作方法、更换皮肤、更换字体大小、更换字词样式等功能。

图5-52　QQ拼音（手机版）

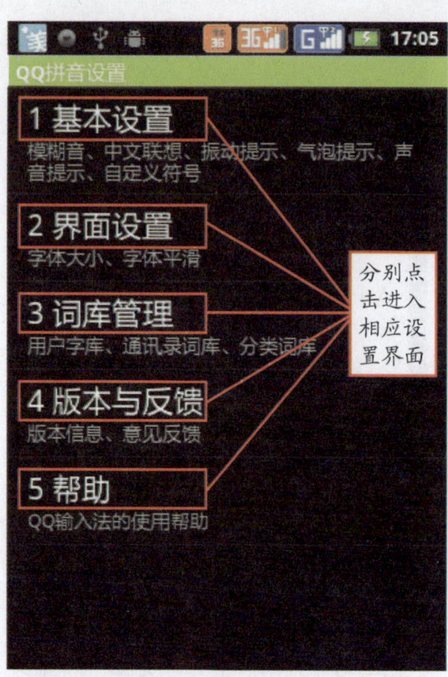

图5-53　设置管理工具

5.5.3　触宝输入法

触宝输入法（TouchPal），让输入充满乐趣，让用户闭着眼睛也能发短信，并且支持拼音、笔画、五笔、英文、语音、手写等多种输入方法。触宝输入法的主键盘如图 5-54 所示。触宝输入法拥有智能全拼整句输入、强大的误按键纠错、中英文无切换混合输入、手写过滤、快速下滑输入符号数字、一键切换英文精确输入、笔画输入支持基于语境的预测以及多种特定模式支持等一系列创新设计。

- 支持全键盘布局下的智能按键纠错。在全键盘下，如果用户点击的按键位于所要输入的拼音的每个按键的周围，即使所输入的拼音都不正确，触宝输入法仍然能预测出用户想要输入的拼音。
- 支持智能全拼整句输入。触宝中文手机输入法支持智能全拼整句输入，如果用户一次性输入整个句子的拼音，触宝能预测出整个句子。
- 笔画基于语境的预测功能。触宝输入法能根据要输入的文本内容的上下文语境预测候选词。例如，输入“我”后再输入“丿”，则“们”出现在候选词条的位置比单独输入“丿”预测到的“们”在候选词条中的位置靠前。
- 中文输入下可以一键切换到英文精确输入。触宝中文手机输入法设计了独特的一键切换功能，在中文拼音和中文笔画输入模式下只需点击键盘左下角的“abc”键，即可直接切换到英文字母精确输入模式，轻松便捷。

- 中英文混合输入。当该项功能开启时，在汉语拼音输入状态下，用户可以直接输入英文，而无需切换语言。该功能是默认开启的。具体设置方法是在“设置页面”中点击到“语言及其输入方式”选项后，勾选“多语言混合输入”选项，并确保汉语拼音输入和英文输入在“选择语言”选项下都被选中。

第一次运行触宝输入法软件后，系统会显示3张帮助图片，分别如图5-55～图5-57所示，帮助用户快速了解其使用方法，熟练其操作。

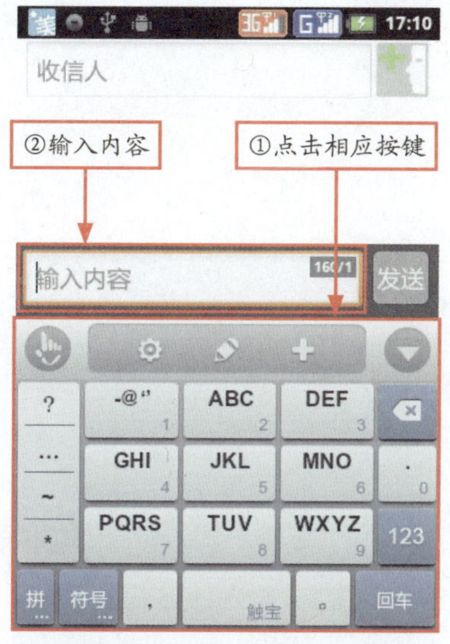

图5-54 触宝输入法主键盘

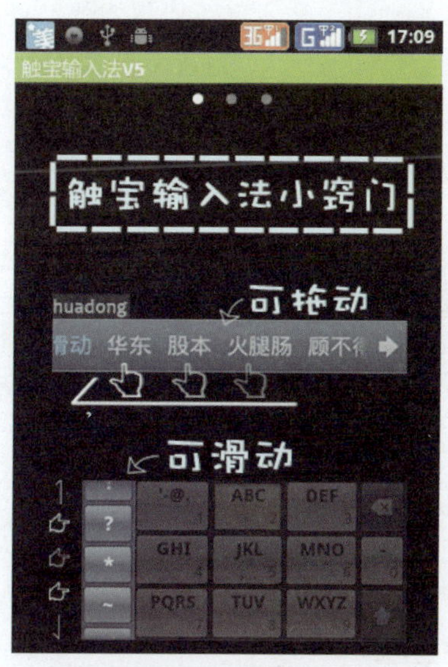

图5-55 帮助图片1

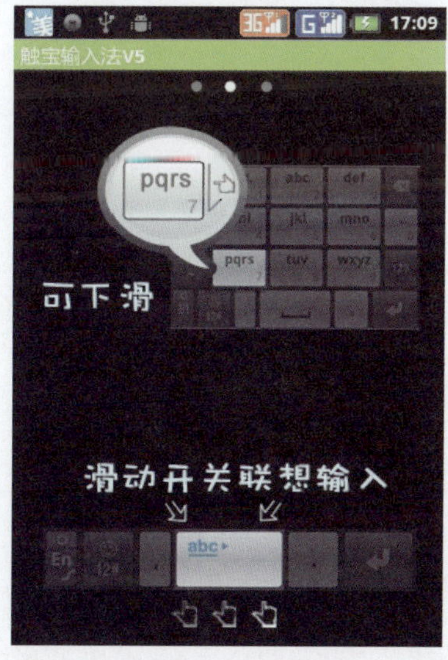

图5-56 帮助图片2

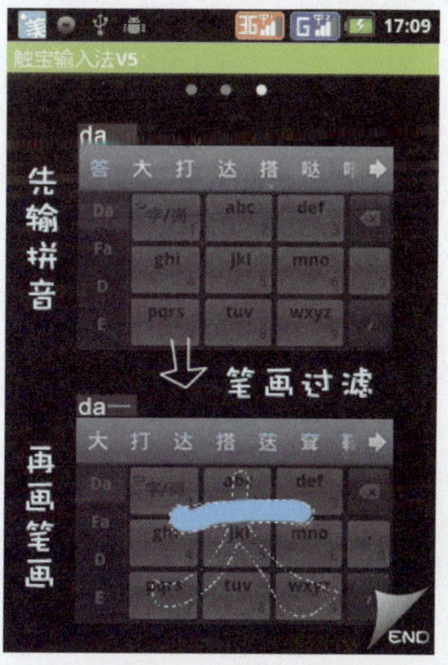

图5-57 帮助图片3

第 6 章
Android 系统优化

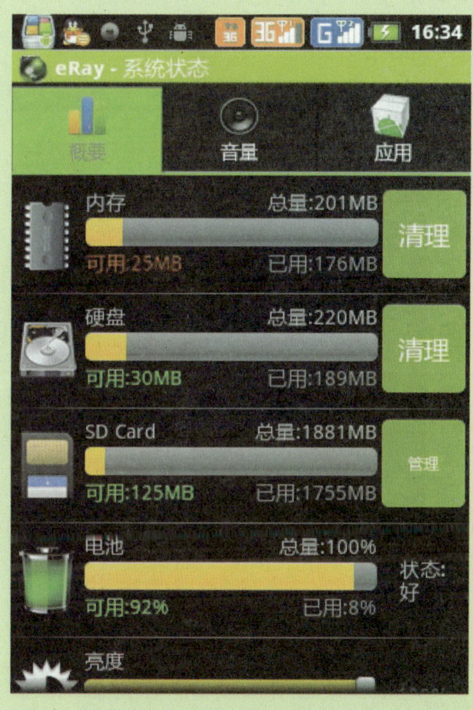

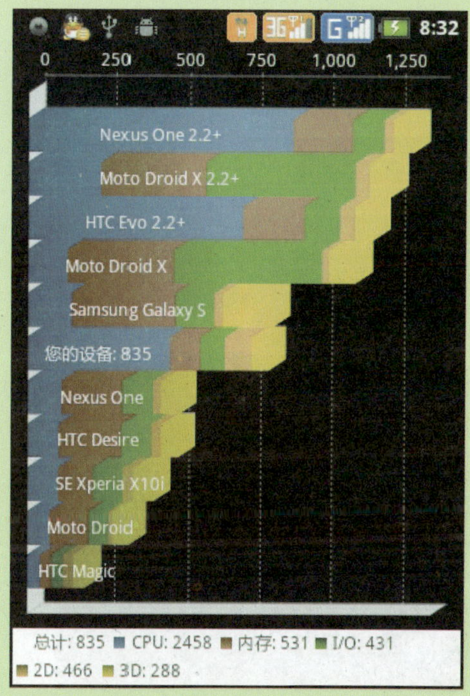

知识要点

- Android 文件优化
- Android 系统监管
- Android 硬件测试
- Android 系统插件
- Android 系统优化

6.1 Android文件优化

Android 智能手机就像一部电脑一样，体积虽小，但硬件配置却一件也不少。因此，Android 手机也和电脑一样有文件管理器。本节主要介绍对 Android 手机进行文件管理的软件。

6.1.1 文件管理软件

通过文件管理软件可随时方便地查看和管理本机和 SD 卡上的文件，操作简单，易学易用。可以识别文本（txt）、图片（png、jpg、gif、bmp）、声音（mp3）、视频（mp4、3gp、avi）、文档（pdf、word、excel、powerpoint）、网页（html、xml）等文件，并调用系统已经安装的软件来打开文件，如图 6-1 所示。按“menu”键打开操作菜单后可以新建文件和文件夹，如图 6-2 所示。点击相应文件或文件夹，弹出编辑对话框，可以对文件和目录进行基本的复制、剪切、删除等操作。

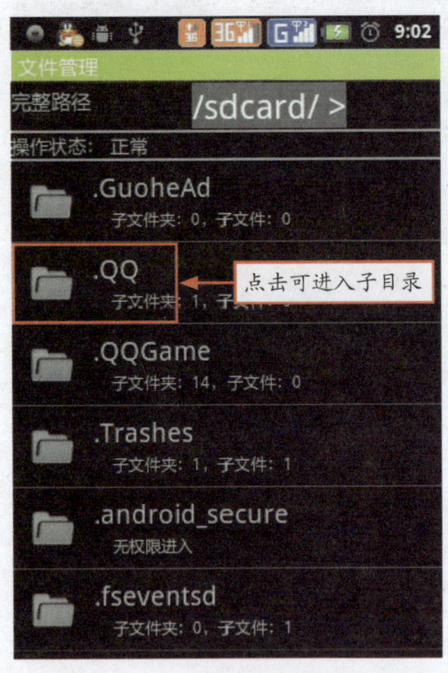

图6-1 文件管理主界面

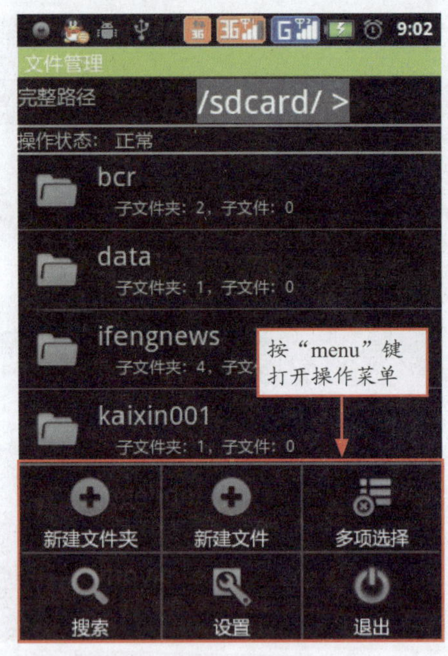

图6-2 打开操作菜单

6.1.2 ES 文件浏览器

ES 文件浏览器是一款多功能文件 / 程序 / 进程管理器，可以在手机、电脑、远程和蓝牙间浏览管理文件。

运行 ES 文件浏览器，其界面和 Windows 的文件夹十分相似，手机内存卡中的文件夹一个挨一个地整齐排列。屏幕上方有6个快捷按钮，功能从左至右依次为：切换SD卡根目录和手机根目录、进入多选模式、搜索文件、返回上一级目录、帮助以及文件夹列表显示，如图6-3所示。

按下“menu”键，在打开的操作菜单中，还有很多功能，如图6-4所示。

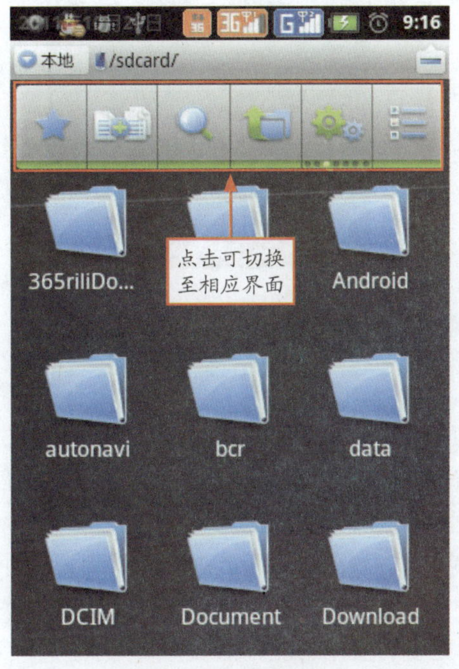

图6-3　ES文件浏览器

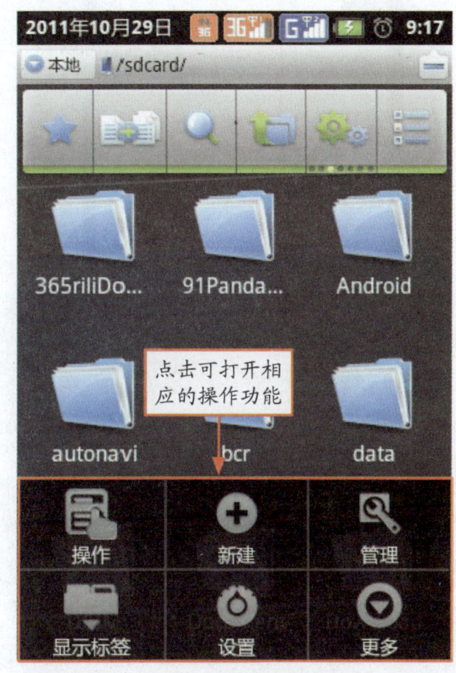

图6-4　操作菜单

在ES文件浏览器的操作菜单中有以下功能。

- 操作：可以对文件或者文件夹进行剪切、复制、删除以及重命名等操作，如图6-5所示。
- 新建：新建一个文件、文件夹或者搜索。
- 管理：可以进行任务管理、应用管理、安全管理、收藏管理和磁盘分享，但是都需要结合ES系列的其他软件才能进行。
- 显示标签：在屏幕顶部显示出本地、共享、远程和网盘标签，如图6-6所示。
- 设置：包含软件的全部设置。
- 更多：包含刷新、帮助以及退出软件等功能。

专家提醒 ES文件浏览器应用特点：快捷的工具栏操作；可管理手机及局域网计算机上的文件；可在本地和网络中搜索和查看文件；支持安装/卸载/备份程序；可播放媒体（音视频），支持流媒体播放；支持蓝牙传输。

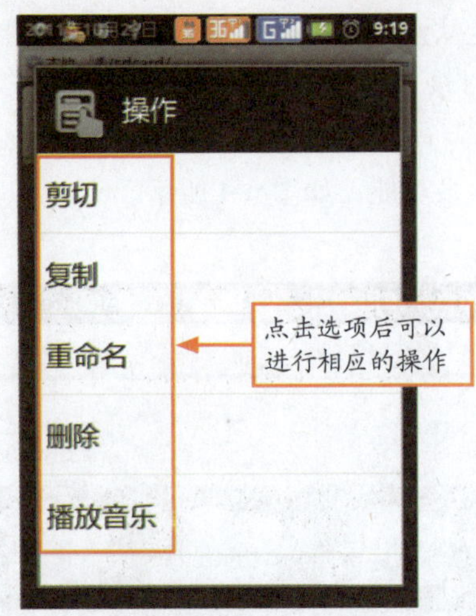

图6-5　操作菜单

图6-6　显示标签

6.1.3　astro 文件管理器

astro 文件管理器是一款大受好评、功能强大且易用的资源管理软件，可以让用户方便地安装删除 apk 程序、复制粘贴和转移文件。同时该软件还具有程序管理器功能，可以将第三方应用程序备份至 SD 卡。软件自带 zip 文件解压管理、进程管理等小工具。

运行 astro 文件管理器后，首先进入程序选择界面，如图 6-7 所示，可以看到该软件除了文件管理程序外，还有进程管理器和应用程序管理器 / 备份功能。点击“文件管理器程序”按钮后进入其界面，向左滑动上面的标签还可以使用更多的操作功能，如图 6-8 所示。

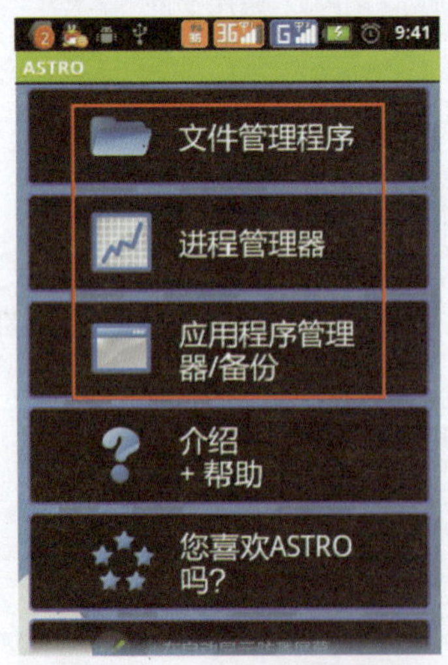

图6-7　程序选择界面

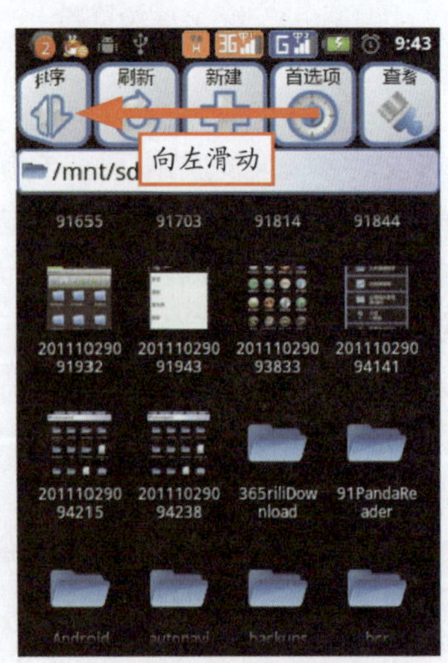

图6-8　文件管理器程序

在图 6-7 界面中点击“应用程序管理器 / 备份”按钮，可以对手机中的所有应用程序进行备份和安装，如图 6-9 和图 6-10 所示。

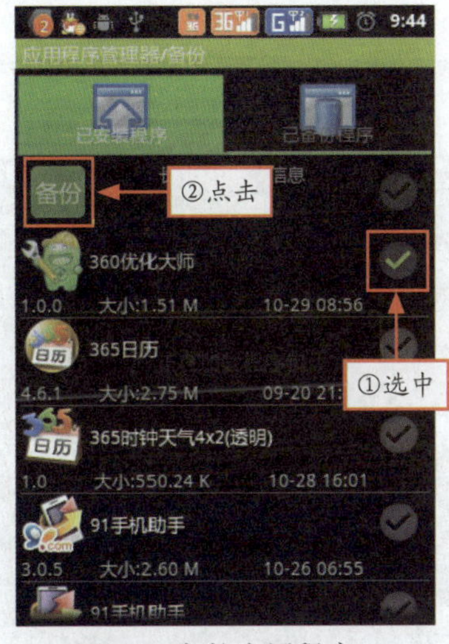

图6-9 备份应用程序

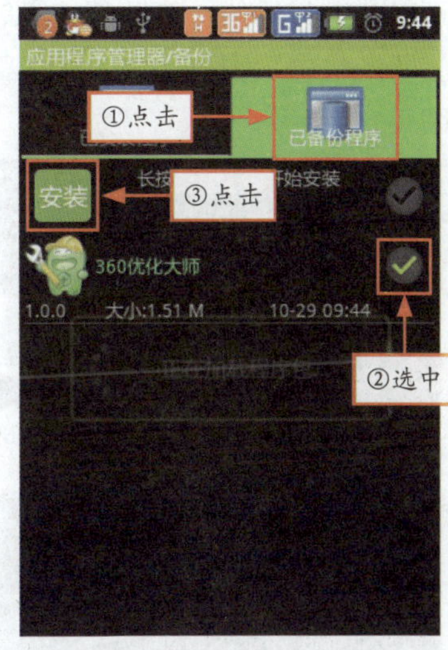

图6-10 安装应用程序

专家提醒 弹出“选择壁纸”对话框的另外一种操作：用手指按住桌面的空白处不放，弹出“添加到主画面”对话框，点击“壁纸”选项即可。

6.2 Android系统监管

在 Android 手机上安装一款功能强大的系统增强软件能够监控和记录用户的手机日志、应用程序 / 进程的活动情况，以及诸如 CPU、存储器（RAM、内部存储、内部和外部 SD）等的相关信息。

6.2.1 系统信息 PRO

Android 系统与 Windows 系统一样，系统内均设有缓存，目的是储存常用的资料，在需要的时候，可以快速地取得资料，以提高程序的执行效率。但日积月累，手机内的资料会越来越多，缓存会越来越少，这亦间接令系统效能大幅降低。

快速系统信息 PRO（Quick System Info PRO）则可在不刷机的情况下，一键将所有缓存清除，无需像以往那样需要逐一进入程序页面才能消除，相当方便。另一方面，Quick System Info PRO 还会显示手机的各项详细信息，不仅仅能查看电量、硬盘及处理器的状况，还能查看内存容量、处理器型号、电池及网络等信息，对想了解手机的用户就最合适。

点击“系统信息 PRO”的快捷方式图标进入主界面，如图 6-11 所示，可以查看手机的存储信息。点击“应用程序”图标，界面中将手机中的所有应用程序分成“所有”、“系统”、“用户”和“最近”4类，如图6-12所示。点击“所有”选项，即可列出手机中的所有应用程序，点击后即可对其进行运行、管理、搜索等操作，如图6-13所示。

点击“网络状态”图标，进入其界面后可以看到网络连接状态，以及正在使用网络的应用程序，如图6-14所示。

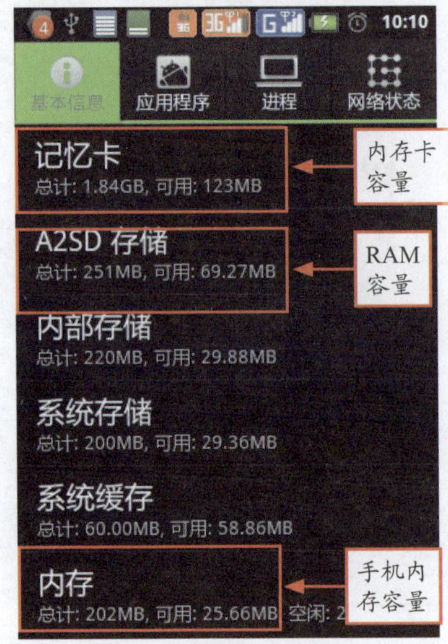

图6-11　查看存储状态

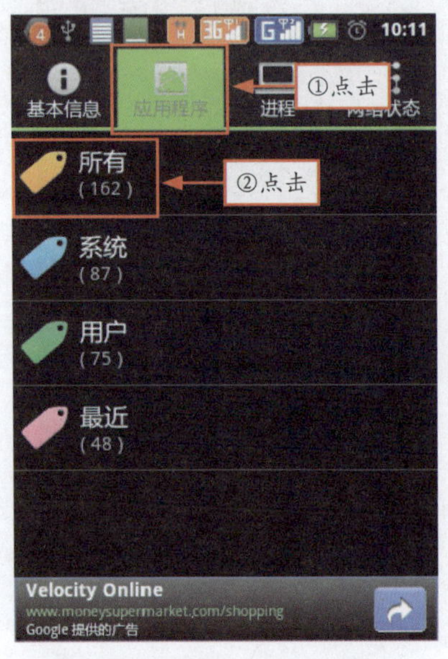

图6-12　点击“应用程序”图标

图6-13　应用程序菜单

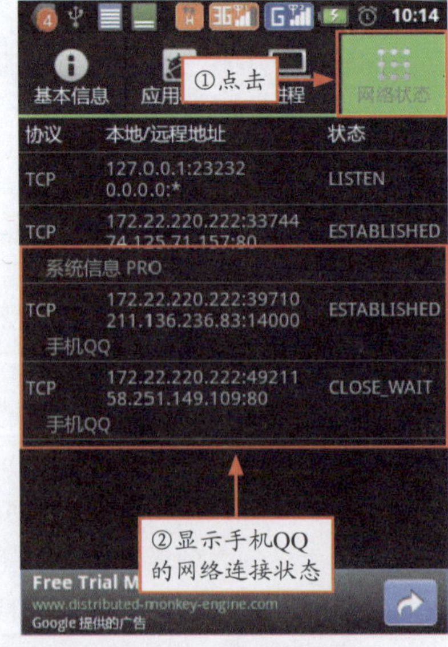

图6-14　查看网络状态

点击“进程”图标，其界面中列出了系统中运行程序的进程，如图 6-15 所示。点击相应程序后，弹出操作菜单，可以进行切换任务、结束任务、结束其他任务等操作，如图 6-16 所示。

图6-15　查看系统进程

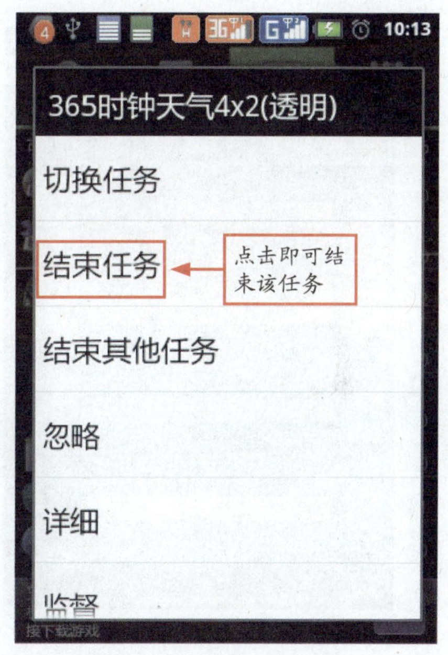

图6-16　弹出操作菜单

> **专家提醒** 用户可通过该软件将运行中的程序立即关闭、进行软件备份，还可以通过Facebook、Twitter及SMS等工具将软件分享给好友，Quick System Into PRO在功能方面尚算全面。

6.2.2　eRay- 系统状态

eRay- 系统状态是一款国人开发的系统增强软件，其功能强大，原版自带中文。软件集进程管理、应用程序管理（安装、删除和备份）、网络流量查看以及系统信息检测等多项功能于一身。相比同类软件，eRay 提供的数据更加详细，例如，进程管理除了拥有一般的自动关闭进程和加入保险箱功能外，还对每个进程占用了多少内存，使用多少 CPU 时间以及该进程是服务还是后台程序等都有一个直观的显示。

运行 eRay- 系统状态后，点击“概要”图标，可以看到手机的概要信息，如内存、硬盘、SD 卡、电池、亮度等信息，还可以对内存和硬盘进行清理以及管理 SD 卡，如图 6-17 所示。点击“音量”图标，可以对音乐音量、通话音量、铃声音量、系统音量以及提醒音量等进行调整，如图 6-18 所示。点击“应用”图标可以在其界面中查看应用程序列表，点击单个程序还可以查看程序占用的系统资源的状况，让用户更清晰地知道到底是哪一款软件对系统的速度影响最大。

在“概要”界面上按“menu”键可以打开操作菜单，如图 6-19 所示，其中有 6 个选项：状态、监控、进程、开关、eFile、更多，点击即可进入相应界面。点击“监控”选项，默认进入“内存”监控界面，显示内存使用状态图，如图 6-20 所示。

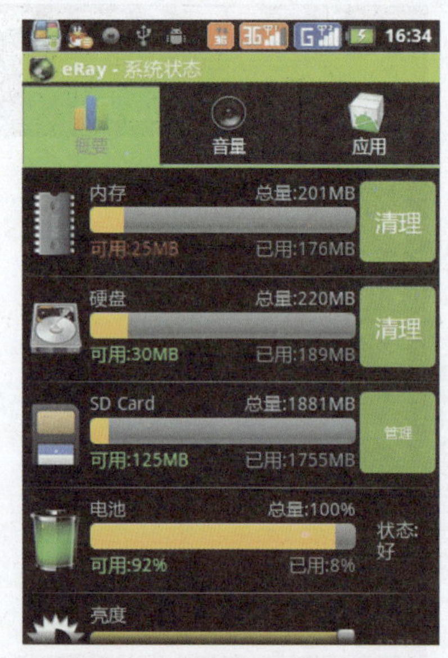

图6-17　查看手机概要信息

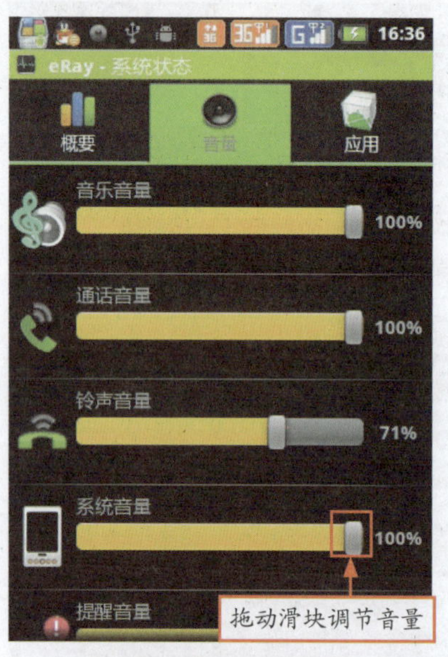

图6-18　调整音量

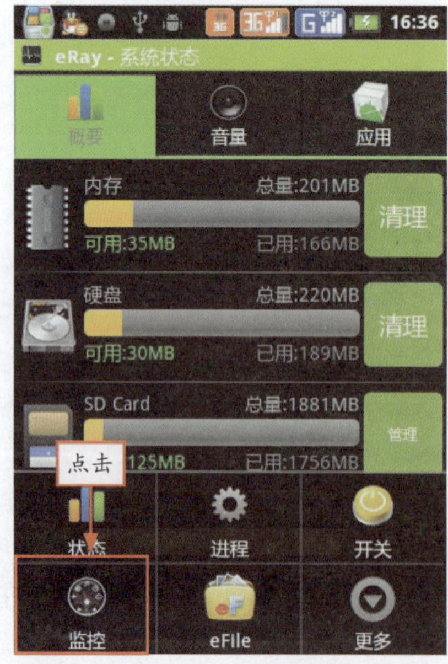

图6-19　打开操作菜单

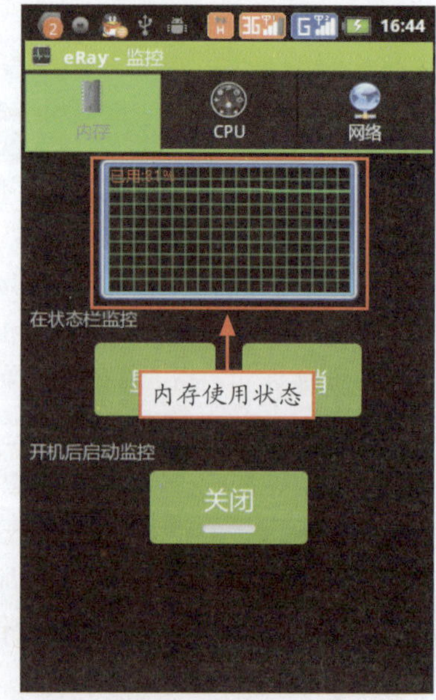

图6-20　显示内存使用状态图

分别点击CPU和“网络”图标，即可查看CPU和网络的使用状态图，如图6-21和图6-22所示。

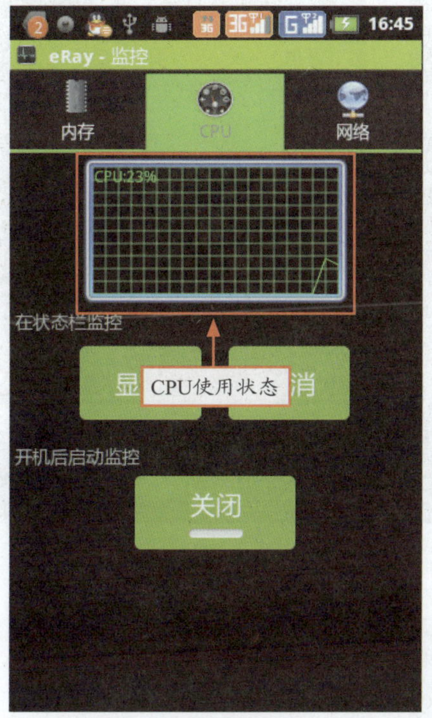

图6-21 查看CPU状态

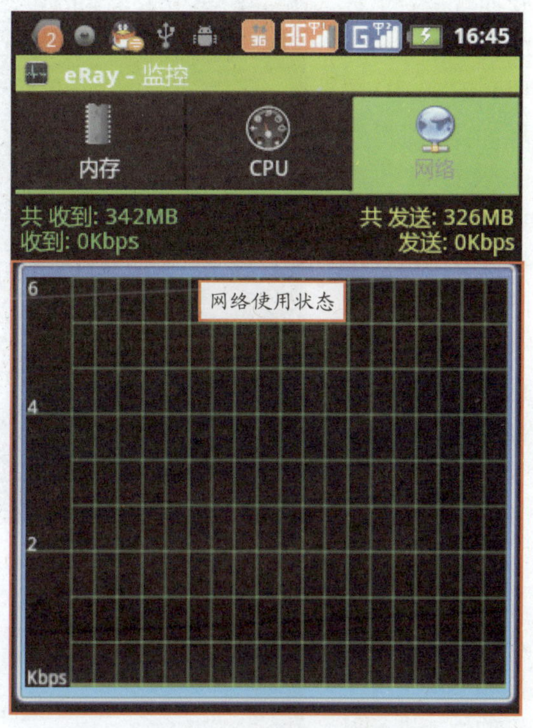

图6-22 查看网络状态

6.3 Android硬件测试

使用Android系统的手机，也能够使用各种软件来测试手机硬件的得分，就像在电脑上测试一样，虽然手机没有电脑那样配置多样，不过测试一下数据也不错。通过各种硬件测试的软件，用户可以很方便地了解Android手机的具体配置。

6.3.1 性能测试高级版

Quadrant Advanced（性能测试高级版）是一款针对CPU、输入/输出、内存、2D和3D图形等的一键式完整测试软件，还可以通过自定义设置自定义性能测试；并提供了比较完整的系统信息查看功能，让用户更加地了解自己的手机。

下载并点击运行Quadrant Advanced，主界面中有“综合性能测试”、“自定义性能测试”、“结果浏览器”、“系统信息”和“关于”5个选项，如图6-23所示。

点击“综合性能测试”选项软件就会对手机的CPU、内存、I/O接口、2D图形和3D图形性能进行自动测试，如图6-24所示。测试2D的时候会出现一个2D画面，测试3D的时候会出现一个3D场景，如图6-25和图6-26所示。

全部运行完成后该软件会自动地将用户的手机和一些主流手机的性能进行对比，而“您的设备”一行就是用户手机的分值，如图6-27所示。每种颜色代表不同的项目，蓝色代表CPU得分；红色代表内存得分；绿色代表I/O读写性能得分；橙色代表2D性能得分；黄色代表3D性能得分。

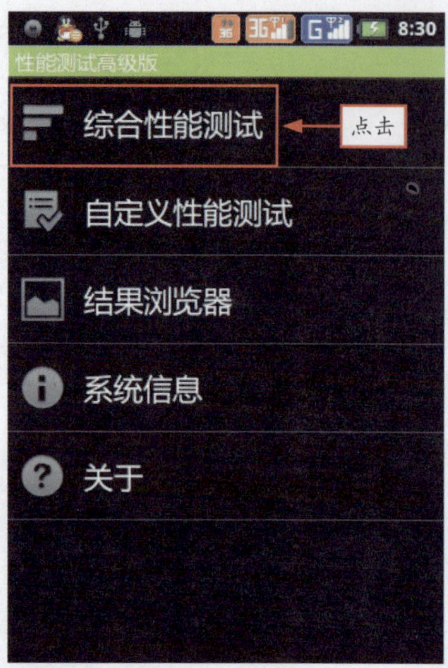

图6-23　性能测试高级版主界面

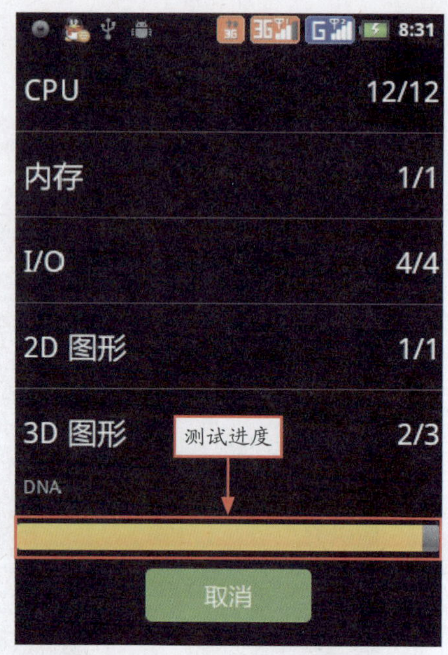

图6-24　进行自动测试

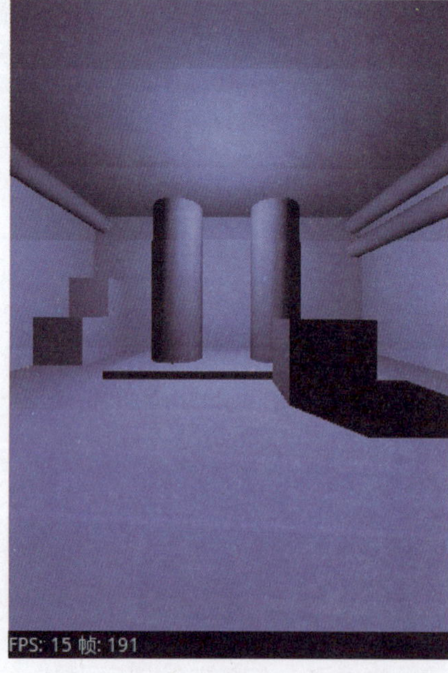

图6-25　测试2D场景

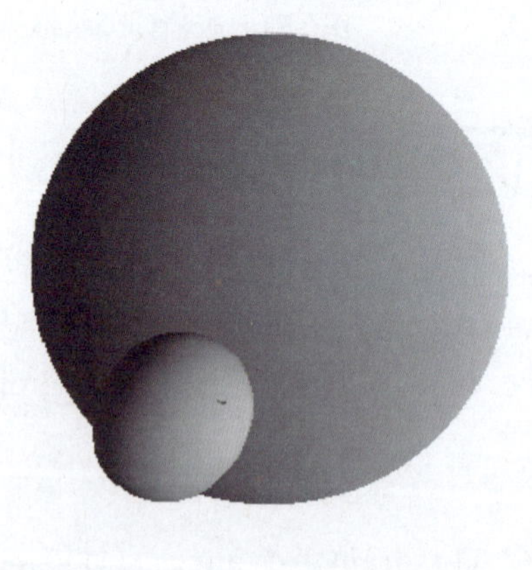

图6-26　测试3D场景

点击主界面中的“系统信息”选项，在弹出的对话框中可以看到手机的详细信息，如图 6-28 所示。在主界面上点击“自定义性能测试”选项，可以为每个选项进行单独测试，如图 6-29 所示。选中想要测试的硬件，点击“开始”按钮即可，图 6-30 所示为测试 CPU 的结果。

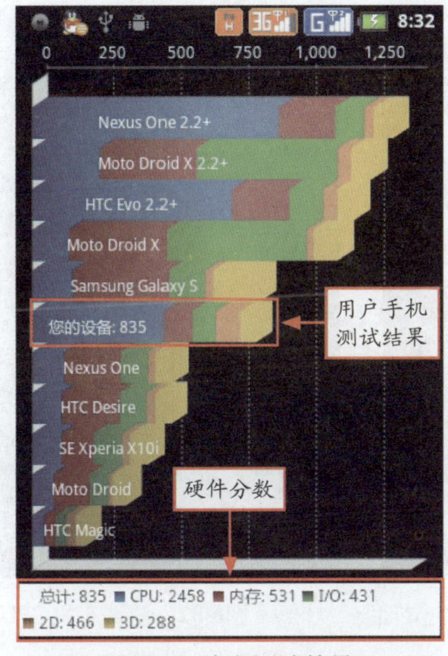

图6-27　综合测试结果

图6-28　查看系统信息

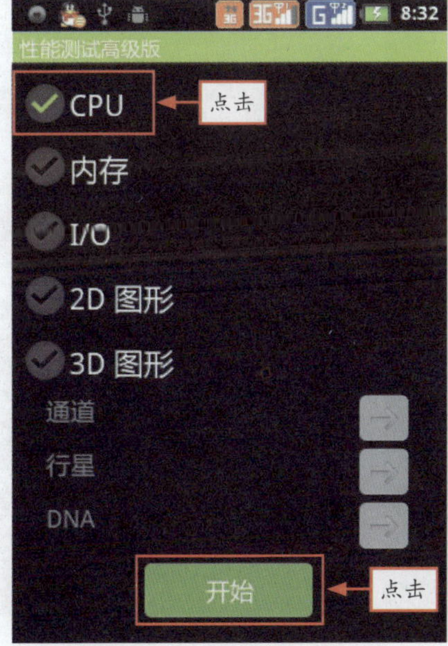

图6-29　进行单独测试

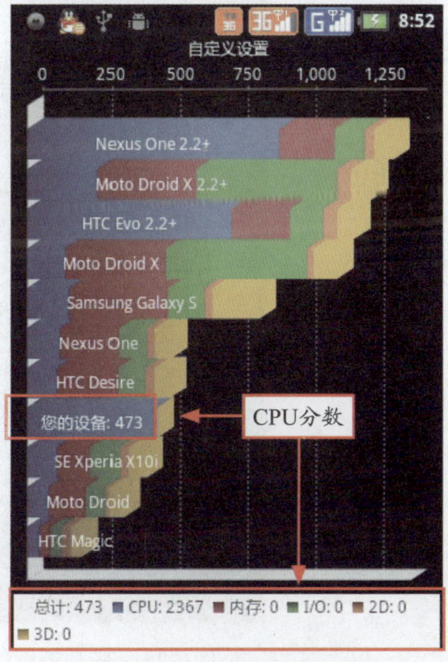

图6-30　测试CPU的结果

6.3.2 Android CPU Benchmark

手机CPU测试软件Android CPU Benchmark能测试用户的Android手机的CPU、内存等硬件的性能，比较同类手机的运行速度，并且支持检测结果排名等功能，如图6-31所示。点击主界面中的Start按钮即可开始测试手机CPU，如图6-32所示。点击My Results可以查看用户手机的基本配置，如图6-33所示。点击“World Results”可以显示检测结果的排名，如图6-34所示。

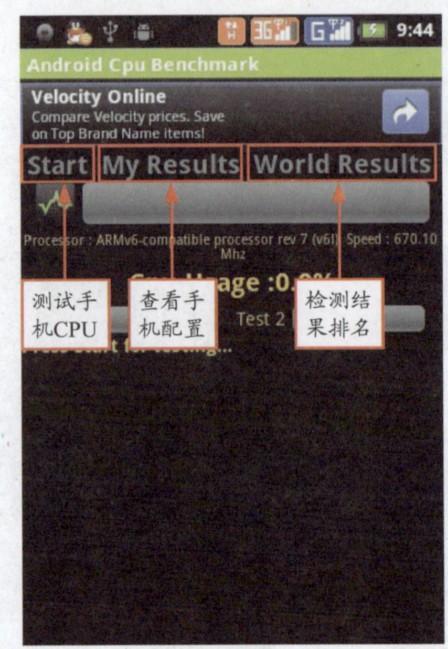

图6-31 Android CPU Benchmark主界面

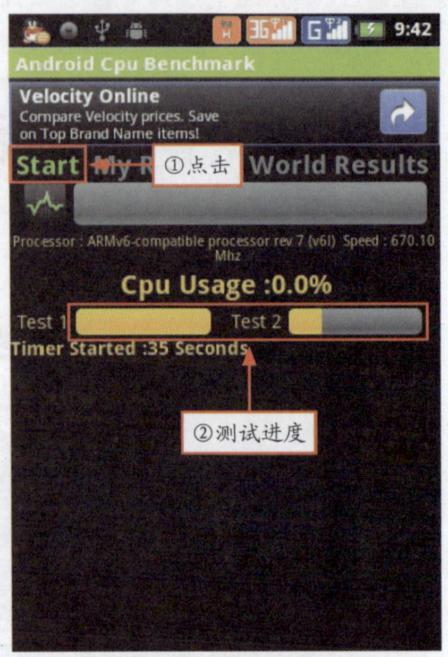

图6-32 测试手机CPU

图6-33 查看手机的基本配置

图6-34 显示检测结果的排名

6.4 Android系统插件

Android 手机的桌面可以放置很多有用的系统插件，如电池指示、联系人、快捷启动、时钟、天气、进程监控等。一些插件集成了系统的基本设置，一些插件则可以使用户及时掌握系统的信息。

6.4.1 电量显示器专用版

由于 Android 系统对自身电池的电量显示得不够明显，只在手机的右上角状态栏中显示了一个电池符号，虽然可以大体知道电量的多少，但不够详细和准确。用户可以安装电量指示器专用版，可以完全显示电池的剩余电量以及使用时间，如图 6-35 所示。

点击“查看电量使用情况”按钮即可进入如图 6-36 所示的界面，可以显示“通信待机”、“显示屏”、“WLAN”和“手机空闲”的电量使用百分比。

图6-35 电量指示器专用版插件

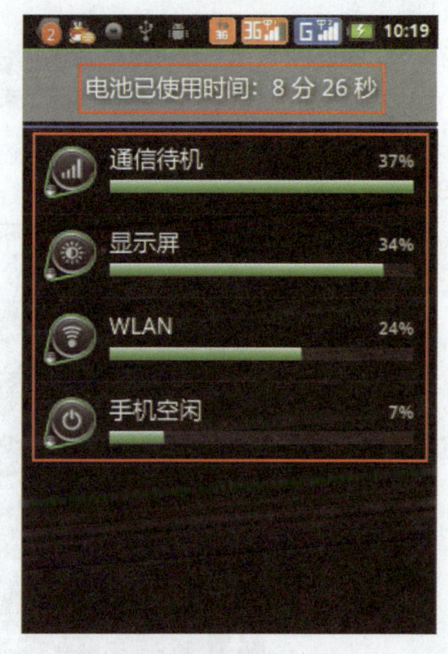

图6-36 查看电量使用情况

6.4.2 Extended Controls

Extended Controls 是著名的桌面开关功能插件，与系统自带的电源管理工具具有同样的功能。通过它可以控制系统大部分的功能开关，包括数据连接、无线服务、屏幕控制以及音量调节等，将它放置在手机桌面上，就不用再去开启和关闭蓝牙和无线等其他服务。

Extended Controls 可设定 4 种部件选择，设定好长度可以任意放入用户想要的项目数量，有3种主题3种显示模式，可调背景透明度、2种指示器类型。新版本更新支持了4G、数据共享、TAG、WiFi热点、语言选择等多种开关，并可根据用户的喜好更改开关标签名称，选择界面更加清晰美观。

在Extended Controls中添加功能开关全程如图6-37～图6-42所示。

图6-37　点击设置按钮

图6-38　点击添加新开关插件

图6-39　选择功能开关

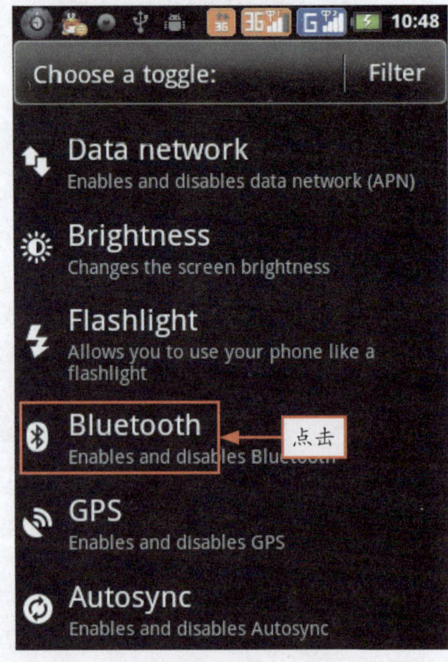

图6-40　选择蓝牙开关

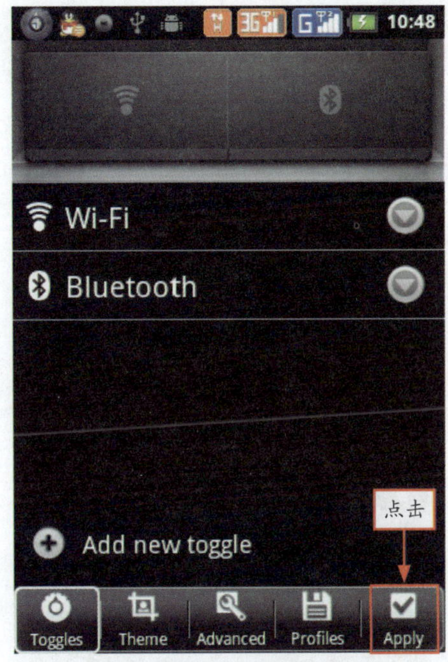

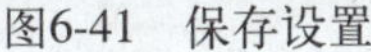
图6-41　保存设置

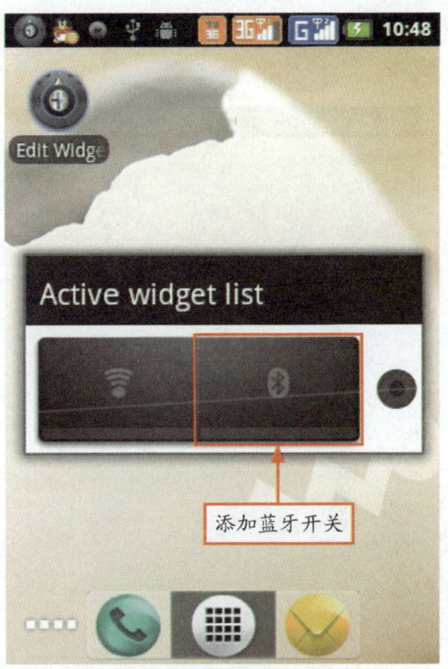

图6-42　添加蓝牙开关

实战步骤：

步骤1 在系统桌面上点击“Extended Controls”插件右侧的设置按钮●，如图 6-37 所示。

步骤2 进入 Extended Controls 设置界面，点击“Add New toggle”图标，如图 6-38 所示。

步骤3 进入选择开关功能界面，用手指按住屏幕向上滑动，如图 6-39 所示。

步骤4 找到并点击“Bluetooth”（蓝牙）图标，如图 6-40 所示。

步骤5 执行操作后，点击“Apply”按钮保存设置，如图 6-41 所示。

步骤6 按“home”键返回手机主桌面，即可看到在 Extended Controls 插件中已成功添加了蓝牙开关，如图 6-42 所示。

6.4.3　7 插件主页增强版

智能手机功能虽然非常强大，但是其很多功能却是分散的，例如，呼叫历史记录、联系人、短信、邮件、浏览器等插件，但这些应用程序有时是需要同时使用的。因此，7 插件主页增强版就此诞生了，它能够让用户建立起到这些功能的快捷链接，该应用是从 Windows Phone 7 上得到的灵感。这些功能都属于通讯，7 插件主页增强版让通讯变得与技术方式无关，在一个界面下即可全部实现，如图 6-43 所示。

点击右上角的右箭头按钮，可以进入 7 插件主页增强版的帮助界面，如图 6-44 所示，在其中可以下载更多的插件皮肤。

点击“略过”按钮，用手指按住屏幕向上滑动，可以看到7插件主页增强版中的所有功能，用户可以添加相应的功能按钮，如图6-45和图6-46所示。

图6-43　7插件主页增强版

图6-44　进入帮助界面

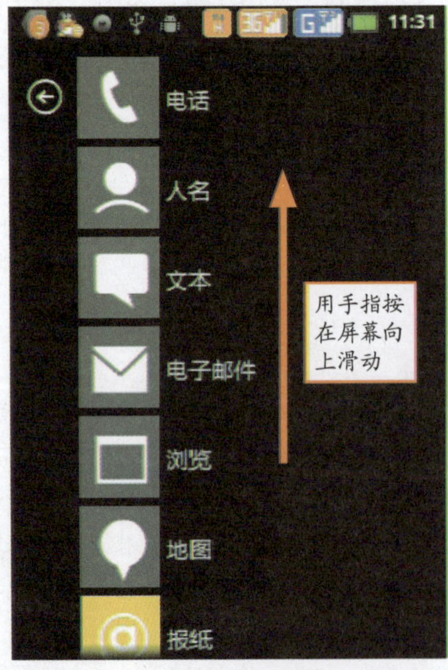

图6-45　添加相应的功能按钮

图6-46　添加相应的功能按钮

6.5 Android系统优化

Android 手机和电脑一样，都有独立的操作系统，用户可自行安装第三方软件，但软件越装越多，只会使系统运行太多不必要的程序，从而使整体运行速度变慢。而且 Android 系统自由度高，可不需要审核程序，直接将 APK 文件安装到手机上，但万一是恶意程序，就可能对用户的隐私构成严重的威胁。如果希望系统运行流畅以及确保系统的安全，除了要定期将无用的软件删除之外，更要经常检查有没有恶意程序存在。

6.5.1 安卓优化大师

安卓优化大师是一款功能强大的手机系统增强优化软件，它提供了全面有效且简便安全的“手机体检”、“程序整理”、“开机加速”、“安装卸载”、“进程管理”、“垃圾清理”、“节电优化”、“快捷设置”、“用户中心” 9 大功能模块及数个实用功能，共 18 个常用必备工具。使用安卓优化大师，能够有效地帮助用户了解自己的手机软硬件信息、提升手机操作效率、扫描有危险的软件、维护手机的正常运转，堪称 Android 手机上最强的控制面板。

安卓优化大师的主界面采用经典的 Android 绿白灰配色和整个系统风格融为一体，清新自然。正如大家所见软件的主界面采用了九宫格的布局，代表着软件的 9 大功能，每个功能由一个图标和 4 个文字组成，排列整齐，给人一种舒适的感觉，如图 6-47 所示。

- 手机体检：可以为用户的手机进行全面的安全和性能体检扫描，搜寻一切不利于系统安全的因素。点击“手机体检”图标即可进入“手机体检”界面，如图 6-48 所示。安卓优化大师在功能上做的还是很人性化的，适合新人使用，各种功能的描述简单明了。

图6-47 9大功能

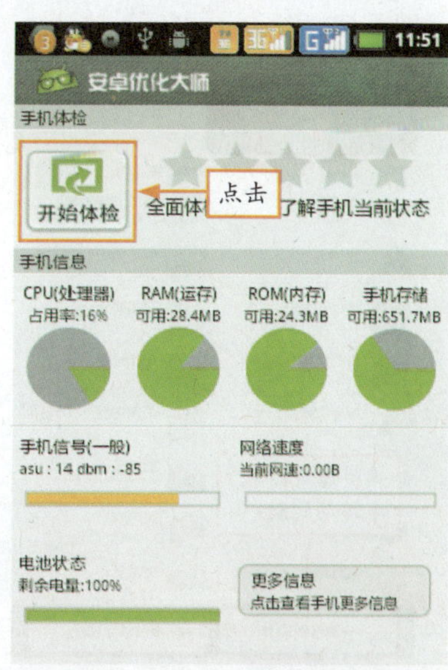

图6-48 进入“手机体检”界面

点击“开始体检”按钮后显示正在进行手机体检的画面，如图 6-49 所示。扫描完毕后，显示具体的扫描报告，同时给出一个系统当前的得分，如图 6-50 所示。软件的主打功能是手机体检中的一键优化，只需要点击该键，系统就可会自动地帮助用户完成手机的优化工作，将手机恢复到最佳工作状态。

图6-49　进行“手机体检”

图6-50　扫描报告

- 程序管理：可以帮助用户更加有序地管理应用程序，实现与朋友分享各种资源，“一键移到 SD 卡”按钮可以帮助用户将程序移至 SD 卡中，如图 6-51 所示。
- 开机加速：使用该功能可以关闭一些不常用的启动项目，以达到加快开机速度的目的，如图 6-52 所示。

图6-51　“程序管理”界面

图6-52　“开机加速”界面

- 安装卸载：该功能可以轻松快速地帮助用户安装、卸载、备份应用程序，如图 6-53 所示。
- 进程管理：该功能可以管理系统运行的程序、服务，使用户的手机时刻保持在最佳状态，如图 6-54 所示。

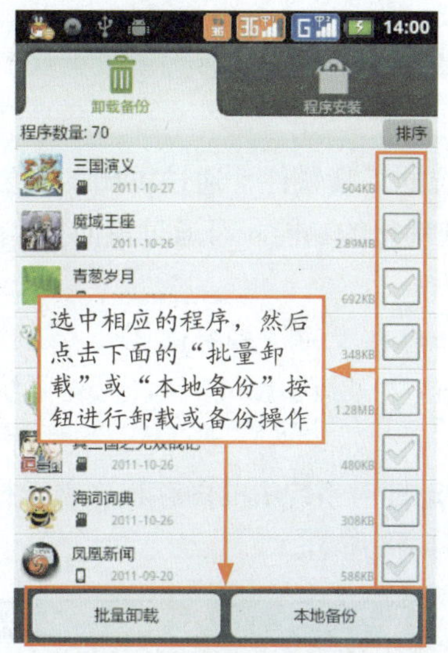

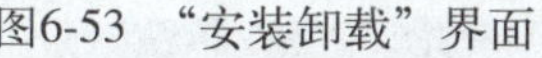

图6-53　“安装卸载”界面

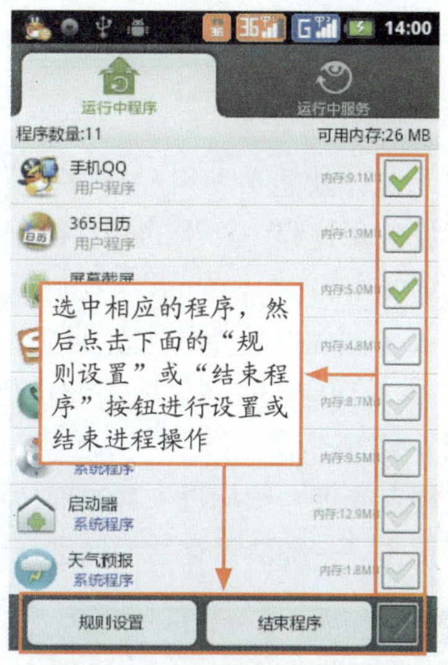

图6-54　“进程管理”界面

- 垃圾清理：可以快速扫描缓存、短信息及 SD 卡残留垃圾，实现手机的一键深度清理，如图 6-55 所示。
- 节电管理：可以检测电池使用详情，提供各种耗电功能开关及设置，时刻关注和节省电量，支持电池监控、节电模式和电池维护功能，如图 6-56 所示。

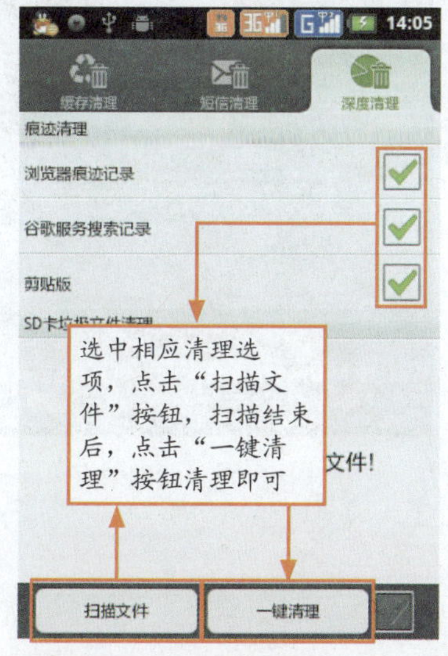

图6-55　垃圾清理界面

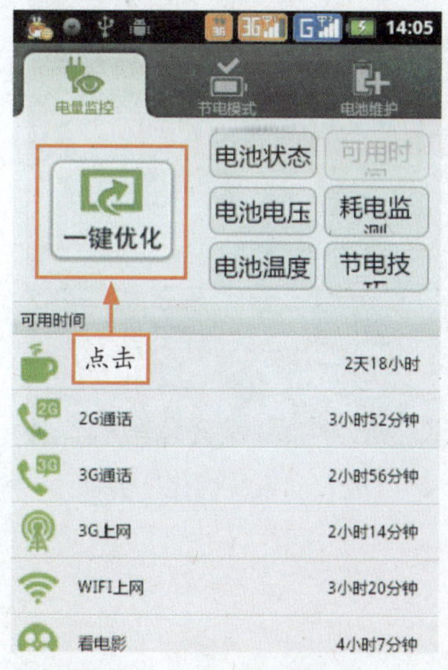

图6-56　节电优化界面

- 快捷设置：可以将手机设置重新归类，进行快速设置操作，操作方便快捷，如特色定时情景模式以及随机铃声非常实用。
- 用户中心：用户可以在其中登录到官网进行提问，或者查看其他用户在使用 Android 手机时遇到的问题。

6.5.2 一键优化软件

一键优化是一款能帮助用户有效地优化手机系统的工具软件，通过关闭不必要的系统进程、清理手机应用过程中产生的缓存数据来实现系统优化的功能。可通过桌面 widget 快速优化系统，简单好用。

启动进入一键优化软件的主界面后，可以看到该软件支持“系统优化”、“进程管理”和“缓存管理”3 大功能。默认进入系统优化界面，点击“一键优化”按钮即可对系统进行整体优化，如图 6-57 所示。

点击“缓存管理”图标进入其界面，程序开始自动地对系统中的内存程序进行扫描，扫描结束后可以点击“一键清缓存”按钮进行清理，如图 6-58 所示。

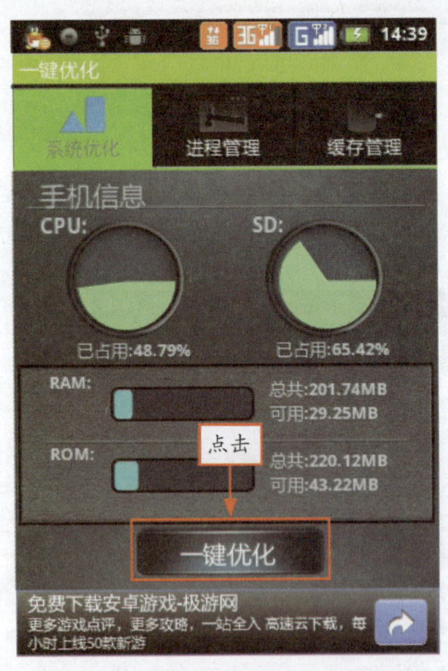

图6-57　进入“系统优化”界面

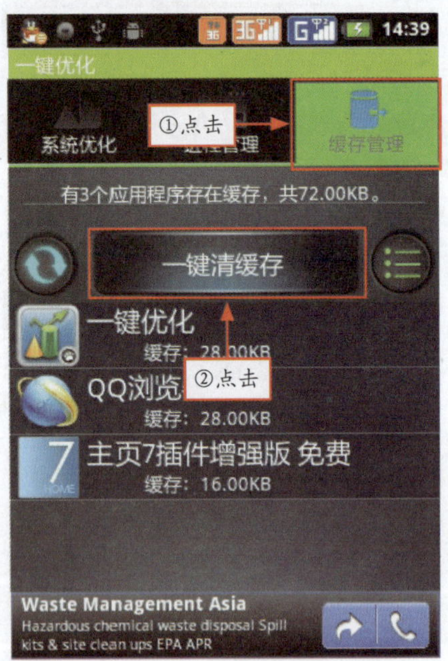

图6-58　清理缓存

第 7 章 Android 快速网上冲浪

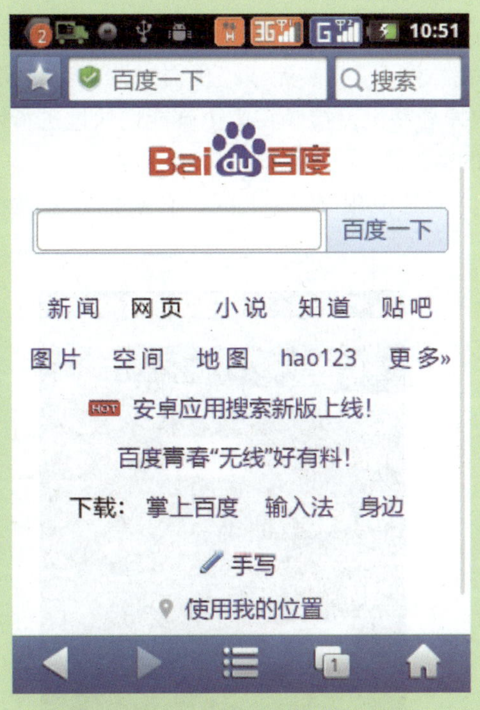

知识要点

- ➢ 设置 Android 网络连接方式
- ➢ 管理 Android 上网流量
- ➢ 使用浏览器网上冲浪
- ➢ 体验网络在线生活

7.1 设置Android网络连接方式

使用 Android 手机上网前，首先要了解手机支持的网络类型和选用电信运营商提供的网络类型。选择的智能手机一般都支持至少一种 2G 网络和一种 3G 网络，并且支持无线上网模式，且大部分手机都支持 WCDMA 网络制式。2G 和 3G 网络上网非常简单，一般只要在运营商那里开通数据服务，就可以直接打开浏览器上网了，本节主要介绍 3G 移动网络、WLAN 上网、蓝牙连接的设置方法。

7.1.1 WLAN 无线网络设置

通过无线路由连接互联网是当前手机必备的热点功能，Android 手机也具备此功能。通过 WLAN 设置，用户就可以借助无线局域网进行 Internet 冲浪了。

由于用户的流量套餐一般都是有限的，所以采用 WiFi 上网最划算而且速度最快。在城市里面可以找到许多免费的无线热点。在家庭或公司，也可以安装无线路由器来共享无线网络，Android 手机可以直接连接无线路由的信号，用户捧着手机直接躺在床上就能畅快地进行网上冲浪。因此 WLAN 无线上网成为了部分用户上网的首选。

一般来说手机的 WiFi 功能都是默认关闭的，要想使用 WiFi 上网，必须打开手机中的 WiFi 才可以，其打开全程如图 7-1 ~ 图 7-4 所示。

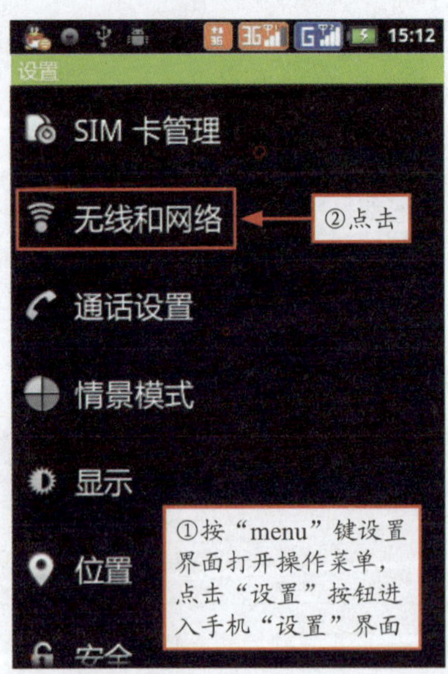

图7-1　进入“设置”界面

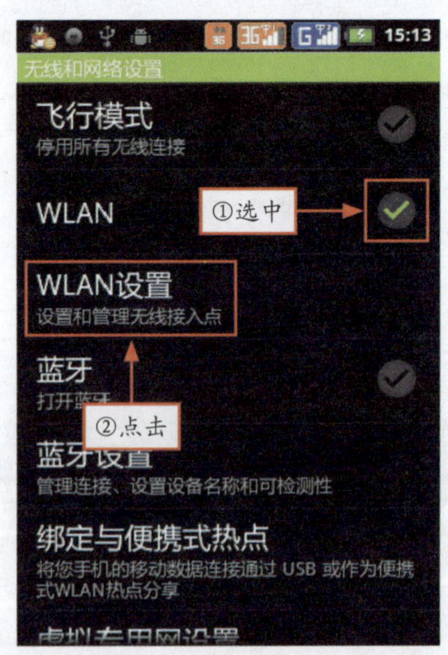

图7-2　进入“无线和网络设置”界面

专家提醒 连接到无线局域网后，手机会在任务栏的 WLAN 图标处提示用户的无线信号强度，方便用户时刻了解所处的网络环境。注意：在图 7-2 中选中“飞行模式”选项后手机将会关闭所有的网络连接。

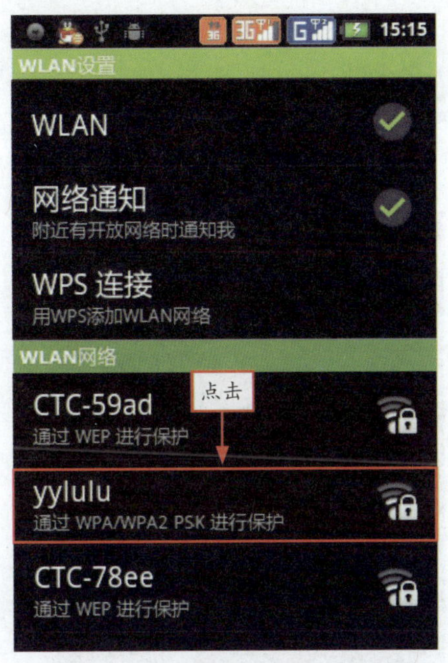

图7-3　进入“WLAN设置”界面

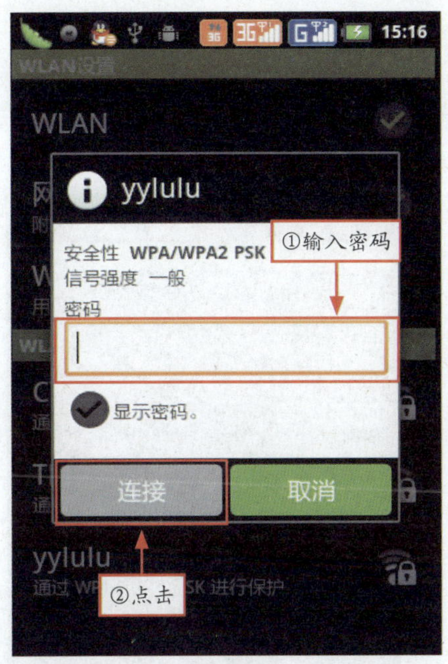

图7-4　连接WLAN网络

实战步骤：

步骤1 按“menu”键设置界面打开操作菜单，点击“设置”按钮进入手机“设置”界面，如图 7-1 所示。

步骤2 点击“无线和网络”设置选项进入其界面，选中“WLAN 设置”选项，如图 7-2 所示。

步骤3 点击“WLAN 设置”选项进入其界面，手机会自动搜索到用户周围存在的无线网络，如图 7-3 所示。

步骤4 点击任意一个都可以进行连接，对于加密网络会要求用户输入相应密码，如图 7-4 所示。

专家提醒 寻找免费的 WLAN 热点资源的方法如下。

- 大部分校园内都设有免费 WLAN 热点，不需要密码即可接入。
- 麦当劳等快餐厅会提供限时的免费 WLAN 连接。
- 公司的免费 WLAN。
- 平时多搜索，有时免费 WLAN 热点就在用户身边。

7.1.2　电脑通过手机连接网络

用户可以通过 Android 手机“无线和网络设置”界面中的“绑定与便携式 WLAN 热点”功能来将手机的 2G 或者 3G 信号转变为无线信号，供新的设备（如笔记本电脑、平板电脑、手持上网设备，甚至台式电脑）上网使用。

1. 使用 USB 数据线连接上网

使用 USB 数据线将手机与电脑连接好后，在“无线和网络设置”界面中点击“绑定与便携式热点”选项，如图 7-5 所示。进入“绑定与便携式热点”界面，选中“USB 绑定分享”选项，如图 7-6 所示。

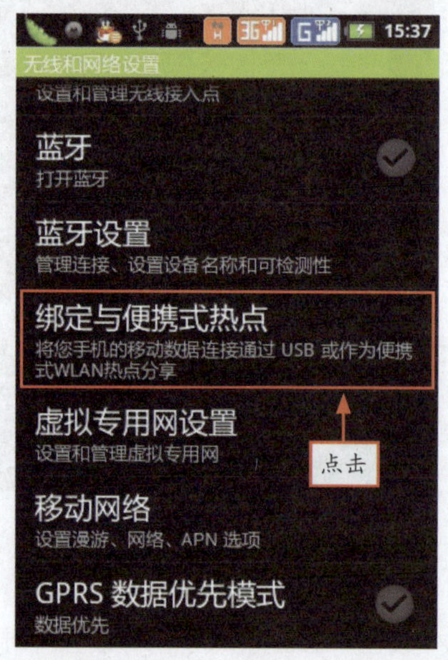

图7-5　点击“绑定与便携式热点”选项

图7-6　选中“USB绑定分享”选项

此时电脑中会提示发现新设备，并要求安装手机的驱动程序，如图 7-7 所示。将手机的驱动光盘放入光驱，按照提示安装驱动程序即可。安装完毕后，在“网上邻居”图标上单击鼠标右键，打开“网络连接”窗口，即可看到新添加了一个“本地连接 2”图标，如图 7-8 所示。

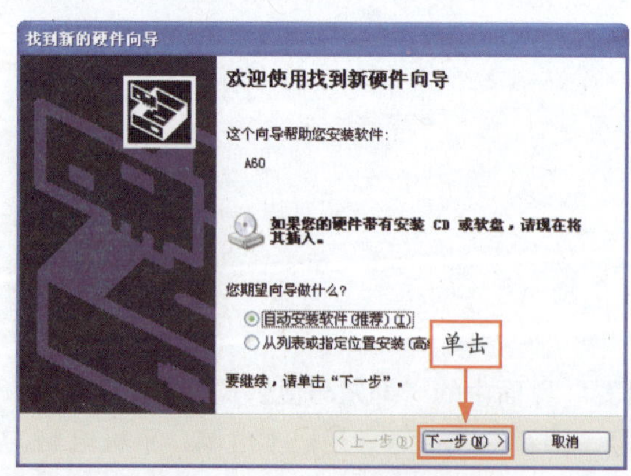

图7-7　安装手机的驱动程序

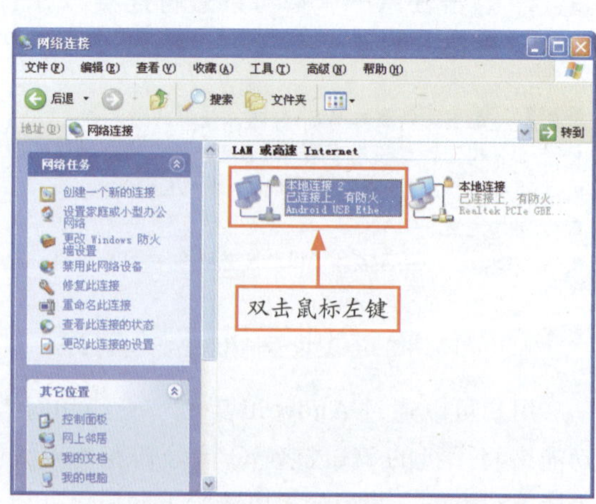

图7-8　打开“网络连接”窗口

用鼠标左键双击“本地连接 2”图标，弹出“本地连接 2 状态”对话框，如图 7-9 所示，可以看到网络连接成功，并已经产生网络数据包，且自动生成了 IP 地址、网关等。

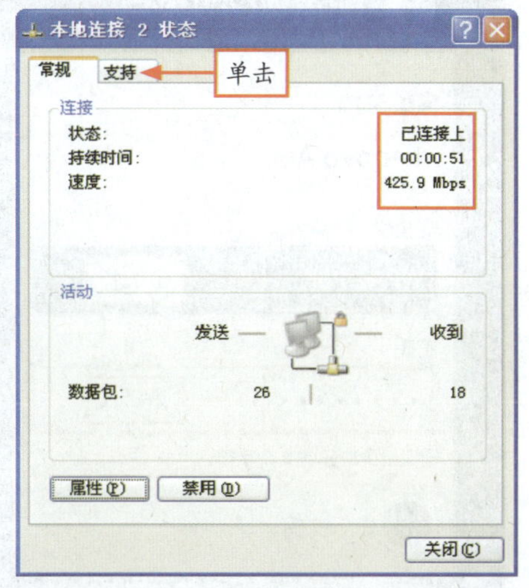

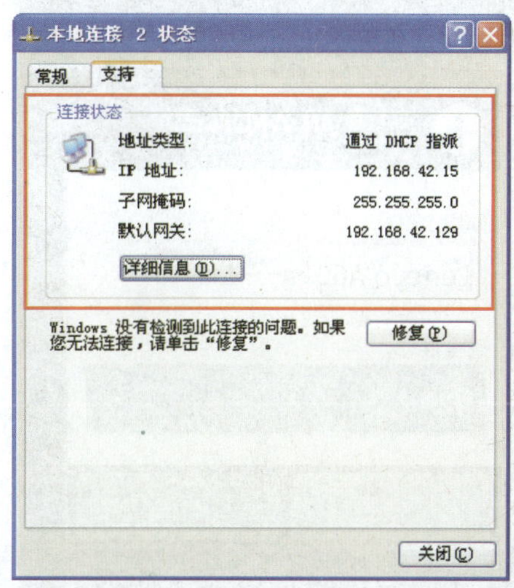

图7-9 弹出“本地连接2 状态”对话

2．使用 WLAN 热点连接上网

使用此方法主要针对当用户出门在外时临时需要上网，可将手机作为一个无线路由器。配置手机 WLAN 热点全程如图 7-10 ～图 7-13 所示。

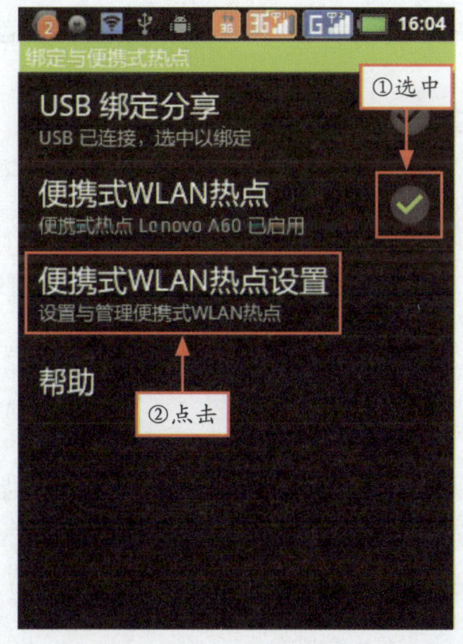

图7-10 点击“便携式WLAN热点设置”选项

图7-11 点击“配置WLAN热点”选项

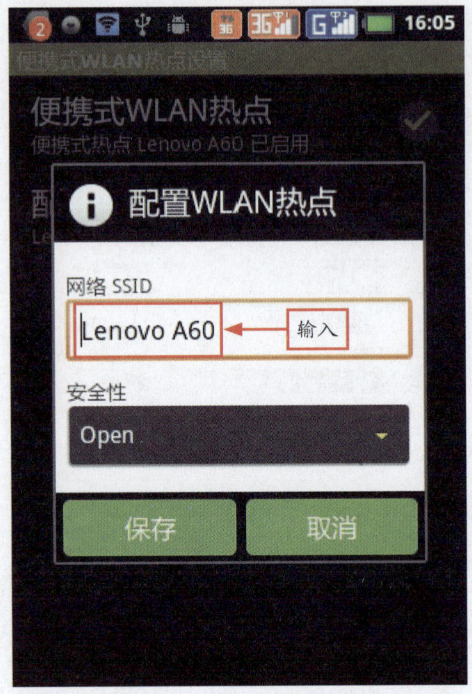

图7-12　配置WLAN热点

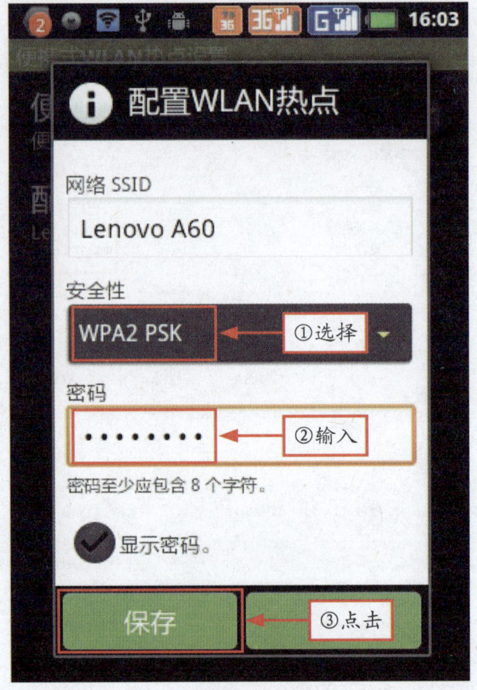

图7-13　设置WLAN热点密码

实战步骤：

步骤 1 在“绑定与便携式热点”界面中选中“便携式 WLAN 热点设置”选项，如图 7-10 所示。

步骤 2 点击“便携式 WLAN 热点设置”选项进入“便携式 WLAN 热点设置”界面，点击“配置 WLAN 热点”选项，如图 7-11 所示。

步骤 3 弹出“配置 WLAN 热点”对话框，输入相应的网络 SSID，如图 7-12 所示。

步骤 4 在“安全性”列表框中选择“WPA2 PSK”选项，然后在下面的“密码”文本框中输入要设置的密码，如图 7-13 所示，点击“保存”按钮即可开启手机热点。

> **专家提醒** 手机热点开启后，其他设备上网的数据流量就会算到用户手机的账下，很可能会导致高额话费账单，需要用户注意。

7.1.3　设置手机 3G 移动网络

在“无线和网络设置”列表中还有一个“移动网络”设置选项，供用户配置与“数据流量上网”（即 SIM 数据流量，即 3G 上网）相关的服务。

> **专家提醒** 由于很多 Android 手机可能是所谓的“水货”或者“亚太版”，手机上的接入点信息并不一定适合于用户的 SIM 卡，所以配置证券的 APN 信息则成为了能否上网和接收彩信的关键。

配置 APN 全程如图 7-14 ～图 7-17 所示。

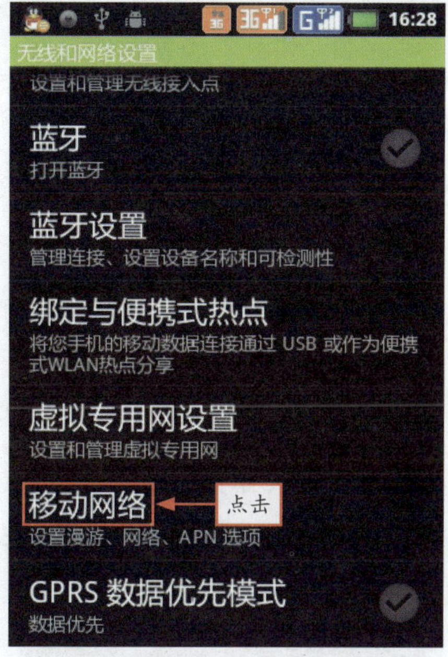

图7-14　点击“移动网络”选项

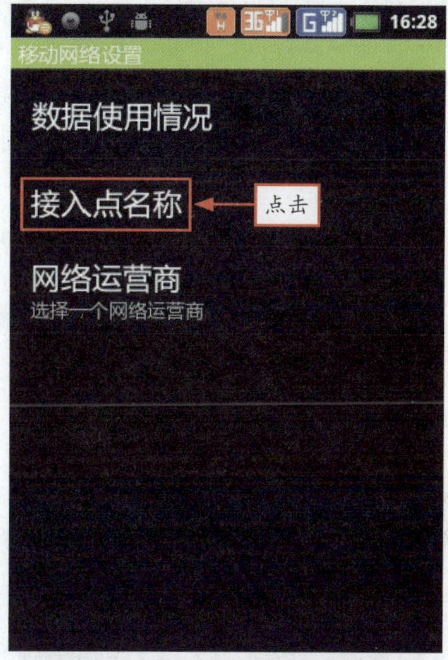

图7-15　点击“接入点名称”选项

图7-16　选择相应接入点

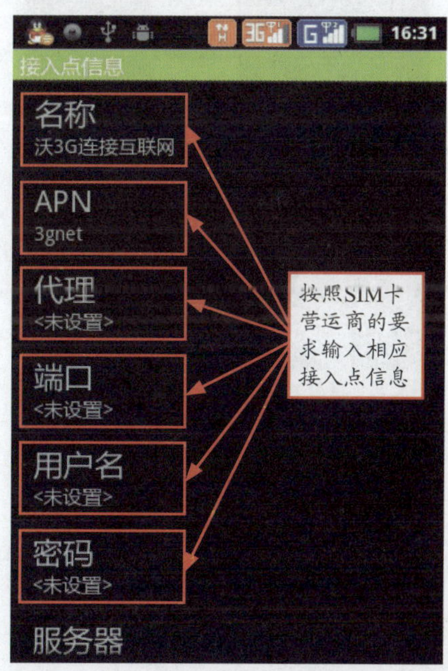

图7-17　输入接入点信息

实战步骤：

步骤1 在“无线和网络设置”界面中点击“移动网络”选项，如图 7-14 所示。

步骤2 进入“移动网络设置”界面，点击“接入点名称”选项，如图 7-15 所示。

步骤3 在打开的界面中选择“沃 3G 连接互联网”选项，如图 7-16 所示。

步骤4 按照 SIM 卡运营商的要求输入相应的接入点信息，如图 7-17 所示，按“menu”键打开操作菜单，点击“保存”按钮即可。

7.1.4 配置手机蓝牙传输文件

蓝牙是完成短距离点对点通信的利器，用户可以利用它在不大于 10 米的范围内传递文件数据，完成周边设备互联。

选中“无线和网络设置”界面中的“蓝牙”选项即可开启手机的蓝牙功能，然后点击下面的“蓝牙设置”选项进入操作界面。其中第一个选项也可以控制蓝牙功能的开关，点击选中“蓝牙”选项，使该选项右侧的方框内的“勾”变为绿色，如图 7-18 所示。

打开“蓝牙”功能后，可以修改手机的“设备名称”，这使用户的设备别具特色，便于识别。点击“设备名称”选项输入设定的名字，再点击“确定”按钮，如图 7-19 所示。

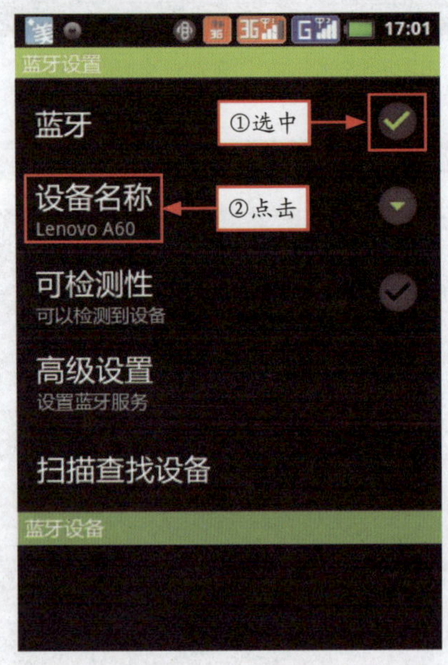

图7-18 选中“蓝牙”选项

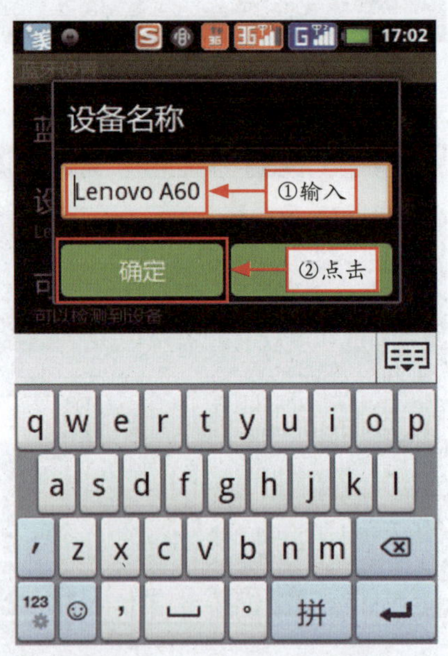

图7-19 输入设定的名字

> **专家提醒** Android 系统在设计其蓝牙功能时，为了保护用户的私密信息，在开启蓝牙时并不会同时打开“可检测性”。用户需要进一步选中“可检测性”选项，才可使设备变为蓝牙可见，而且可检测期只持续 120 秒，之后设备又会自动转为“不可被检测”状态。

使用蓝牙传送文件全程如图 7-20 ～图 7-25 所示。

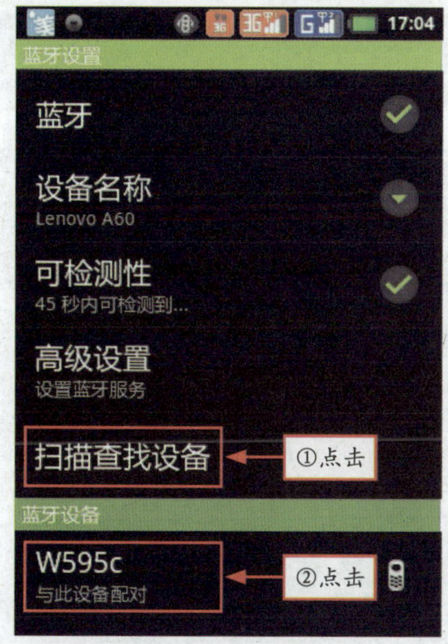

图7-20 点击相应设备名称

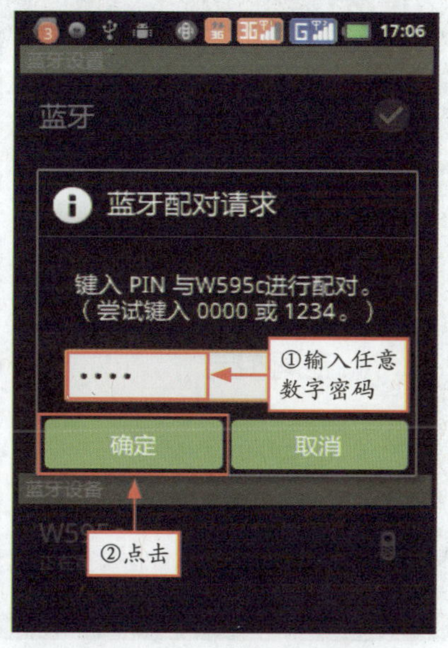

图7-21 设置配对密码

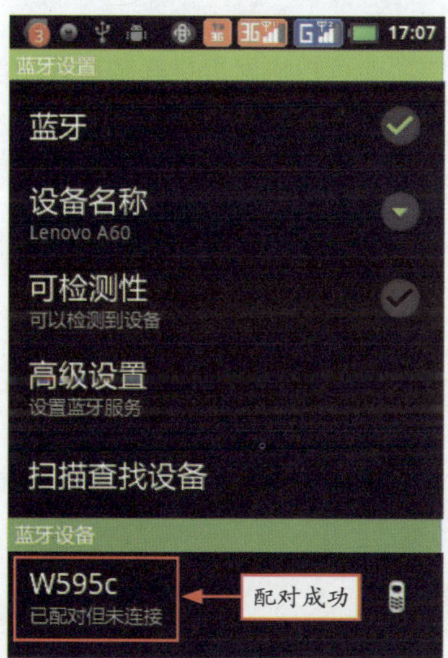

图7-22 配对成功

图7-23 打开图库中的图片

专家提醒 点击搜索到的蓝牙耳机名称，手机就会自动进行连接操作。配对成功后，手机会在蓝牙设备名字下标注配对结果（即“已连接到手机和媒体音频”），这时用户就可用蓝牙耳机接听电话或欣赏音乐了。

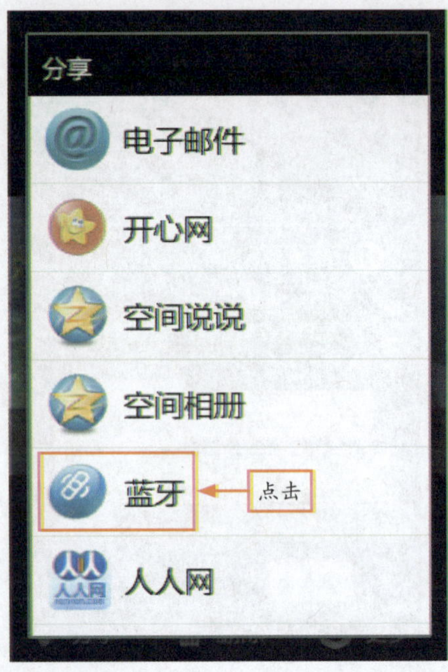

图7-24　弹出“分享”菜单

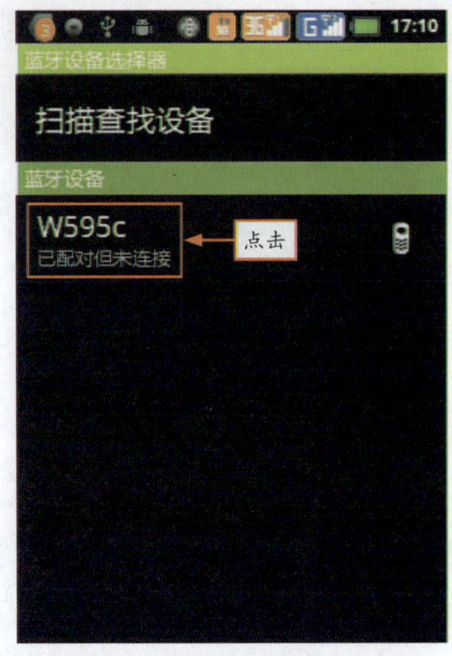

图7-25　点击相应设备传送图片

实战步骤：

步骤1 在“蓝牙设置”界面中点击“扫描查找设备”选项即可扫描附近打开了蓝牙功能的设备，并在“蓝牙设备”下面显示扫描结果，如图 7-20 所示。

步骤2 点击扫描到的蓝牙设备名称，弹出“蓝牙配对请求”对话框，随意输入数字密码，如图 7-21 所示。

步骤3 点击“确定”按钮，在要连接的设备上也会弹出“蓝牙配对请求”对话框，输入相同的数字密码，即可成功配对，如图 7-22 所示。

步骤4 在“图库”中打开一幅图片，点击“分享”按钮，如图 7-23 所示。

步骤5 弹出“分享”菜单，点击“蓝牙”选项，如图 7-24 所示。

步骤6 打开“蓝牙设备选择器”界面，点击已连接设备的名称即可，如图 7-25 所示。这时，对方手机就会提示接收文件，点击“是”按钮即可接收文件，传送完毕后，手机会提示已成功发送图片的提示信息。

7.2 管理Android上网流量

用户在使用 Android 手机上网时是否遇到过上网流量超过实际使用的流量而被无辜地扣费、不明软件自动联网浪费流量等问题？

沃达上网管家可以帮助解决这些问题，上网管家 Android 版是专为 Android 手机开发的一款非常适合中国特定国情需要的免费管理上网流量的软件，其可以有效地管理手机流量，防止流量损失和超过流量扣费，让用户对上网流量了如指掌。

使用上网管家 Android 版全程如图 7-26 ～图 7-35 所示。

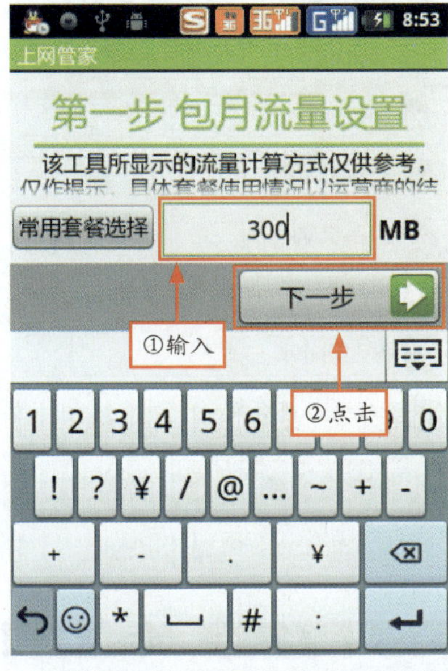

图7-26　设置包月流量

图7-27　进入“流量监控”界面

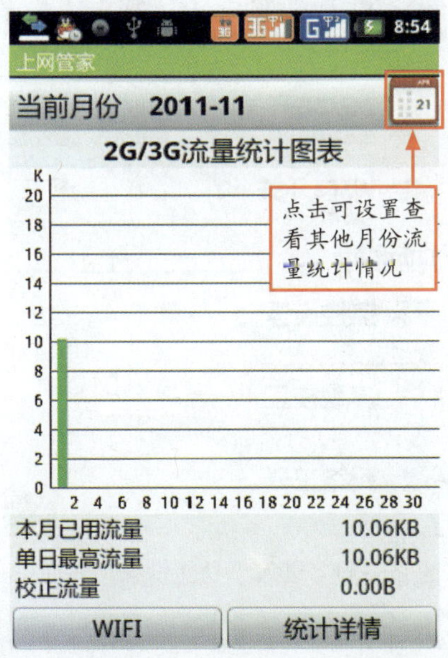

图7-28　2G/3G流量统计

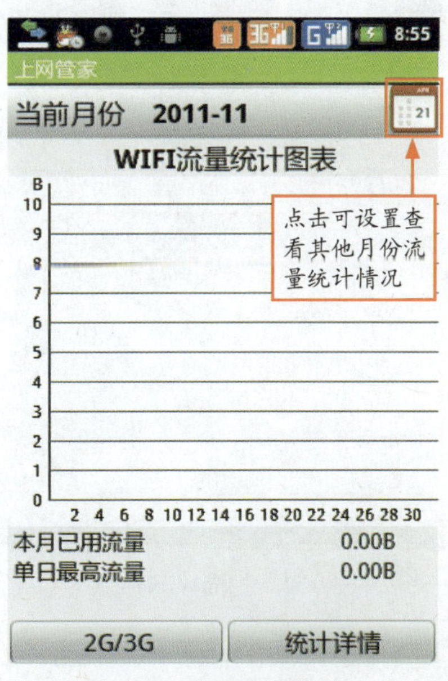

图7-29　WiFi流量统计

图7-30 进入“联网监控”界面

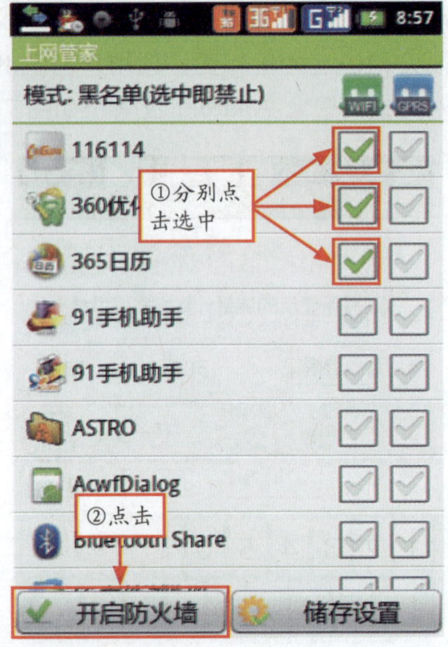

图7-31 设置防火墙

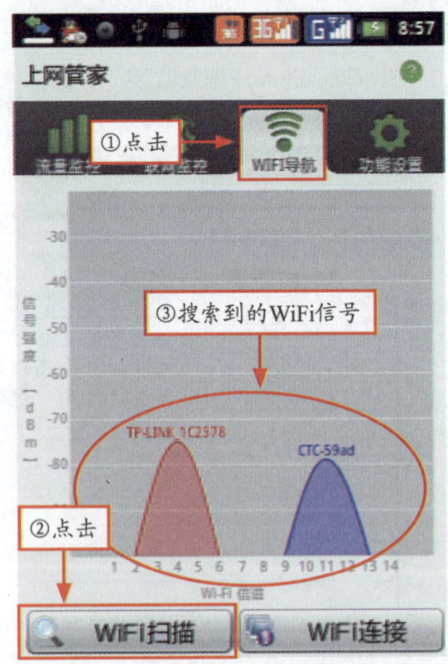

图7-32 扫描WiFi热点

图7-33 进入“功能设置”界面

专家提醒 联网程序监控可以时刻了解后台运行的联网程序，以及每个程序的流量使用情况。使用网络防火墙可以禁止任意程序连接网络，不过需 root 权限及 2.2 系统以上支持。

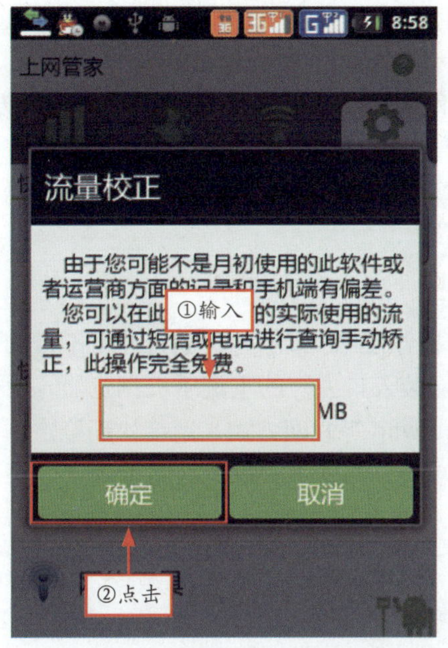

图7-34　校正使用流量

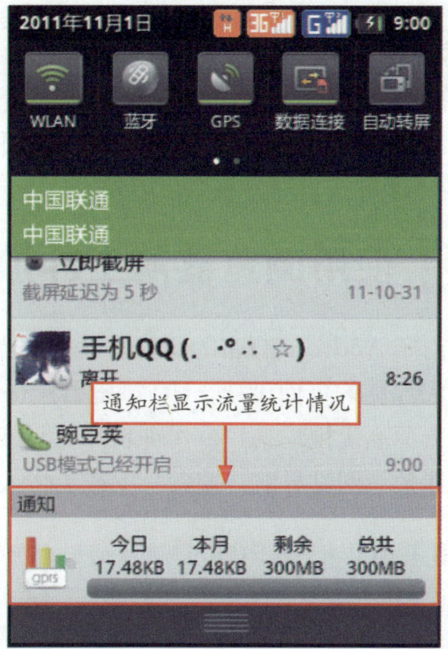

图7-35　通知栏流量通知

实战步骤：

步骤1 点击“上网管家”的快捷方式图标运行软件，首先需要设置包月流量，用户可以根据实际包月流量输入相应数据，如图7-26所示。

步骤2 进入软件后，网络的使用情况便显示在手机的屏幕上，分为4个页面显示，默认显示的是“流量监控”界面，如图7-27所示。

步骤3 在“流量监控”界面点击“2G/3G流量详情”链接，可以看到2G/3G网络的当月流量和当日流量详细的统计图，如图7-28所示。

步骤4 在“流量监控”界面点击“WiFi流量详情”，可以看到WiFi网络的当月流量和当日流量详细的统计图，如图7-29所示。

步骤5 在图7-27中点击“联网监控”图标，可以查看能够自动连接网络和产生网络流量的软件，如图7-30所示。

步骤6 点击“网络防火墙”按钮，进入到防火墙的设置界面，在这里可以设置禁止自动连接网络的进程，只需要选中相应软件右侧的网络类型选项，然后点击“开启防火墙”按钮，所选程序便不会再自动连接网络了，如图7-31所示。

步骤7 在图7-27中点击“WiFi导航”图标进入其界面，点击“WiFi扫描”按钮，即可搜索到附近的WiFi热点信号，如图7-32所示。

步骤8 在“功能设置”界面中，用户可以进行软件的相关设置，如果用户手机使用的套餐有流量包月，可以点击“流量校正”选项，如图7-33所示。

步骤9 在弹出的“流量校正”对话框中输入包月流量的具体数值，点击“确定”按钮，

Android 上网管家便会在流量接近该数值的时候提醒用户，防止用户流量超标，如图 7-34 所示。

步骤10 另外，安装完 Android 上网管家后，软件会自动在手机的通知栏里面添加一个进程，如图 7-35 所示，实时地显示当前的流量情况，从而使用户不用打开该软件也能实时地掌握手机的流量使用情况。

7.3 使用浏览器网上冲浪

由于 Android 自带的浏览器设置相当复杂，这里推荐使用 UCWeb，它有非常不错的使用体验和漂亮的页面设计。UC 浏览器是一款把“互联网装入口袋”的主流手机浏览器，由优视科技（原名优视动景）公司研制开发，兼备 cmnet、cmwap 等联网方式，速度快而稳定，具有视频播放、网站导航、搜索、下载、个人数据管理等功能，帮助用户畅游网络世界。

专家提醒 UC 浏览器是针对不同的手机平台提供相应的软件安装包，如果出现下载的安装包无法打开的情况，应先确认文件是否已经完全下载完毕，然后再检查下载的安装包版本是否与自己的手机相对应。如果无法准确判断手机型号，可查阅手机说明书。

7.3.1 熟悉 UCWeb 浏览器界面

在“应用程序”菜单中点击“UC 浏览器”图标，就可以进入 UC 浏览器主界面，如图 7-36 所示。

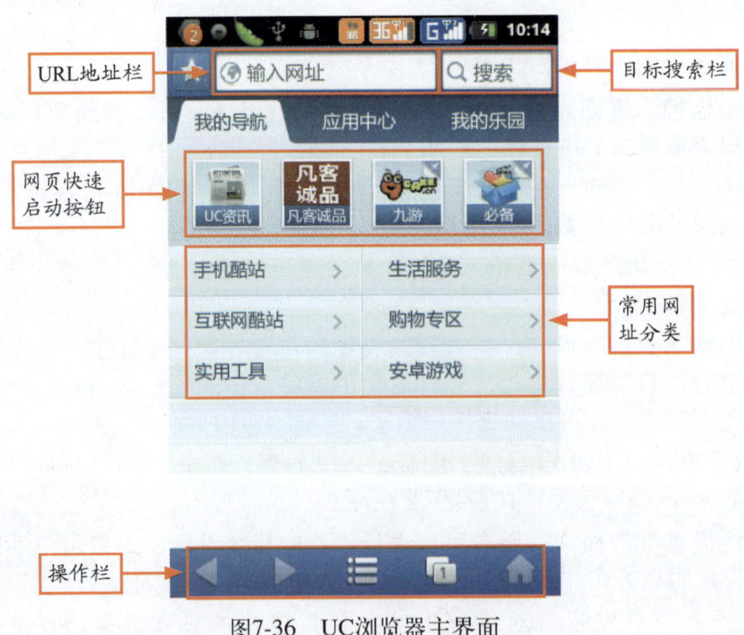

图7-36 UC浏览器主界面

首先看到的是简单明快的主界面，顶端是网址输入栏和搜索栏，接下来是用户自定义的“网页快速启动”按钮，再往下看到的是分类清晰明了的常用网址分类，底部则为各种不同的操作按钮，用户可以很快上手。

2011 年 9 月 8 日，优视科技正式发布了“全新一代手机浏览器”UC 8.0（简称 UCv8）。其采用了全新的 U3 内核，解决了手机浏览器的 flash 视频播放、HTML5 网页浏览及用户体验问题，将手机上网从“旧 2G 的 WAP 网页浏览时代”升级到“3G、HTML5、用户体验”的新时代。并且从这一代 UC 浏览器开始，不再区分 UCWeb 浏览器和 UCMobile 浏览器。

手机浏览器 UC8.0 更新的主要功能如下。

- 全新 U3 内核带来更快更省更智能的下一代浏览体验。
- 全新应用中心可自定义自己喜欢的应用，如图 7-37 所示。
- 多点触控手机支持 www 及 wap 页面的自由缩放。
- 阅读模式，看小说上论坛一屏到底。
- 首页导航优化，排版更紧凑，内容更丰富，智能推送网站。

在浏览器主界面按“menu”键，即可打开 UCWeb 的 3 大类菜单功能，即常用（如图 7-38 所示）、设置（如图 7-39 所示）和工具（如图 7-40 所示），用户可以根据自己的操作习惯进行更改和操作。

图7-37 应用中心界面

图7-38 常用菜单

专家提醒 UC 浏览器能运行在 Android、Symbian、iPhone、Windows Mobile、Windows CE、Blackberry、中国移动 OMS（Ophone）、Java、Brew、MTK 等主流手机平台的 100 多个著名手机品牌、近 2000 款手机终端上。

图7-39　设置菜单

图7-40　工具菜单

7.3.2　使用 UCWeb 浏览网页

使用 UCWeb 浏览网页全程如图 7-41 ~图 7-44 所示。

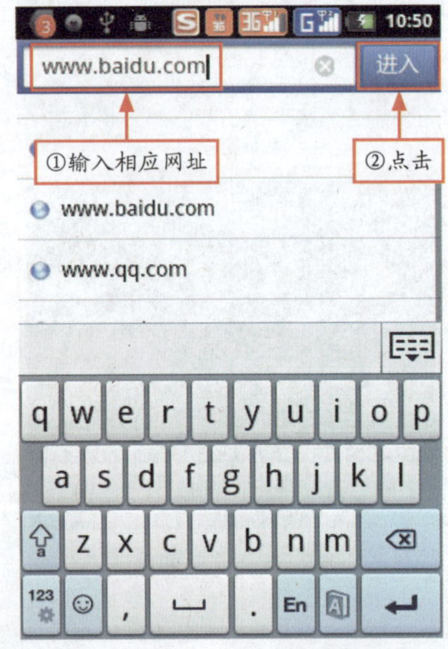

图7-41　输入网址

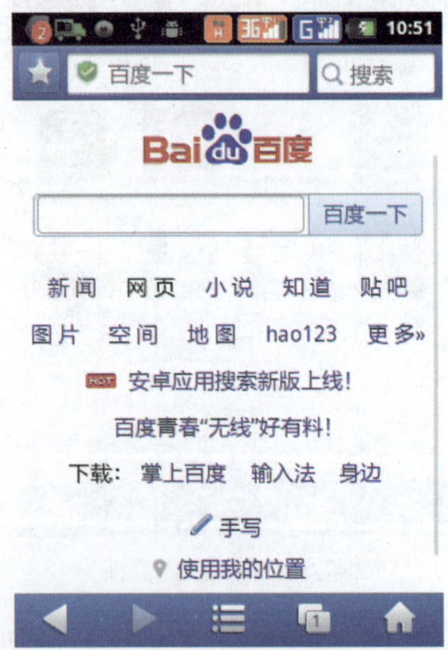

图7-42　打开百度首页

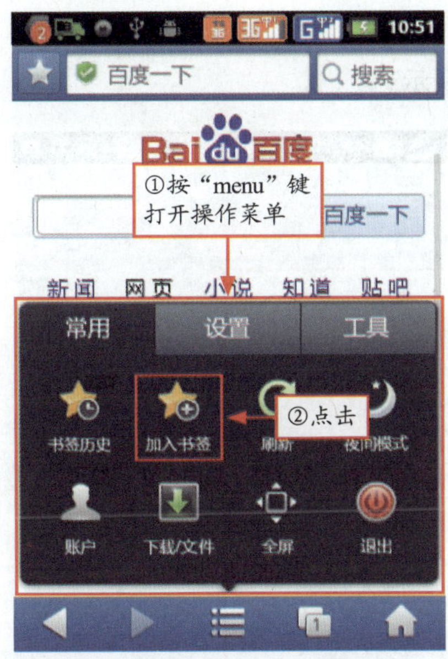

图7-43　打开操作菜单

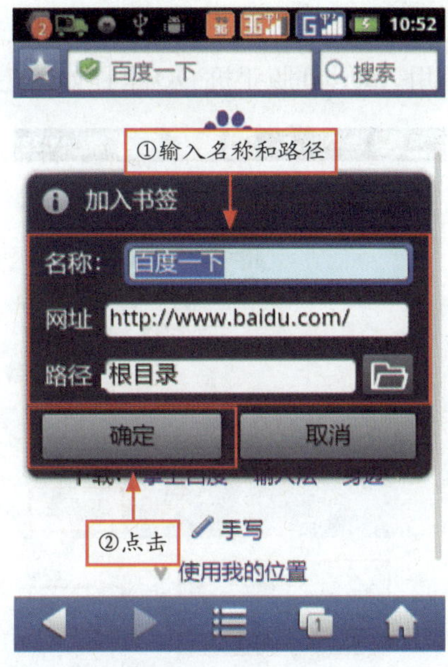

图7-44　加入书签

实战步骤：

步骤 1 在主界面点击网址输入栏，并输入百度相应的网址，如图 7-41 所示。

步骤 2 点击“进入”按钮，即可打开百度首页，如图 7-42 所示。

步骤 3 按“menu”键打开操作菜单，点击“加入书签”按钮，如图 7-43 所示。

步骤 4 弹出“加入书签”对话框，设置相应的名称和路径后点击“确定”按钮即可，如图 7-44 所示，以后再浏览该网页时可在图 7-43 中点击“书签历史”按钮，在其中找到相应的书签名称并打开该网页即可。

7.4 体验网络在线生活

作为一个智能手机平台，Android 除了具备基本的电话和短信功能之外，还能最大限度地利用移动 3G 网络和无线 WiFi，因此可以让用户体验到丰富多彩的在线生活，如即时聊天、网络微博、网络新闻等，几乎所有的“电脑冲浪程序”都可以在 Android 手机中完美实现。

7.4.1　Android 手机 QQ

手机 QQ 是将 QQ 聊天软件搬到手机上，满足随时随地免费聊天的需求。新版手机 QQ 更引入了语音视频、拍照、传文件等功能，与电脑端无缝连接，包括音乐试听、手机影院等功能。无论是官方的 Android 软件商店还是在 91 手机助手或豌豆荚程序上，都可以轻松下载到最新版本的 QQ 软件。

1. 聊天应用

应用 Android 版手机 QQ 全程如图 7-45 ～图 7-52 所示。

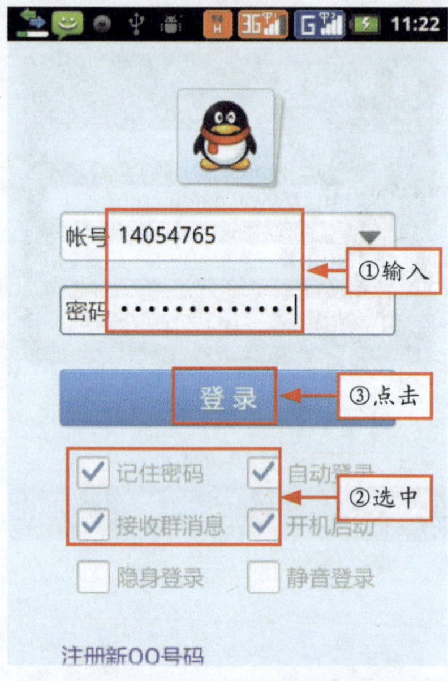

图7-45 登录手机QQ

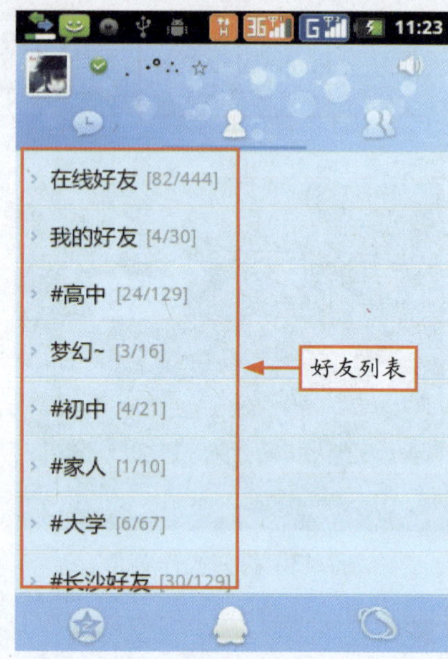

图7-46 进入手机QQ主界面

图7-47 进入“最近联系人”界面

图7-48 进入QQ群界面

图7-49　查看QQ空间动态

图7-50　查看手机应用菜单

图7-51　点击相应联系人

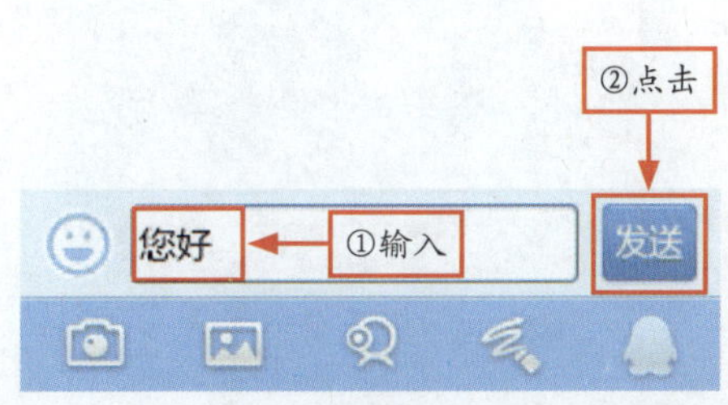

图7-52　发送消息

实战步骤：

步骤1 在“应用程序”菜单中找到QQ程序图标，点击进入登录界面，输入账号和密码，然后选中所需的登录选项，点击“登录”按钮即可，如图7-45所示。

步骤2 默认进入“我的好友”界面，如图7-46所示。

步骤3 点击“最近联系的好友”图标即可进入相应的界面，如图7-47所示。

步骤4 点击“我的群组”图标即可进入相应的界面，如图7-48所示。

步骤5 点击界面底部的“我的QQ动态”图标，进入QQ空间动态界面，可以查看自己与好友的实时更新资讯，如图7-49所示。

步骤6 点击界面底部的“我的应用”图标，进入QQ应用程序界面，其中包含了QQ空间、QQ农场、QQ邮箱、腾讯微博等项目，如图7-50所示。

步骤7 进入“我的好友”界面，在好友列表中找到想要聊天的联系人，如图7-51所示。

步骤8 点击相应的联系人，进入聊天界面，在下面的文本框中输入要发送的信息内容，然后点击“发送”按钮即可发送消息，如图7-52所示。

2. 相关设置

按“menu”键打开手机QQ的操作菜单，如图7-53所示。点击“设置”按钮即可进入“设置管理”界面，如图7-54所示。用户可以设置所有消息的提示方式，也可对其他登录选项进行管理。

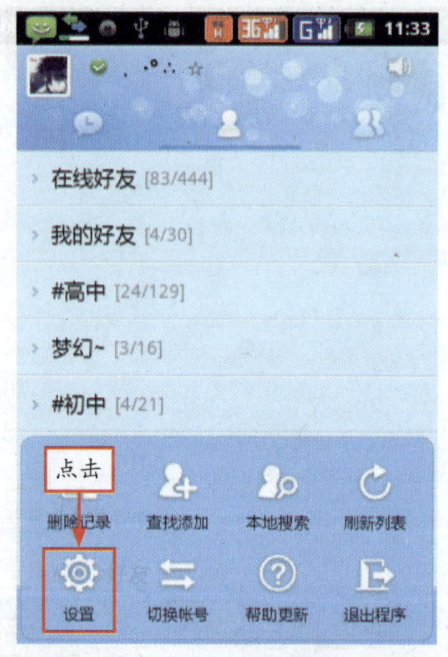

图7-53 打开操作菜单

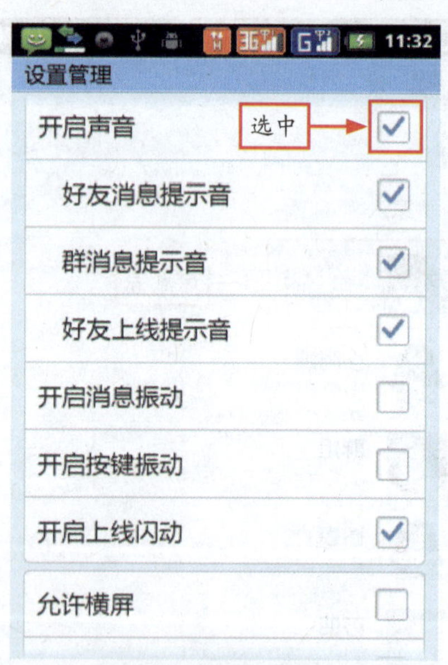

图7-54 进入“设置管理”界面

专家提醒 如果手机下载不方便，或是认为手机下载花费太多，可以直接用电脑下载，再传输到手机上。

7.4.2　玩转手机微博

微博从诞生之初就展现出了强大的传播性，手机微博不但延续了微博在 PC 上及时、迅速的传播特点，而且移动客户端让达人们能够随时随地登录微博，轻松分享自己的实时状态，并密切关注好友信息。

微博是微博客（MicroBlog）的简称，是一个基于用户关系的信息分享、传播以及获取平台，最早也是最著名的微博是美国的 teitter（国内已经被屏蔽），2009 年 8 月份，中国最大的门户网站新浪网推出"新浪微博"内测版，是目前国内比较火的微博。在手机主屏幕中找到新浪微博的图标，点击进入登录界面，如图 7-55 所示；如果不想登录，可以点击下方的"随便看看"、"推荐用户"和"热门转发"，看看别人都再微博上面干什么呢。拥有账户的用户可以点击"添加账号"按钮，弹出"添加账号"对话框，输入登录名和密码进行登录，如图 7-56 所示。

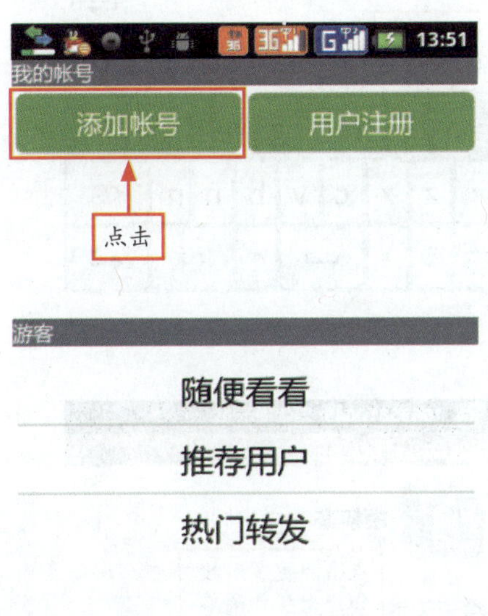

图7-55　进入登录界面

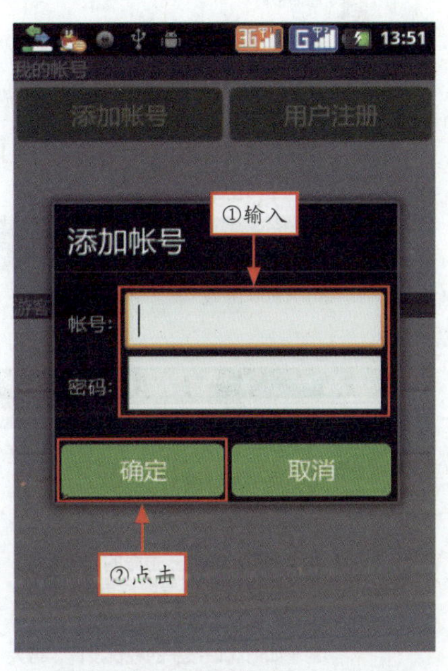

图7-56　弹出"添加账号"对话框

登录成功以后，默认进入"首页"界面，显示了用户所收听的微博，如图 7-57 所示。点击右下角的"撰写"按钮，进入撰写微博界面，可点击下面的键盘输入相应内容，如图 7-58 所示。中间有 3 个按钮，第 1 个"定位"按钮的作用是调节手机自带的 GPS 来对用户当前的位置进行定位，定位成功后会显示一个红色的小球，那么在发送该条博文的时候，会显示用户所在地理位置的信息。第 2 个"照相机"按钮，就是调用手机的摄像头拍摄一张照片并发布到微博里面。第 3 个按钮就是"发送"按钮，点击后即可发送该条博文。

发送后按“返回”键退出到“首页”界面，点击上面的“刷新”连接，即可显示发布的微博，如图 7-59 所示。点击博文内容后即可进入查看该微博的详细内容，点击右下角的“更多”按钮，弹出相应的操作菜单，可以进行刷新、分享、删除、举报、取消等操作，如图 7-60 所示。

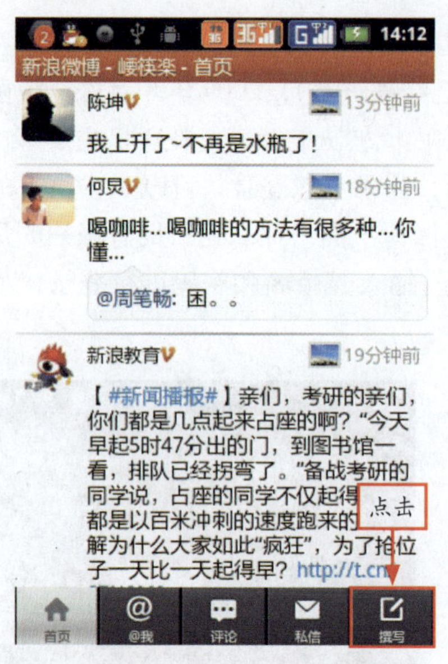

图7-57 进入“首页”界面

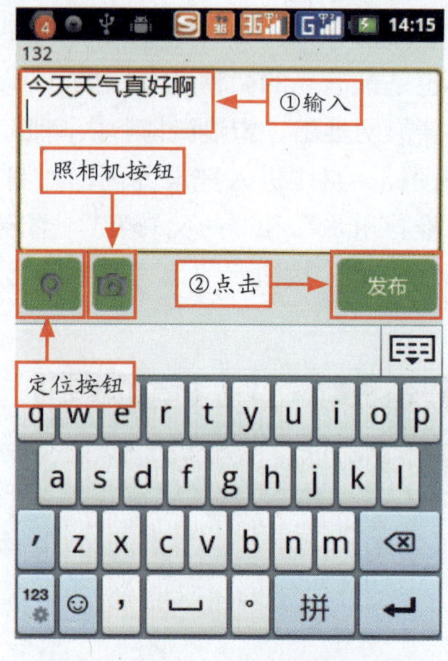

图7-58 撰写微博

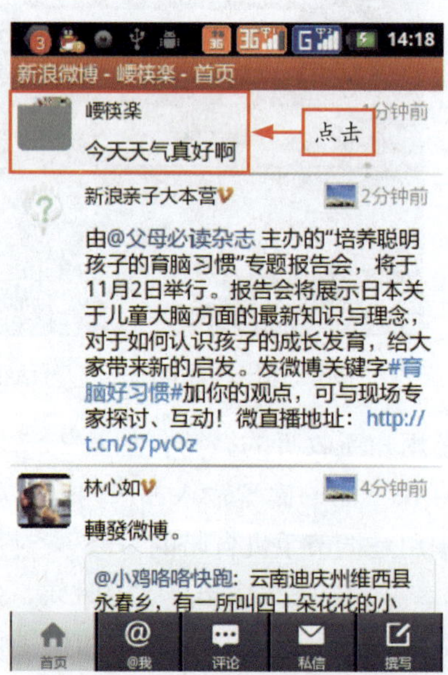

图7-59 查看发布的微博

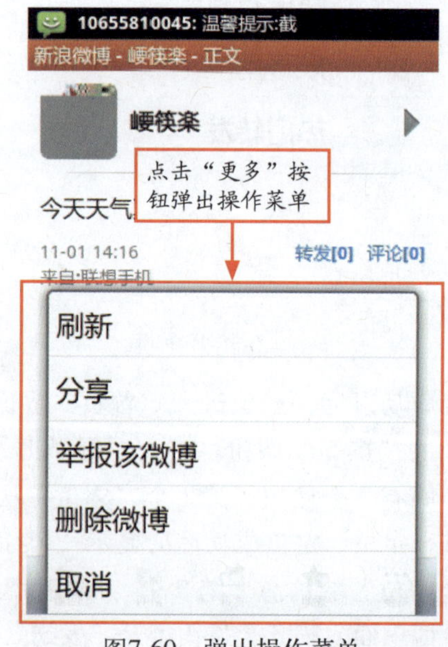

图7-60 弹出操作菜单

7.4.3 观看 RSS 新闻

RSS 也叫聚合 RSS，是在线共享内容的一种简易方式（也叫聚合内容，Really Simple Syndication）。通常在时效性比较强的内容上使用 RSS 订阅能更快速地获取信息，网站提供 RSS 输出，有利于让用户获取网站内容的最新更新。

蘑菇新闻，Android 平台最快中文新闻软件！这款软件包含了世界最热门的新闻网站，以便用户随时了解国内外大事。

点击“蘑菇新闻”的快捷方式图标进入主界面，如图 7-61 所示。蘑菇新闻本身已经包含了 11 个新闻站点，点击相应的图标即可浏览该站点的新闻。里面包含 IT 业界知名的 cnBeta、汽车资讯的易车网，以及发表糗事的糗事百科等。在等车、排队和等散会的时候确实是打发时间的好东西。图 7-62 所示为糗事百科的页面。

图7-61 蘑菇新闻主界面

图7-62 糗事百科页面

专家提醒 用户可以向蘑菇新闻的主界面添加新的 RSS 频道，点击图 7-66 中的“收藏更多网站”按钮，大量的 RSS 频道便会自动分门别类地出现在屏幕上，选取感兴趣的频道并点击选中后面的复选框，该频道便会出现在主页面上。

如果用户不想栏目留在主页面上，可以用手指按在该栏目的图标上，当手机发出轻微震动时，则会弹出“操作”对话框，点击“删除栏目”选项即可，如图 7-63 所示。

如果用户遇到好的文章还可以分享到新浪微博或者放进蘑菇新闻的收藏夹中，以便下次再次阅读。在阅读界面按下“menu”键，打开操作菜单，可以看到“分享”和“收藏文章”选项，如图 7-64 所示。

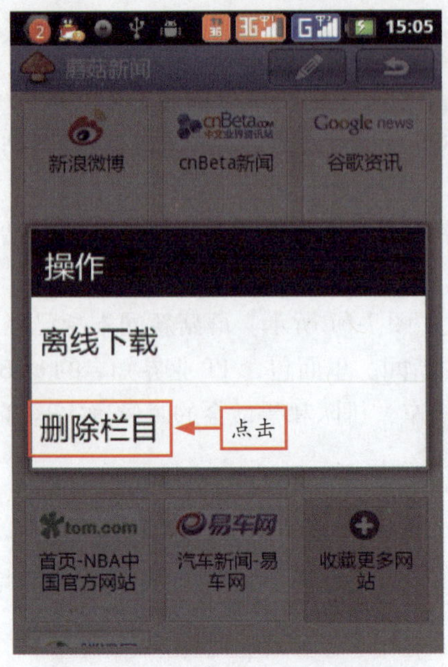

图7-63　弹出“操作”对话框

图7-64　打开操作菜单

点击主界面上的编辑按钮，显示的所有栏目呈可编辑状态，如图 7-65 所示。用户可以点击“删除”按钮快速将其删除，如图 7-66 所示。

图7-65　呈可编辑状态

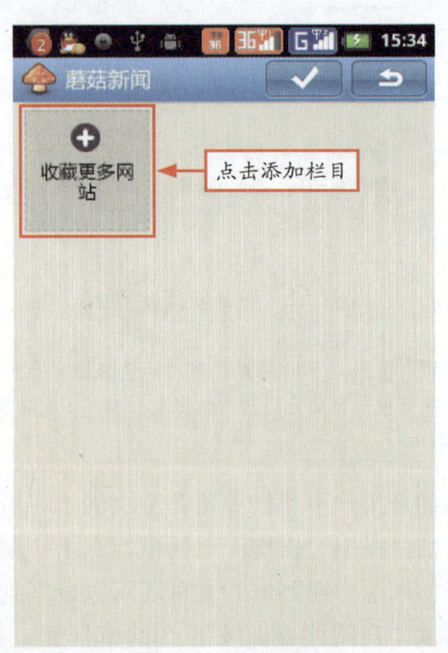

图7-66　删除栏目

第 8 章
Android 掌上移动办公

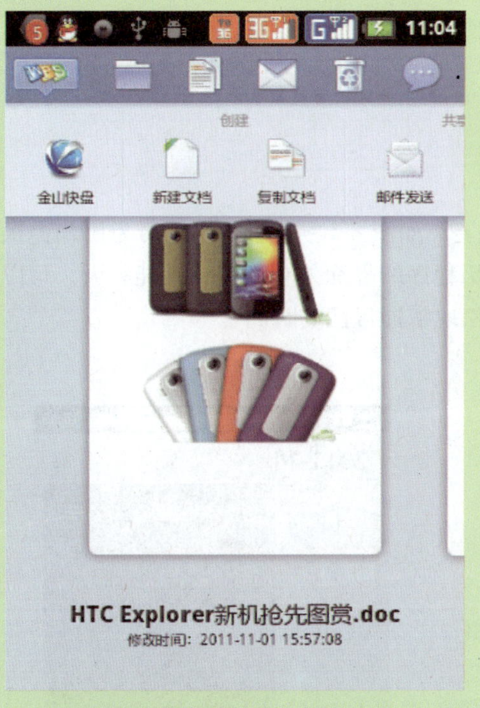

14:52
Sheet1
撤销 还原 全屏 筛选 冻结窗格

	A	B	C
1	2011.11.1	23A	出
2	2011.1.2	34B	出
3	2011.1.3	45C	进
4	2011.1.4	56D	进
5	2011.1.5	67E	进
6	2011.1.6	78F	进
7	2011.1.7	89G	出
8	2011.1.8	91H	出

知识要点

- 管理日程与日历
- 进行 Office 掌上办公
- 管理小米便签

8.1 管理日程与日历

上班族工作繁忙，容易将一些重要的事情遗忘，又苦于没有人提醒自己，Android 可以帮助用户轻松搞定。

Android 系统自带了 Google 的日历管理工具，但其功能和实用性均不尽如人意，尤其是不符合中国人的习惯。本节将要介绍的是一款中国人开发的功能强大的软件——365 日历。365 日历是一款日历软件，其拥有电脑版和手机版，除了基本的日历查询功能外，365 日历还具有万年历查询、农历（阴历）查询、中国传统节日、节气、农历日程、农历生日提醒、黄历查询、黄道吉日查询和更换皮肤等，带有许多中国特色的功能，并且支持所有的 Android 系统。电脑版的 365 日历可以方便地整理数据和进行规划安排，若手机版与电脑版的 365 结合使用，手机上的数据将会与网络上的数据同步，永不丢失，且便于随时添加和查询，将使用户的时间管理更加高效。本节将逐步介绍一下 365 日历的具体功能和使用方法。

> **专家提醒** 用户只需要一个账户，即可在Android、Pad、Web、PC上登录，管理日程和时间。

8.1.1 添加和删除日程

启动 365 日历，日程主界面便会出现在屏幕上，如图 8-1 所示。365 日历为用户提供最好的个人日程管理服务，以及最全的日历资讯。日历程序的界面外观精美，功能强大。可以从网站上下载收藏各种日历，使用方便，简洁，可轻松地掌握自己的时间。

添加和删除日程全程如图 8-1 ～图 8-8 所示。

图8-1　365日历界面

图8-2　弹出快捷菜单

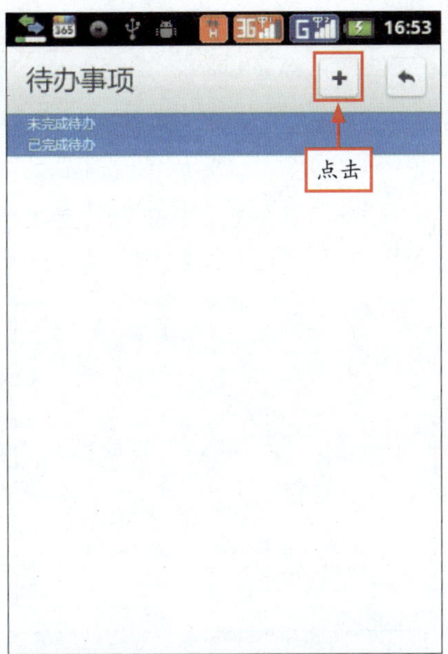

图8-3 点击添加按钮

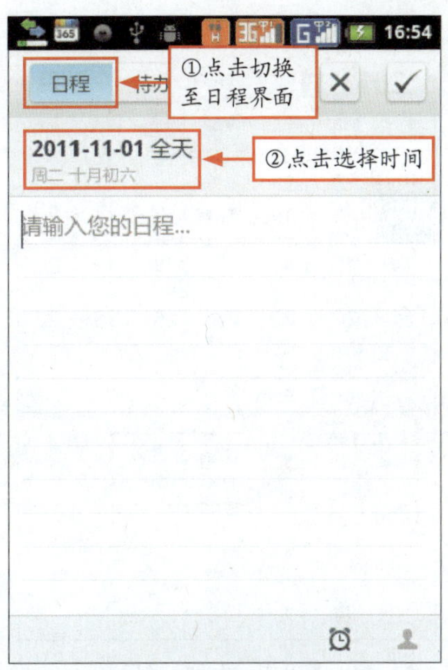

图8-4 进入日程界面

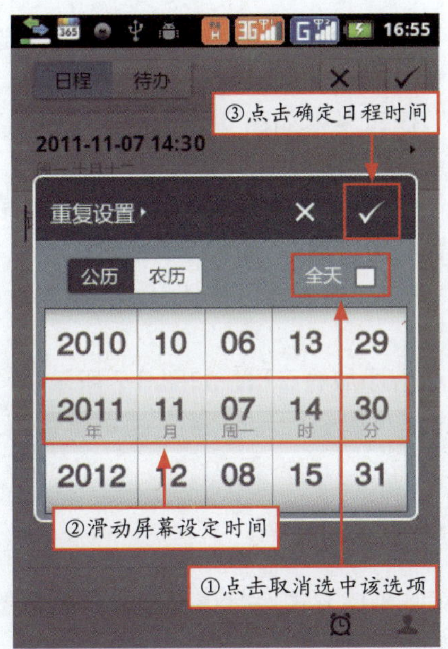

图8-5 设置日程时间

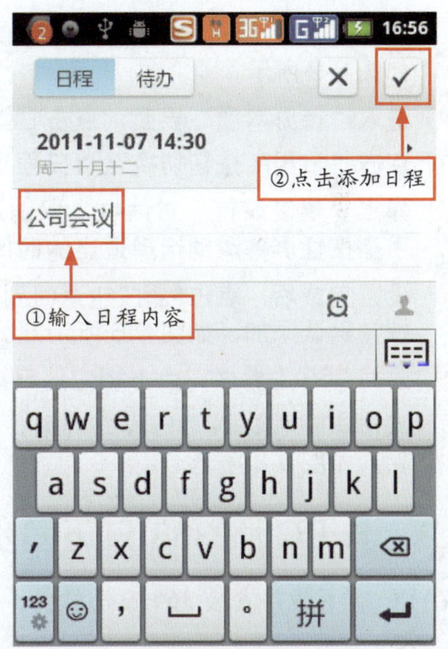

图8-6 输入日程内容

专家提醒 新版与原版的区别：日程类型更加丰富，与Google日历完美同步，具有日程分享功能，把日程分享给好友；日程提前提醒时间设置，去除记事本、格言、天气等附加功能，原365日历账户可直接登录。

图8-7　添加日程

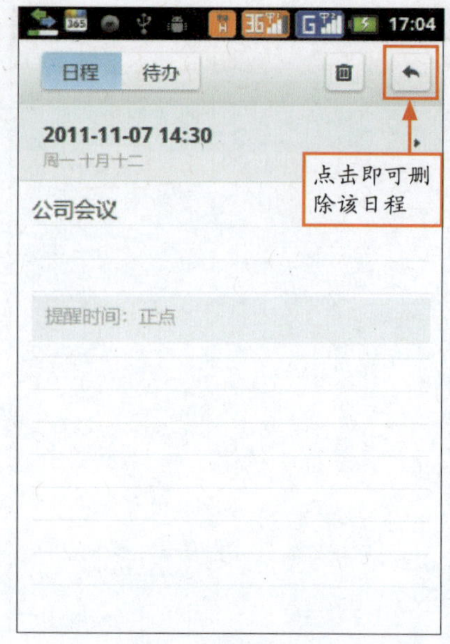

图8-8　删除日程

实战步骤：

步骤1 点击图 8-1 主界面右上角的“菜单”按钮，弹出快捷菜单，点击“待办事项”选项，如图 8-2 所示。

步骤2 进入“待办事项”界面，点击右上角的“添加”按钮 +，如图 8-3 所示。

步骤3 点击“日程”按钮切换至“日程”界面，然后点击下面的时间，如图 8-4 所示。

步骤4 弹出“重复设置”对话框，取消选中“全天”复选框，进入具体时间的设置页面，用手指按住屏幕滑动选择适当的时间（还可以设置农历日期），如图 8-5 所示。

步骤5 设置完成后，点击✓按钮返回到“添加日程”界面，输入该日程的内容，然后点击✓按钮确认添加，如图 8-6 所示。

步骤6 返回 365 主界面，点击相应的日期，在下面显示所添加的日程，如图 8-7 所示。

步骤7 点击该日程进入“日程”界面，再点击右上角的“删除”按钮，即可将该日程删除，如图 8-8 所示。

8.1.2　与 PC 版 365 日历同步

在 PC 端下载并安装 365 日历软件，安装完成后双击快捷方式运行该程序，界面如图 8-9 所示。

软件下面有 3 个工具按钮，单击“新建日程”按钮可以在弹出的对话框中添加新的日程，单击“待办”按钮可以添加新的待办事项。

右击系统桌面右下角的图标，在弹出的快捷菜单中选择“同步”选项，如图 8-10 所示，可以将记录在PC端的日程同步到365日历的服务器上面。在手机端登录同一个账户后，可以将服务器上面的数据下载到手机客户端，实现手机与PC上日程的同步。不过，要实现该功能，必须先注册一个365日历的账号，成为其用户。

图8-9　365日历软件PC端界面

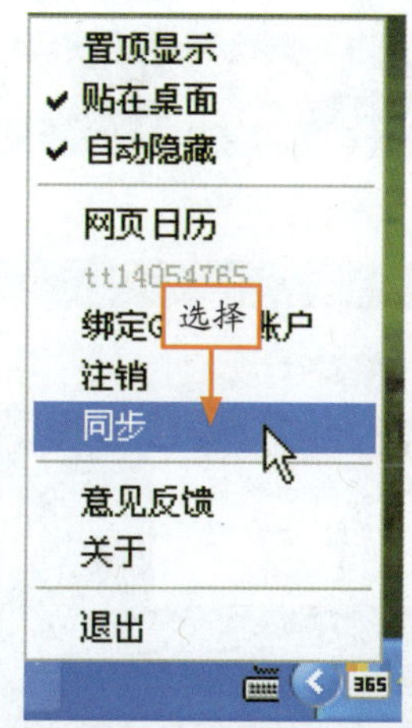

图8-10　选择“同步”选项

右击系统桌面右下角的365图标，在弹出的快捷菜单中选择“登录”选项，弹出登录对话框，如图8-11所示。若为新用户，则需要先单击“注册”按钮进行注册，完成账号的注册后再登录。

登录成功后，单击“待办”按钮，右侧弹出相应的窗口。单击“新建待办”按钮，在弹出的添加待办对话框中输入待办事项的内容，设置完毕后，单击“完成”按钮即可，如图8-12所示。

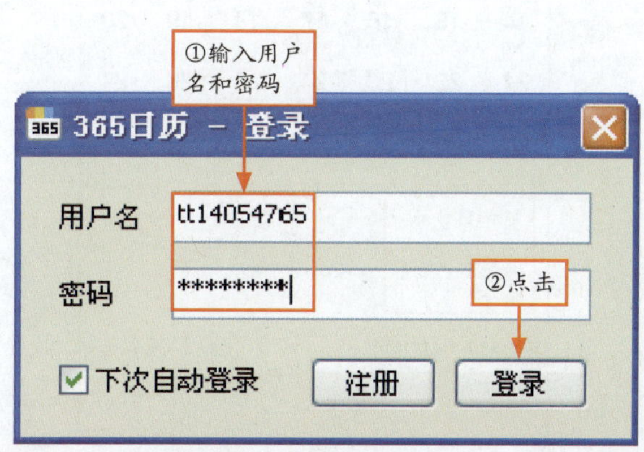

图8-11　弹出登录对话框

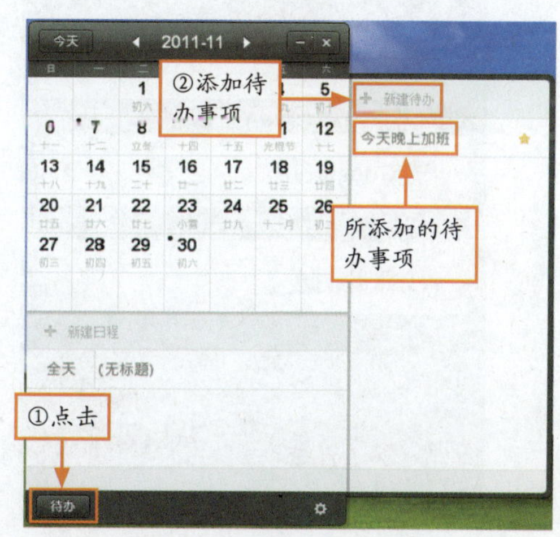

图8-12　右侧弹出相应的窗口

PC 端的设置完成后，下面要在手机上进行操作，全程如图 8-13 ~图 8-16 所示。

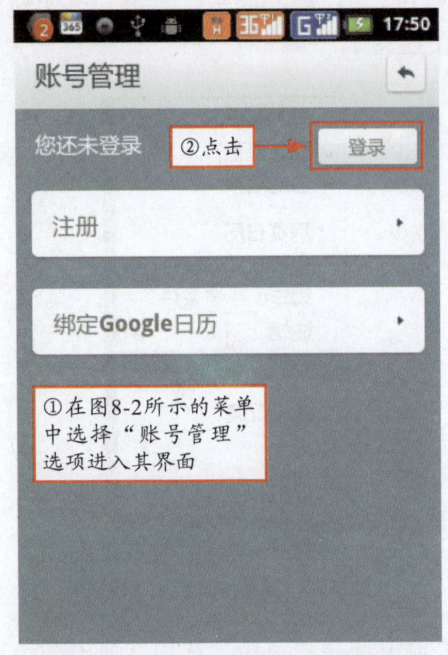

图8-13　进入“账号管理”界面

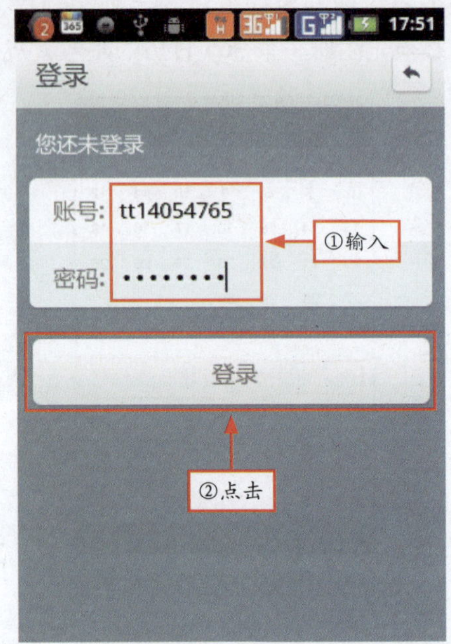

图8-14　登录365日历

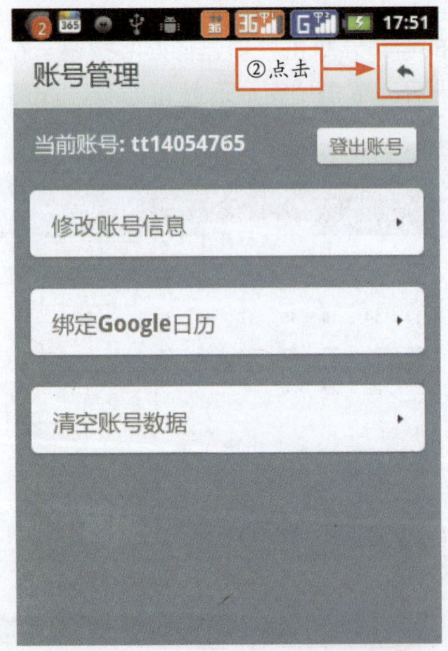

图8-15　点击“返回”按钮

图8-16　同步结果

实战步骤：

步骤1 在图 8-2 所示的菜单中选择“账号管理”选项进入其界面，如图 8-13 所示。

步骤2 点击“登录”按钮，进入“登录”界面，输入与在 PC 端登录时同样的账号和密码，然后点击“登录”按钮，如图 8-14 所示。

步骤3 登录成功后即可进入如图 8-15 所示的界面，点击右上角的“返回”按钮 。

步骤4 执行操作后返回主页界面，在电脑中添加的待办事项已然出现在手机中了，如图 8-16 所示。

8.1.3 365 日历的其他功能

日历功能是 365 日历的主体功能，用手指在屏幕上面左右滑动可以实现更换月份的操作。左上角有黑色小三角的日期表示在该日期中添加了日程或者待办事项，如图 8-17 所示。点击相应日期即可进入日历界面，查看详细的日程以及其他信息。

365 日历还提供了许多其他的实用工具：可以查询黄历、吉日和天气，还可以利用计算功能进行日期间的计算和搜询等，如图 8-18 所示。

图8-17　365日历

图8-18　365日历小工具

8.2 进行Office掌上办公

使用 Android 智能手机可以随时随地地进行掌上办公，目前常用的文档就是微软 Office 中的 Word、Excel 和 PowerPoint，还有 Adobe 的 pdf 文件。本节主要介绍 Kingston Office，它是一款功能强大、兼容性好的一套针对 Office 办公套件的软件。

8.2.1 新建与保存 Word 文档

新建与保存文档全程如图 8-19 ~图 8-24 所示。

图8-19 点击“新建文档”按钮

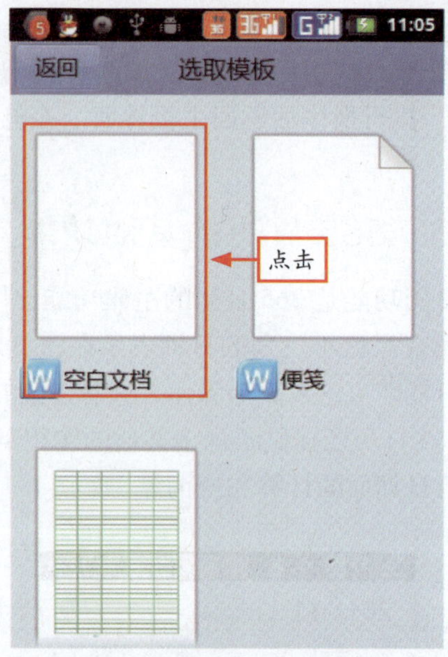

图8-20 选择“空白文档”

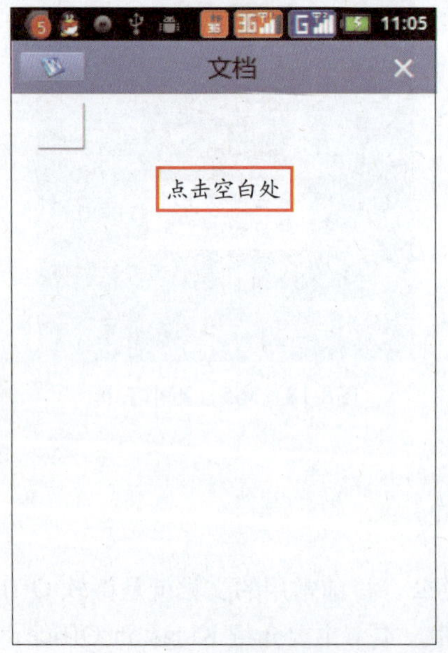

图8-21 新建空白文档

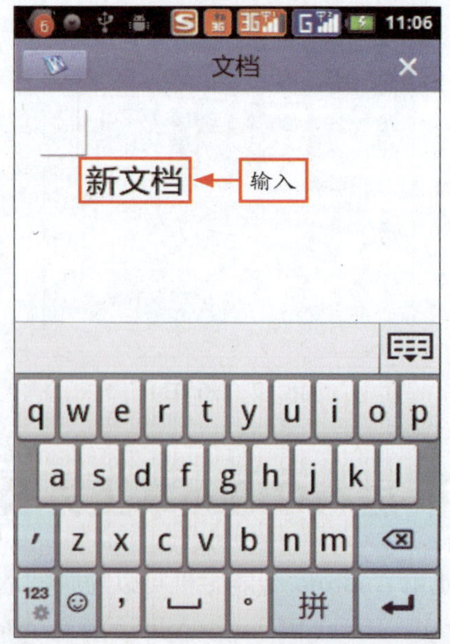

图8-22 输入内容

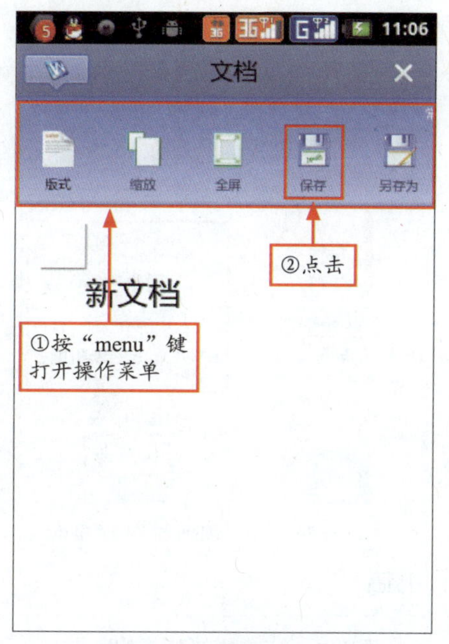

图8-23　打开操作菜单

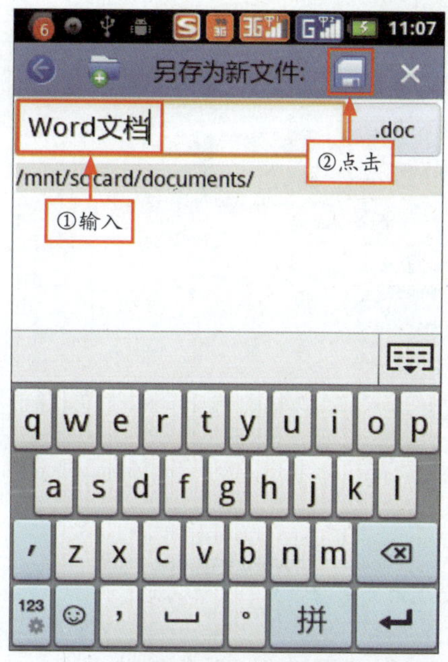

图8-24　保存文档

实战步骤:

步骤 1 点击“Kingston Office”快捷方式图标进入主界面，点击菜单栏的创建按钮，弹出子菜单，然后点击“新建文档”图标，如图 8-19 所示。

步骤 2 进入“选择模板”界面，点击选择“空白文档”，如图 8-20 所示。

步骤 3 执行操作后即可新建一个空白文档，如图 8-21 所示。

步骤 4 点击文档中的空白处，即可输入文字，如图 8-22 所示。

步骤 5 按“menu”键打开操作菜单，点击“保存”按钮，如图 8-23 所示。

步骤 6 进入“另存为新文件”界面，输入保存名称，然后点击保存按钮即可，如图 8-24 所示。

8.2.2　打开与编辑 Word 文档

如果用户想要打开 SD 卡中的 Word 文档，可以点击打开按钮，然后在弹出的菜单中点击“所有文档”图标，如图 8-25 所示。打开“所有文档”界面，用手指按住屏幕滑动找到并点击需要打开的文档，如图 8-26 所示。

打开文档后，在文档上面可以看到一排功能菜单，可以修改文档的板式、缩放文档、全屏查看文档、保存文档，如图 8-27 所示。用手指按住并向左滑动功能菜单，在后面还可以看到字体、段落格式、对齐方式、页面设置、撤销 / 还原操作等功能。点击“缩放”按钮，弹出缩放控制框，用手指按住滑块左右滑动可以缩小或放大文档，如图 8-28 所示。

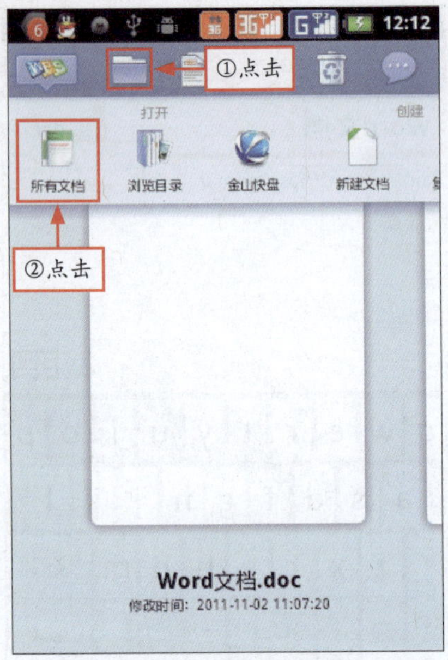

图8-25　点击“所有文档”图标

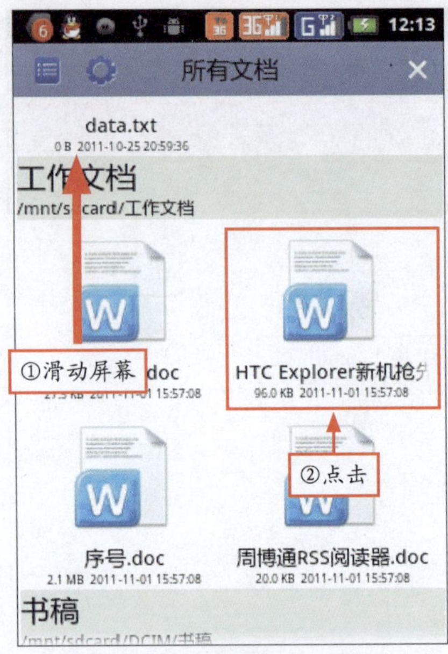

图8-26　点击需要打开的文档

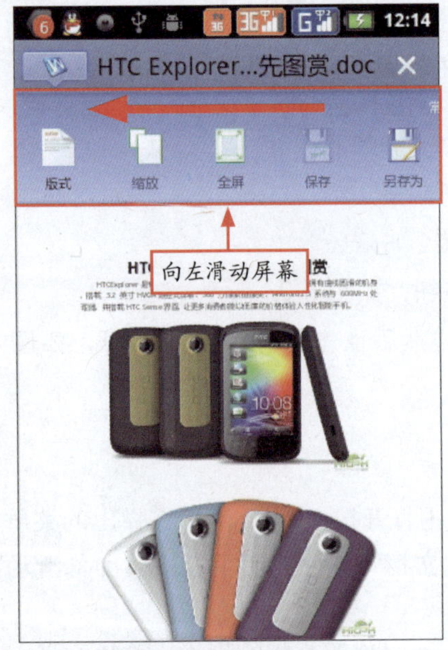

图8-27　显示功能菜单

图8-28　放大文档

点击菜单栏上的“版式”按钮，在弹出的子菜单中有“分页显示”和“网页显示”两种版式可供选择，如图 8-29 所示。在文档中需要修改的地方用手指轻按一下，即可弹出操作菜单，可以进行“选择”、“全选”、“粘贴”、“键盘”等操作，如图 8-30 所示。点击“选择”按钮后还可以进行“复制”、“剪切”等操作。

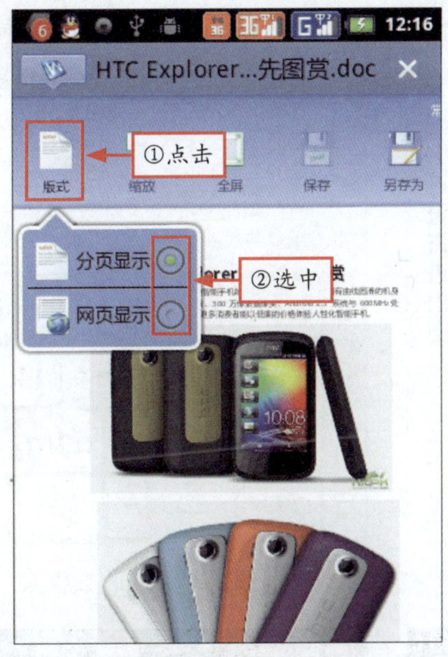

图8-29　修改文档板式

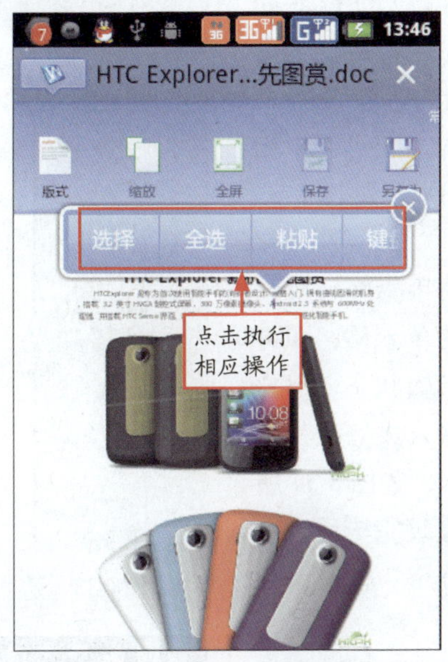

图8-30　弹出编辑菜单

8.2.3　编辑 Excel 文档

打开或者新建一个 Excel 文件，其页面和在电脑上差不多，屏幕上方会出现操作菜单，拖动单元格左上角或右下角的绿色小圆形，可以选择多个单元格，如图 8-31 所示。

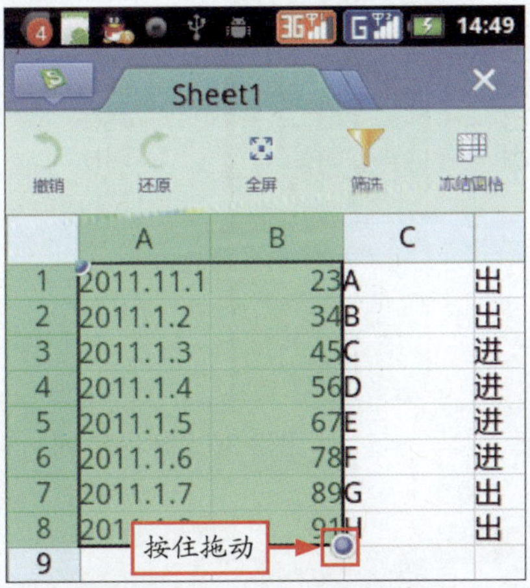

图8-31　选择多个单元格

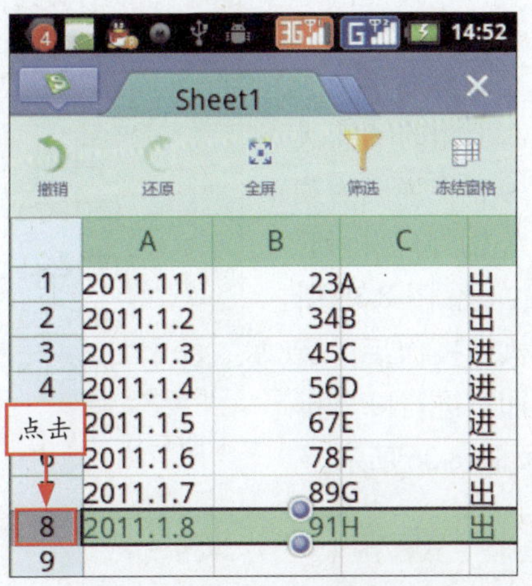

图8-32　选中相应的单元行

点击左侧的1~8任意一个数字，即可选中相应的行，如图8-32所示。点击上面的A~D任意一个字母，即可选中相应的列，如图8-33所示。

用手指轻轻双击相应的单元格，即可进入编辑状态，用户可以输入或修改其中的数据，如图8-34所示，修改完毕后，点击“确定”按钮保存即可。

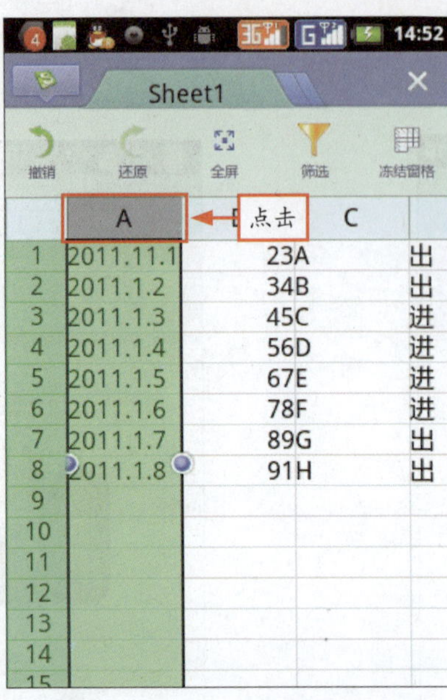

图8-33 选中相应的单元列

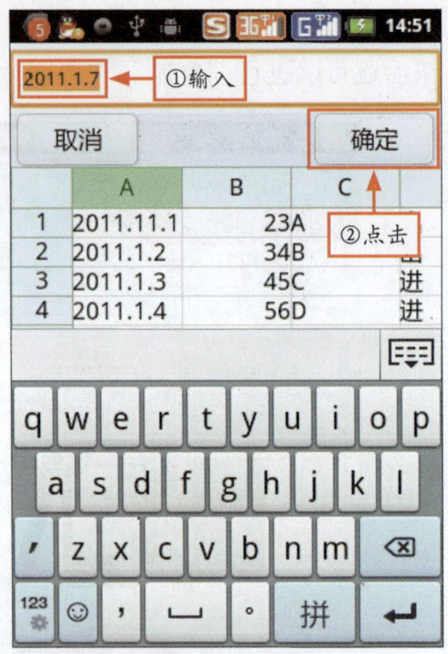

图8-34 修改数据

除了以上功能外，Kingston Office还具有对选定数据进行排序的功能。例如，对图8-33中所示的选定数据进行操作，点击菜单栏的“筛选”按钮，然后点击所选列右上角的下箭头按钮，在弹出的菜单中点击“降序排列”选项，如图8-35所示。执行操作后，所选列即可进行降序排列，如图8-36所示。

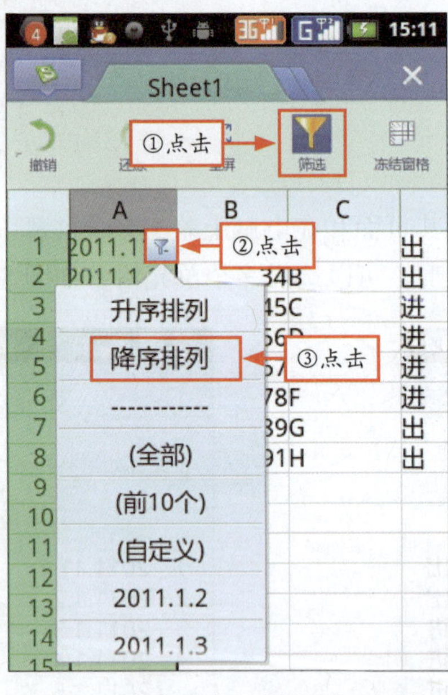

图8-35 点击“降序排列”选项

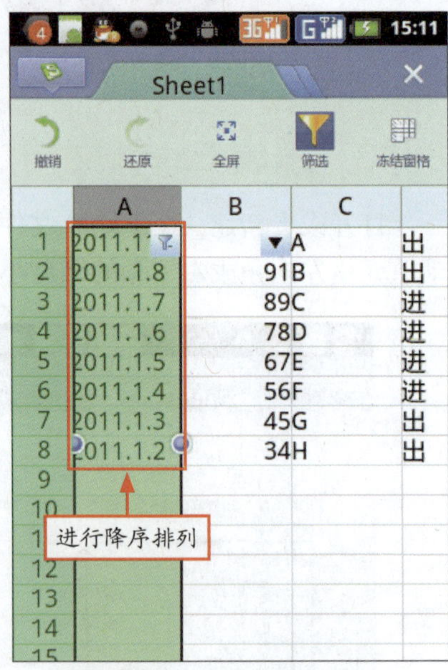

图8-36 降序排列

8.2.4 演示PPT文档

Kingston Office不仅能演示和观看PPT幻灯片，还可以对其进行修改。打开一个SD卡里面的 PPT 文件，按“menu”键打开操作菜单，如图 8-37 所示。

点击“播放”按钮，即可全屏播放 PPT 幻灯片，如图 8-38 所示，用户还可以用手指左右滑动屏幕来手动切换演示文稿。用手指点击文稿中的文字内容，还可以进入编辑界面进行编辑，使用非常方便。

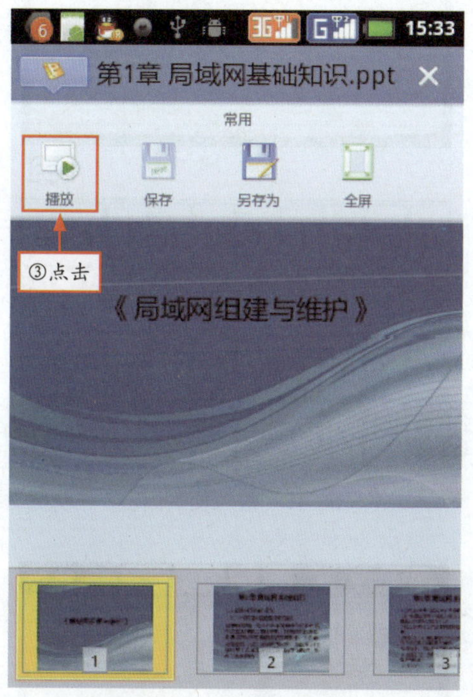

图8-37 打开操作菜单

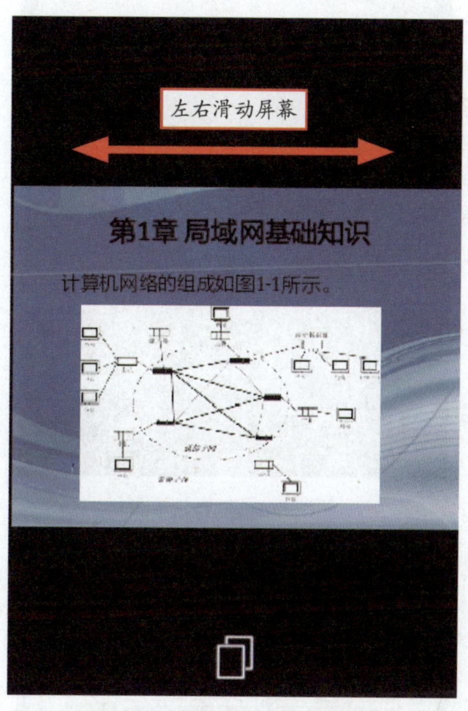

图8-38 全屏播放PPT幻灯片

8.3 管理小米便签

使用手机记事本可以随时记录学习、工作、生活、娱乐以及其他相关事项，还可以将记录的内容保存在网络上，即使你的朋友没有 Android 手机，也可以轻松查看你的笔记。小米便签是 Android 上最好的记事本工具，其丰富的功能以及用户体验良好的设计足以成为用户装机必备的工具之一。

专家提醒 使用小米便签可以很方便地创建桌面工具或添加桌面快捷方式，不进入程序中也能快捷地查看其内容；用不同的颜色来区分便签的优先级别，将任意便签设置闹钟提醒，并可用短信分享给好友。

8.3.1 新建便签

新建便签全程如图 8-39 ～图 8-46 所示。

图8-39　进入主界面

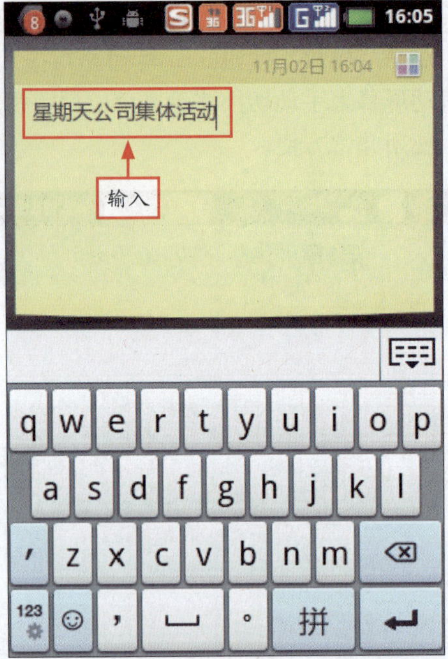

图8-40　输入便签内容

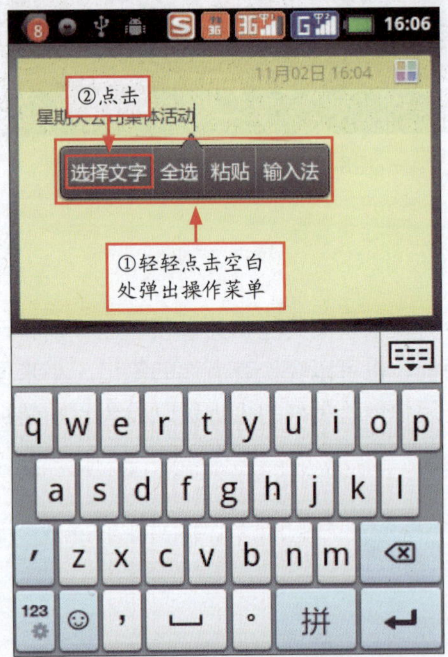

图8-41　弹出操作菜单

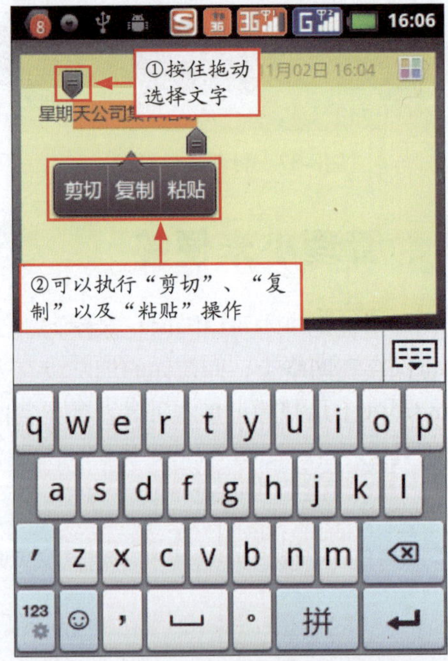

图8-42　选择文字

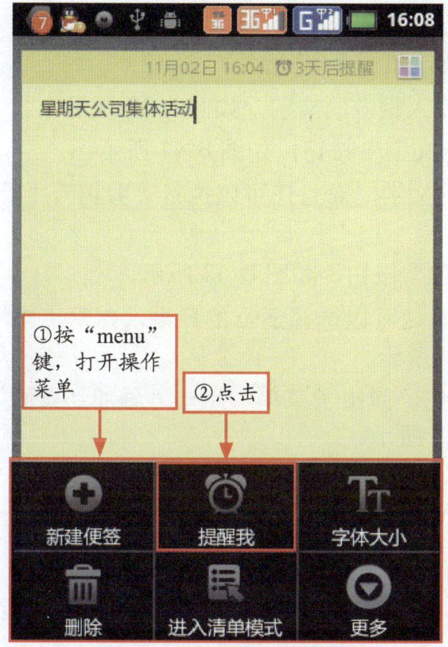

图8-43　打开操作菜单

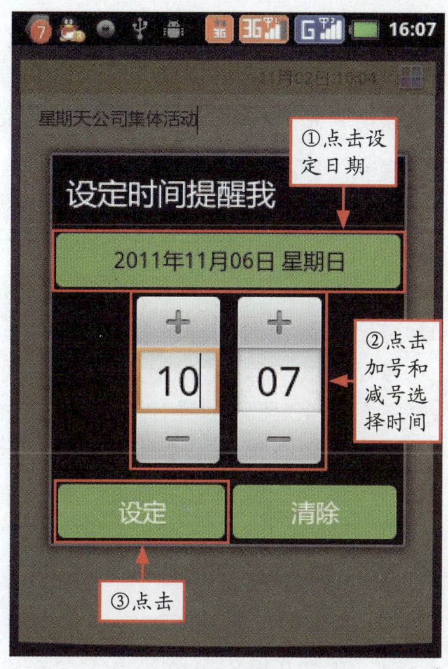

图8-44　设置提醒时间

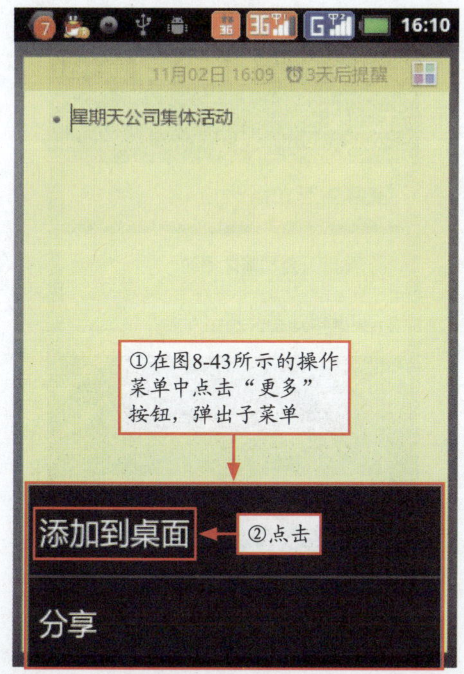

图8-45　添加到桌面

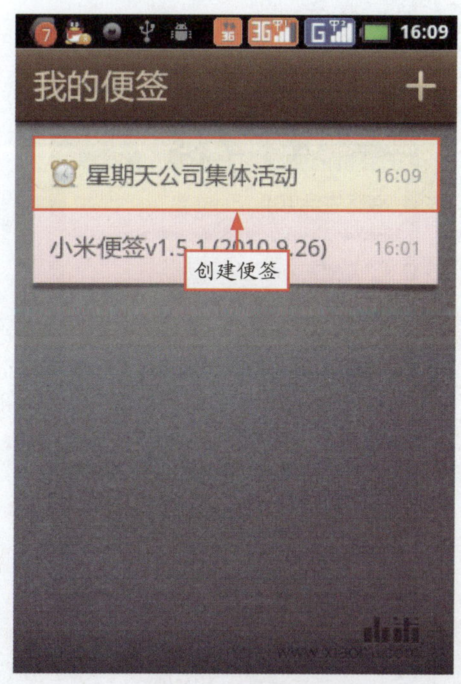

图8-46　创建便签

实战步骤：

步骤1 点击“小米便签”的快捷方式图标进入主界面，如图 8-39 所示。

步骤2 点击“新建便签”按钮，进入编辑界面，输入相应的文字，如图 8-40 所示。

步骤3 轻轻点击空白处，弹出操作菜单，点击“选择文字”按钮，如图 8-41 所示。

步骤4 用手指按住上面的滑块拖动，即可选择相应的文字，而且还可以执行“剪切”、“复制”以及“粘贴”操作，如图 8-42 所示。

步骤5 按“menu”键，打开操作菜单，点击“提醒我”按钮，如图 8-43 所示。

步骤6 弹出“设定时间提醒我”对话框，点击日期区域可以选择适当的日期，然后点击“加号”和“减号”来选择时间，如图 8-44 所示。

步骤7 在图 8-43 所示的操作菜单中点击“更多”按钮，弹出子菜单，点击“添加到桌面”选项，可以在桌面显示所添加的便签，如图 8-45 所示。

步骤8 按“返回”键返回主界面，即可看到所创建的便签，如图 8-46 所示。

8.3.2 创建文件夹

用户如果添加了很多的便签，还可以创建文件夹来管理这些便签，进入小米便签主界面后按“menu”键打开操作菜单，点击“新建文件夹”按钮，如图 8-47 所示。

弹出“新建文件夹”对话框，在文本框中输入文件夹的名称，然后点击“完成”按钮即可，如图 8-48 所示。

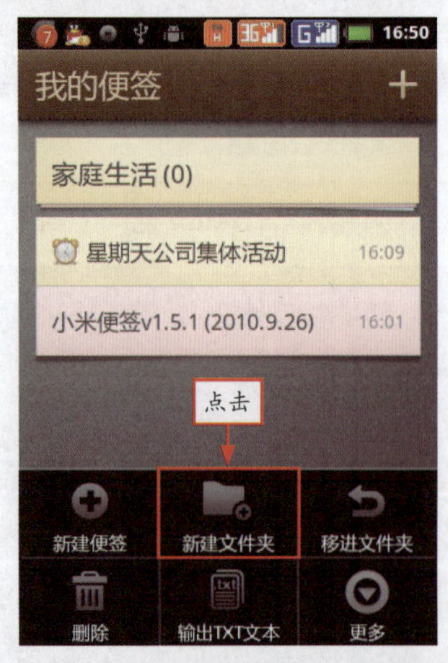

图8-47 点击“新建文件夹”按钮

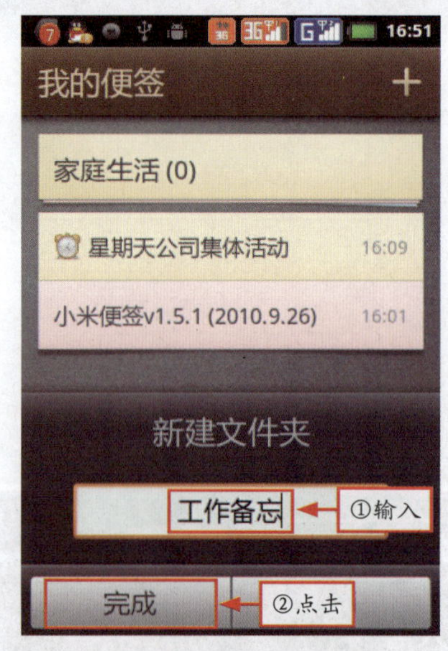

图8-48 新建文件夹

用户还可以将以前创建的便签移动到新创建的文件夹中，在如图 8-47 所示的操作菜单中点击“移进文件夹”按钮，进入如图 8-49 所示的界面，点击便签右侧的 图标已选中要移动的便签，然后点击“移进文件夹”按钮。弹出选择菜单，点击“工作备忘”文件夹即可，如图 8-50 所示。

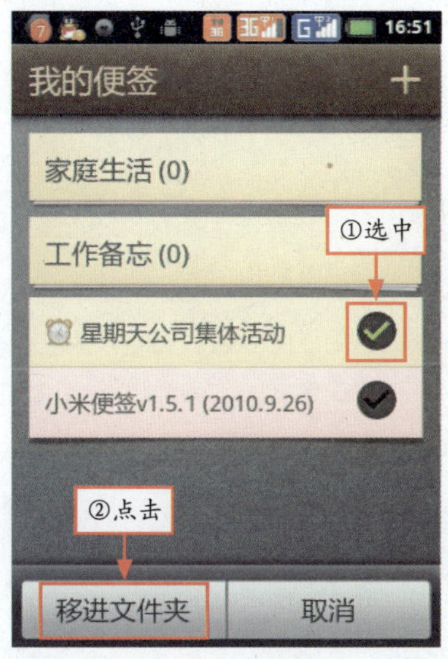

图8-49 点击“移进文件夹”按钮

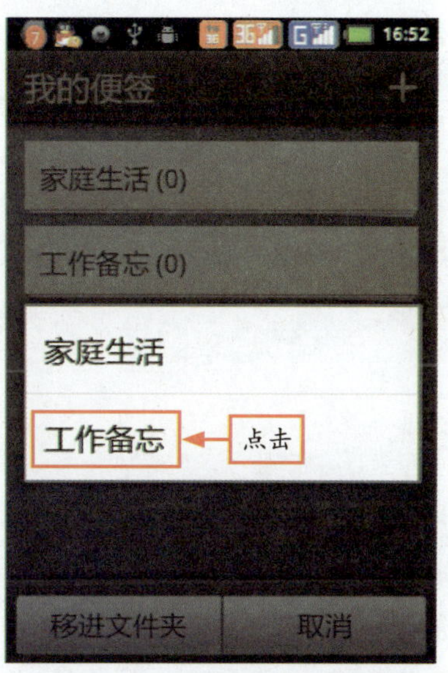

图8-50 点击相应的文件夹

执行上述操作后，即可将便签移动到“工作备忘”文件夹，如图 8-51 所示。点击“工作备忘”文件夹后可以打开该文件夹查看便签内容，如图 8-52 所示。

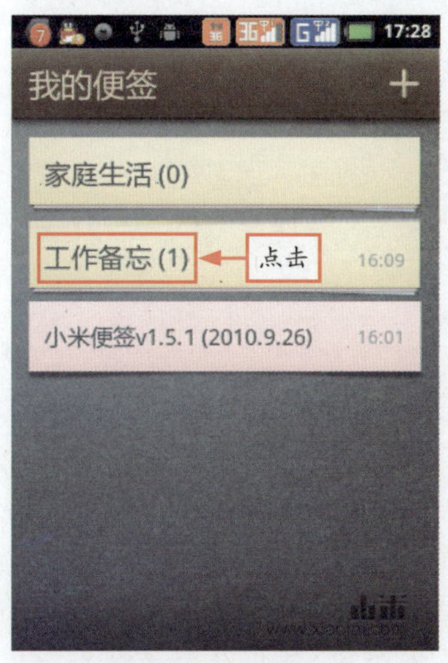

图8-51 移动便签

图8-52 查看文件夹

第 9 章 Android 轻松手机理财

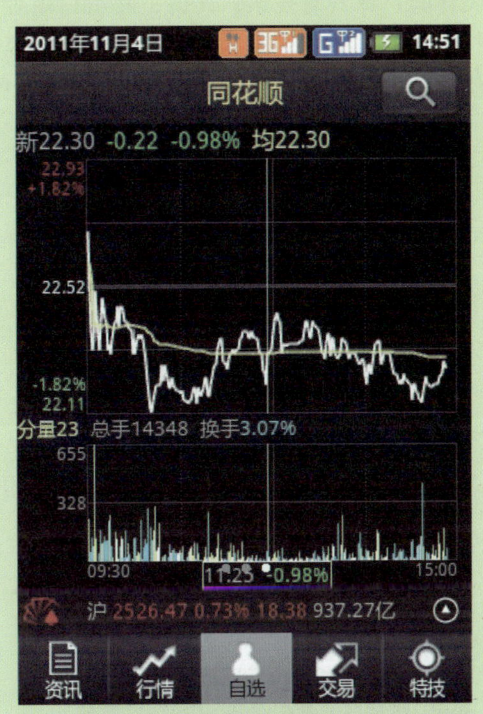

知识要点

- Android 网上购物
- Android 投资理财

9.1 Android网上购物

很多用户都有过在淘宝网上买东西的经历，在网络上购物是以前不曾想象的事情，而如今人们已经习惯那种点点鼠标、敲敲键盘就可以在家安心等着接收货品的方便。用手机淘宝则更为便利，无论身处何地，只要有信号就能信手翻看淘宝网页，一旦发现中意的商品就可立即下手，使网上购物变得更加轻松自如。

9.1.1 淘宝购物

淘宝 Android 客户端依托淘宝网强大的自身优势，整合旗下团购聚划算、品质保证淘宝商城、商品品类丰富的淘宝集市为一体，为用户提供更加方便快捷流畅、随时随地进行移动购物的完美体验；更具有搜索、比价、物流订单查询、安全支付宝支付、收藏评价、我的动态、导航、打折促销、手机专享、购物车合并付款等功能。

使用手机淘宝购物全程如图 9-1 ~图 9-8 所示。

图9-1 进入淘宝主界面

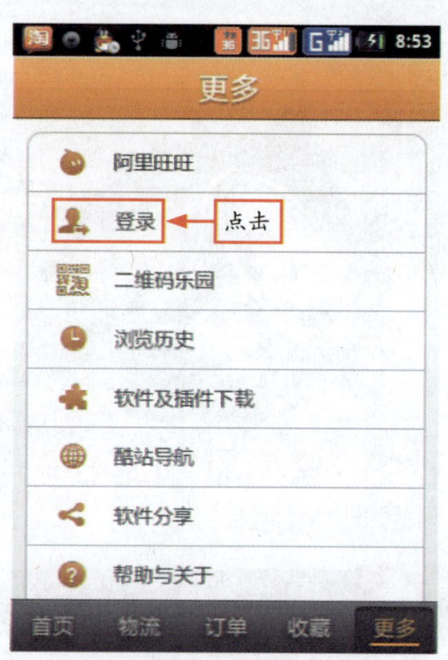

图9-2 点击“登录”选项

专家提醒 购物比价：在国美、苏宁、地铁等任何地方，通过关键词、条码，语音及二维码等多重搜索、动态比价，300万条码库条码扫描更方便，让用户购物更省钱；便民充值：话费充值、游戏点卡充值、Q币充值，简单方便，支付宝支付又快又安全；淘宝团购：海量商品实惠出售，畅享聚划算的乐趣；折扣优惠：店铺热销商品、天天特价单品，更多手机专属优惠折扣，同城购物更优惠；物流查询：宝贝物流实时更新，让用户随时随地跟踪物流状态；类目浏览：找准目标，快速直达；阿里旺旺：客户端直接启动阿里旺旺，支持与多个卖家实时联系沟通，无需下载安装旺旺客户端。

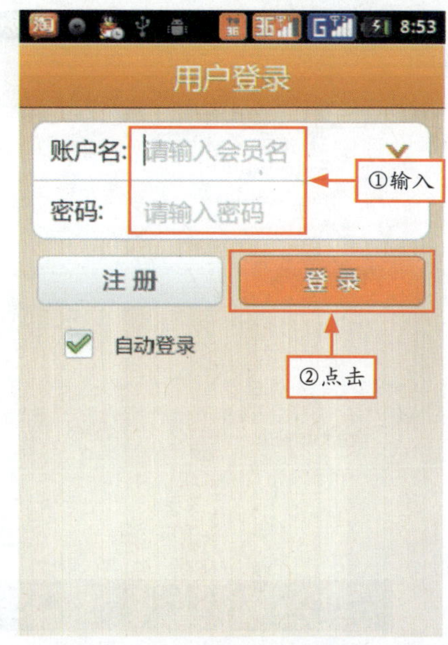

图9-3　进入登录界面

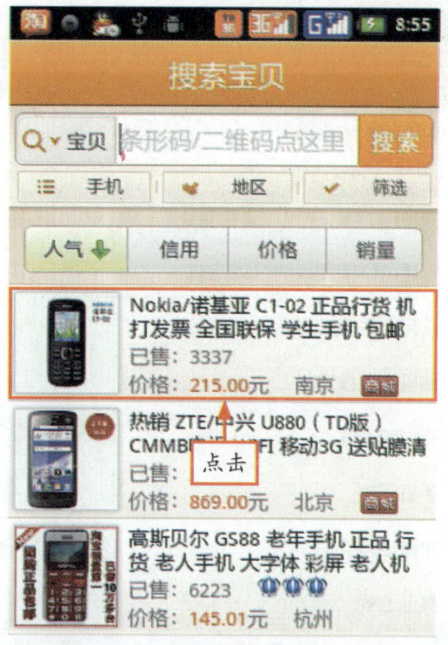

图9-4　点击相应商品

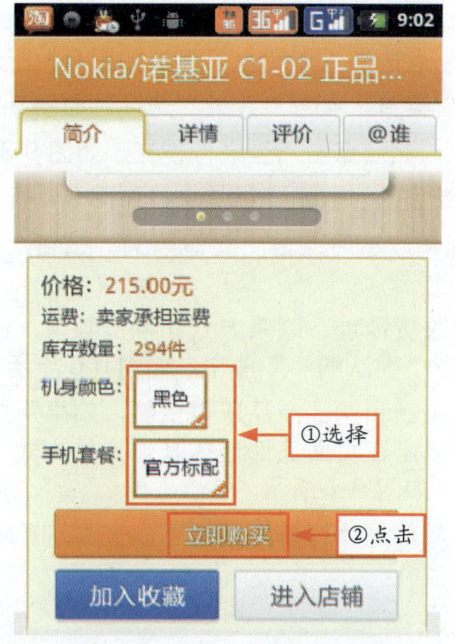

图9-5　购买商品

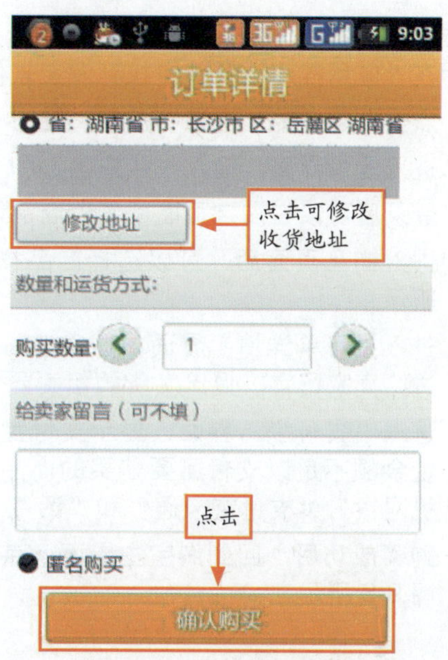

图9-6　查看订单详情

专家提醒 手机淘宝带有彩票及机票的专属购物通道，还有省流量的小图版和高清的大图版浏览。另外，可同步新浪微博，通过图片、文字、二维码、短信与好友分享优惠。

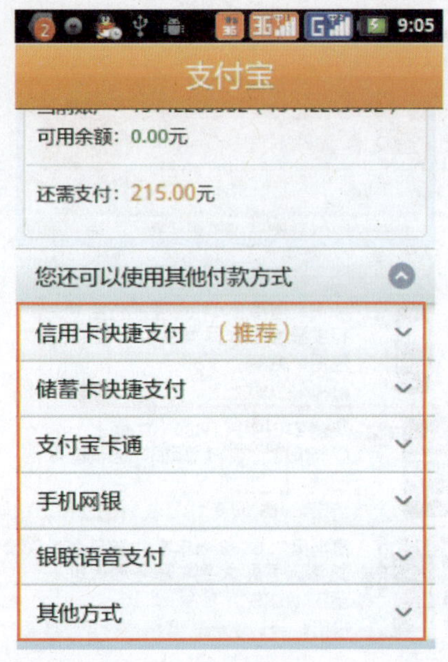

图9-7 选择支付方式

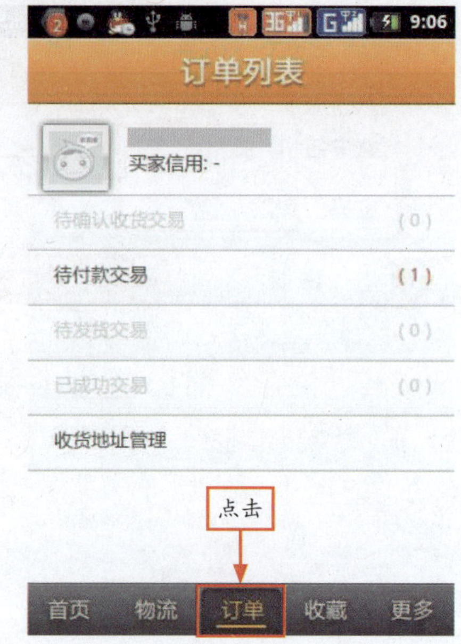

图9-8 查看订单列表

实战步骤：

步骤1 在“应用程序”菜单中找到淘宝软件图标，点击进入淘宝主界面，如图 9-1 所示。

步骤2 点击右下角的“更多”按钮，弹出“更多”菜单，点击“登录”选项，如图 9-2 所示。

步骤3 进入登录界面，输入“账户名”和“密码”，然后点击“登录”按钮，如图 9-3 所示。

步骤4 登录后可以在淘宝页面中浏览商品，点击商品图标查看详细信息，如图 9-4 所示。

步骤5 进入商品页面后，可以选择商品样式和套餐，然后点击“立即购买”按钮，如图 9-5 所示。

步骤6 进入“订单详情”界面，这里填写详细的收货地址、联系方式和购买数量，还可以通过给卖家留言，提出发货的相关要求，点击“确认购买”按钮，如图 9-6 所示。

步骤7 进入“支付宝”界面，显示支付宝的账户余额和购买商品所需金额，如果用户的支付宝余额不足以支付所要购买的商品，也可以坐在页面底部选择其他支付方式，如“手机网银”、“支付宝卡通”和“话费卡”等，如图 9-7 所示。

步骤8 购买成功后，回到淘宝主界面，点击页面底部的“订单”按钮可以查看订单情况，如图 9-8 所示。

9.1.2 凡客诚品

VANCL（凡客诚品），由欧美著名设计师领衔企划，让用户以中等价位享受奢侈品质，提倡简约、纵深、自在、环保。凡客诚品客户端最大的特色，就是每天都提供秒杀商品，让用户用手机也能秒杀性价比高的衣服、鞋袜，同样方便，而且价格还要更低。

使用凡客诚品购物全程如图 9-9 ～图 9-14 所示。

图9-9　进入凡客诚品主界面

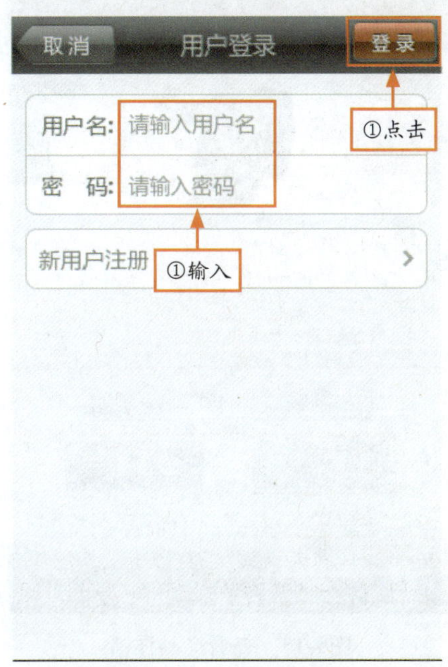

图9-10　登录凡客诚品

图9-11　进入“产品分类”界面

图9-12　点击相应商品

图9-13　查看产品详情

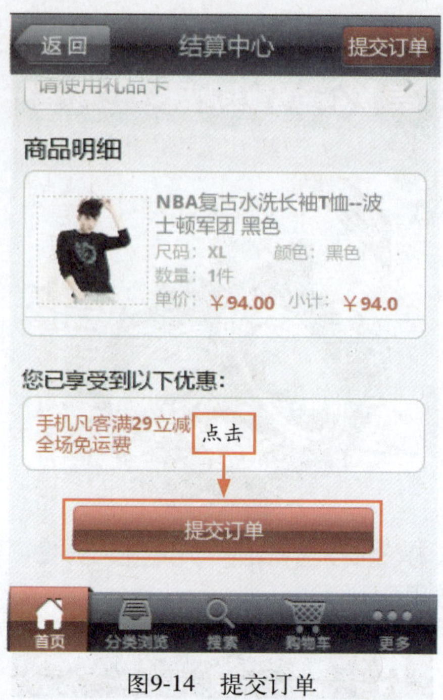

图9-14　提交订单

实战步骤：

步骤1 点击凡客诚品图标进入其主界面，如图 9-9 所示。

步骤2 点击右上角的“登录”按钮，进入“用户登录”界面，输入“用户名”和“密码”，点击右上角的“登录”按钮即可登录，如图 9-10 所示。

步骤3 点击下面的“分类浏览”按钮进入“产品分类”界面，如图 9-11 所示。

步骤4 选择相应产品分类后，点击商品查看详情，如图 9-12 所示。

步骤5 选择商品的“颜色”和“尺码”，然后点击“立即购买”按钮，如图 9-13 所示。

步骤6 进入“结算中心”界面，这里填写详细的收货地址、联系方式和购买数量，点击“提交订单”按钮，如图 9-14 所示。

> **专家提醒** 凡客诚品的支付方式与淘宝差不多，此处不再赘述。此外，与网页版相比，针对手机客户端的阅读方式，对商品资料、图片等都做了重新排版，让用户更加方便地浏览到不同商品的信息，以便做出选择。

9.1.3　团购大全

团购大全 Android 客户端是团 800（www.tuan800.com）为手机用户推出的免费团购应用软件，提供每日最新团购信息，具有团购信息查询、收藏、管理、导航等功能，为用户带来方便快捷的手机团购体验。完美支持 Android 1.6 及以上系统安卓手机和平板电脑。新版本体积更小，速度更快！

团购大全的应用特色如下。

- 全新的移动团购体验：每日精心分类的团购信息，让用户在指尖随心所欲地团购。上班路上，回家途中，闲暇时间，随时随地关注精品团购，如图 9-15 所示。
- 大中城市全面覆盖：支持全国 85 个城市，无论身处何方，都有用户喜欢的团购信息，如图 9-16 所示。

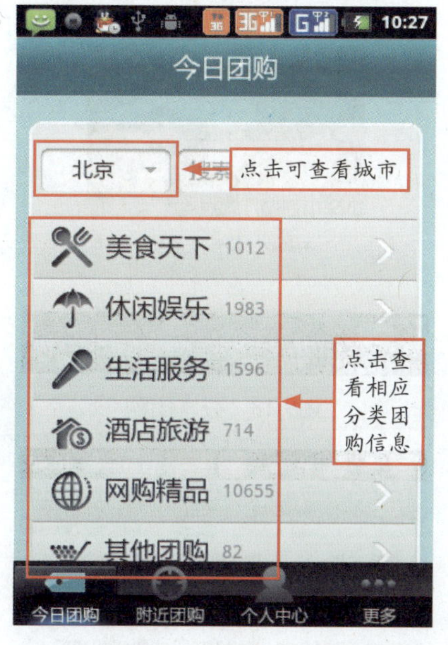

图9-15　团购信息分类

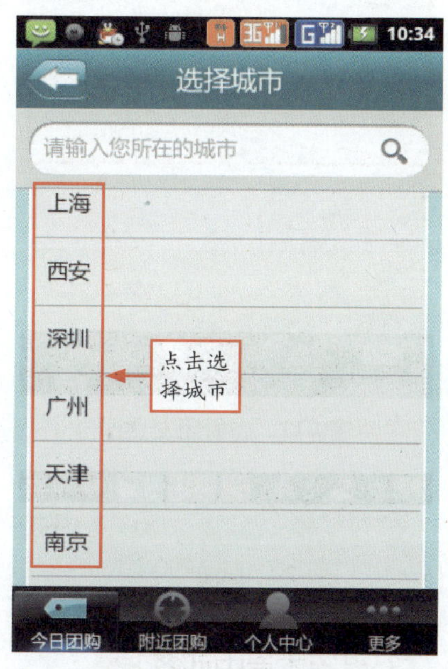

图9-16　选择所在城市

- 做个智慧的团购控：先查看团友的点评，再决定是否下单，还有参团人数、店铺分布、网站评分等信息供用户参考，如图 9-17 所示。
- 轻松无忧的团购生活：手机客户端同步共享 PC 端的收藏、已买信息；浏览记录功能方便查看最近浏览过的所有团购信息，并可通过短信和邮件与亲朋好友一起分享，如图 9-18 所示。
- 近在咫尺的附近团购：汇集用户身边的团购信息，是远是近一目了然！无论在公司还是家里，想团购就团购。更有地图模式，身边的团购商家看得见，如图 9-19 所示。
- 更多精彩功能：类别筛选——分类查找更方便，缩小范围，事半功倍；排序查找——要看价格最低、折扣最大、最新发布的团购信息，排序就搞定；文字模式——只要文字不要图，流量更少，响应加速，如图 9-20 所示。

专家提醒 团购大全近期更新：增加用户通过地图自定义并保存经常团购位置的功能；增加手机注册、激活功能，个人中心享受更多会员特权；完善缓存机制，数据读取速度更快、流量更省；优化定位机制，修正了部分机型无法获取位置信息的问题；调整界面设计，提升用户浏览体验。

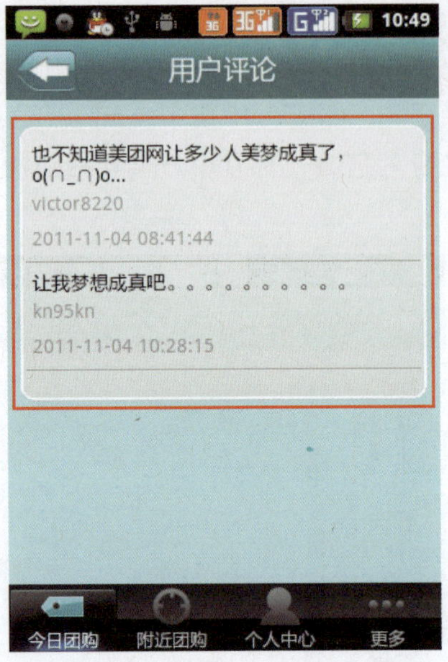

图9-17　查看团友点评

图9-18　分享团购

图9-19　查看团购商家地图

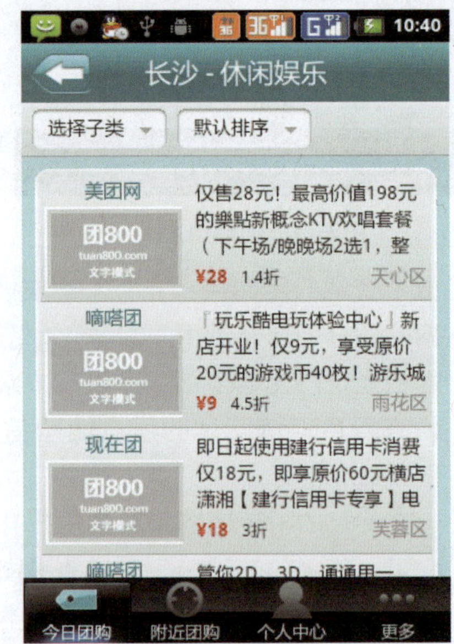

图9-20　文字模式

9.1.4　赶集生活

赶集网是目前中国最大的分类信息门户网站，提供房屋租售、二手物品买卖、招聘求职、车辆买卖、宠物票务、教育培训、同城生活以及交友、团购等众多本地生活及商务服务类信息，已在全国 343 个城市开通了分站，服务遍布人们日常生活的各个领域。

使用赶集生活查看商品信息全程如图 9-21 ～图 9-26 所示。

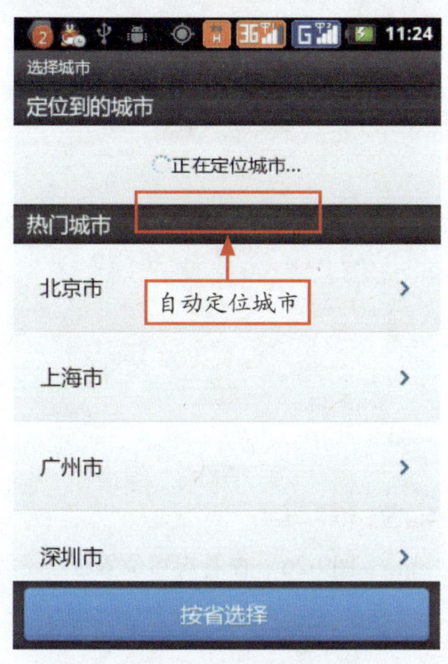

图9-21　定位城市

图9-22　进入赶集生活主界面

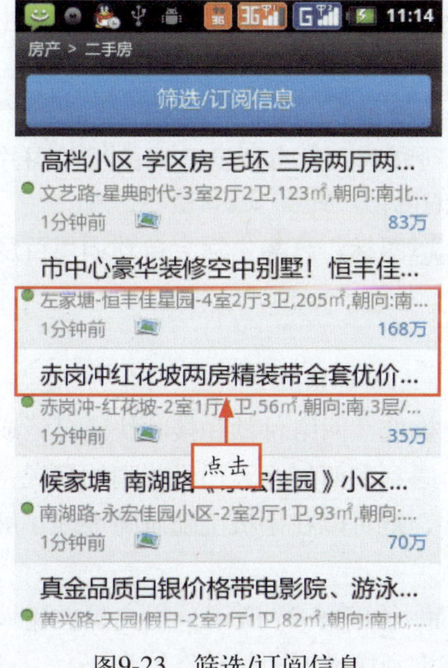

图9-23　筛选/订阅信息

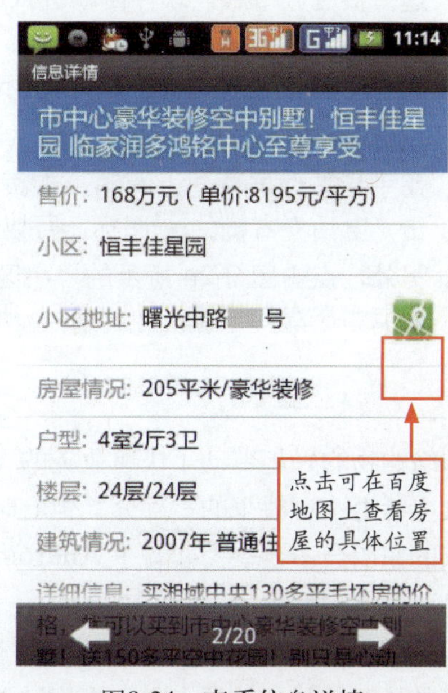

图9-24　查看信息详情

图9-25　点击“电话”按钮

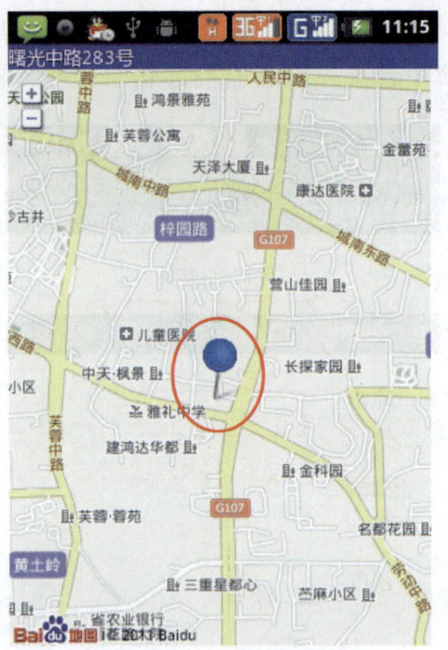

图9-26　查看房屋位置

实战步骤:

步骤1 首次运行软件时，赶集生活会自动定位用户所在的城市，如图 9-21 所示。

步骤2 选择相应城市后，软件自动进入赶集生活主界面，如图 9-22 所示。

步骤3 点击进入相应的分类信息界面，用户可以筛选或订阅各种商业以及生活信息，此处以二手房信息为例，如图 9-23 所示。

步骤4 点击即可查看相应二手房屋信息详情，如图 9-24 所示。

步骤5 用手指按住屏幕向上滑动，在页面下面可以看到联系人信息以及房屋的相关图片，点击“电话”右侧的图标，可以直接拨联系人的电话，如图 9-25 所示。

步骤6 另外，点击图 9-24 所示的“小区地址”右侧的图标，赶集生活会自动调用百度地图来显示房屋的位置，如图 9-26 所示。

9.1.5　快递查询

网络购物的兴起带动了快递业务的飞速发展，网上挑选、网络付款和接收快递已经成了很多网友生活中不可缺少的一部分。但有时网友经常也会遇到东西好几天还没收到的情况，担心自己买的东西会不会寄丢。有了 Android 快递查询软件，就可以在手机上随时随地地了解自己的物品到底寄到哪里了。

运行快递查询软件后，默认进入“快递查询”界面，如图 9-27 所示。用户只需输入所购买商品的快递单号，然后点击“查询”按钮即可显示查询到快递的即时动态信息。

另外，还可以查询不同城市之间的运费，点击下面的“运费”按钮进入“运费查询”界面，选择相应的起点城市和终点城市，输入物品的重量，如图 9-28 所示。点击“查询”按钮，即可显示各个快递公司的运费、时间以及付账方式等资料，如图 9-29 所示。点击下面的“网点”按钮，还可以查询所在城市的快递网点的详细信息，如图 9-30 所示。

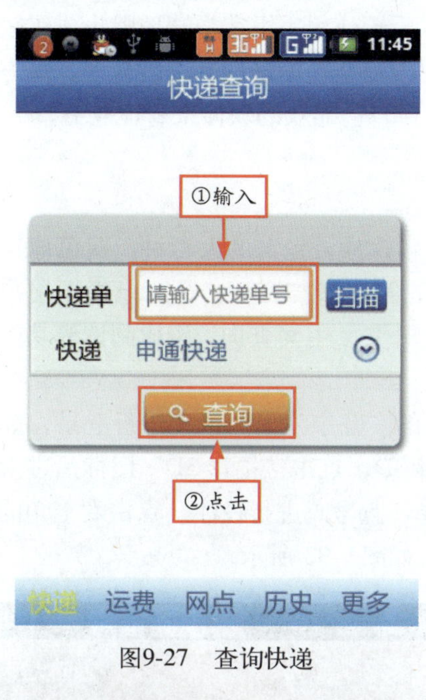

图9-27　查询快递

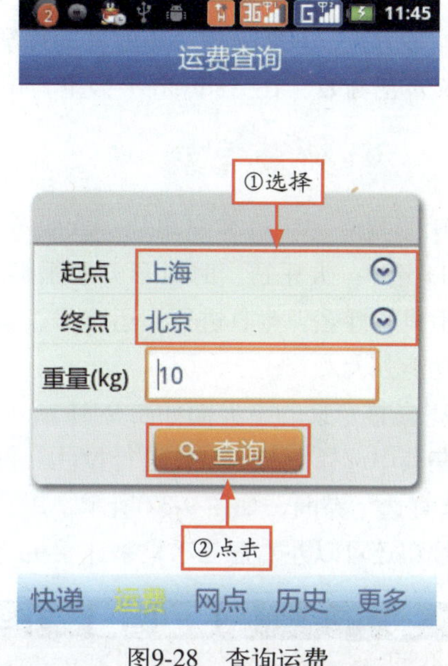

图9-28　查询运费

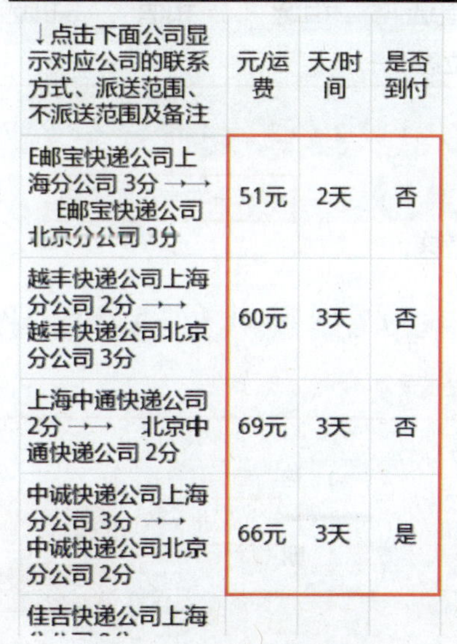

↓点击下面公司显示对应公司的联系方式、派送范围、不派送范围及备注	元/运费	天/时间	是否到付
E邮宝快递公司上海分公司 3分 →→ E邮宝快递公司北京分公司 3分	51元	2天	否
越丰快递公司上海分公司 2分 →→ 越丰快递公司北京分公司 3分	60元	3天	否
上海中通快递公司 2分 →→ 北京中通快递公司 2分	69元	3天	否
中诚快递公司上海分公司 3分 →→ 中诚快递公司北京分公司 2分	66元	3天	是
佳吉快递公司上海			

图9-29　查看运费详情

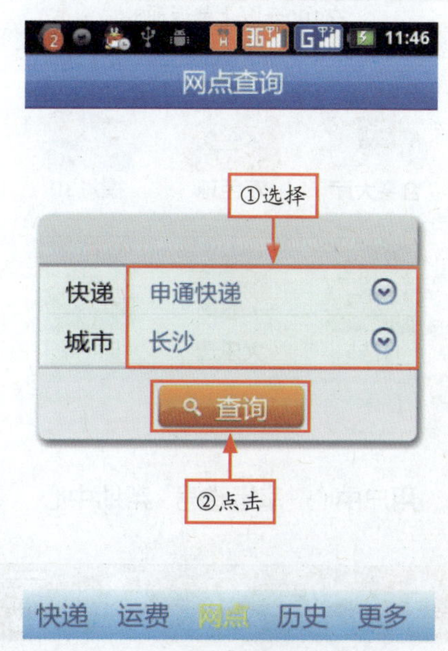

图9-30　查询网点

9.2 Android投资理财

移动生活无处不在的今天，人们早已习惯于在银行之外的其他终端上办理或使用各项金融服务。尤其近年来，电子商务的发展速度非常迅速，以至于使用手机客户端理财也成了较为常见的一种方式，只要通过小小的移动终端就可以对股票、基金等理财产品进行管理，既方便实用，又灵活高效。在 Android 平台上，用户可以随意选择自己喜欢的软件来管理业务。

9.2.1 91 彩票专家

91 彩票专家手机客户端是一款服务全国彩民的购彩软件，包含 8 大彩种，双色球、福彩 3D、11 选 5、大乐透、时时彩、七乐彩、排列三足彩，可以参与合买，还可以根据用户的星座、生肖、姓名、生日进行幸运选号。本软件集充值、开奖、中奖查询，资讯阅读等功能于一身，功能强大。

91 彩票专家的主界面如图 9-31 所示，点击右上角的“登录注册”按钮进行登录，登录后即可在其中选择彩票类型，进行投注。例如，选择福彩 3D，点击“福彩 3D”图标后进入“福彩 3D 直选”界面，如图 9-32 所示，用户可在其中选择任意号码进行投注。点击右上角的“机选”按钮还可以左右摇晃手机来让手机选择随机号码，如图 9-33 所示。

图9-31　91彩票专家主界面

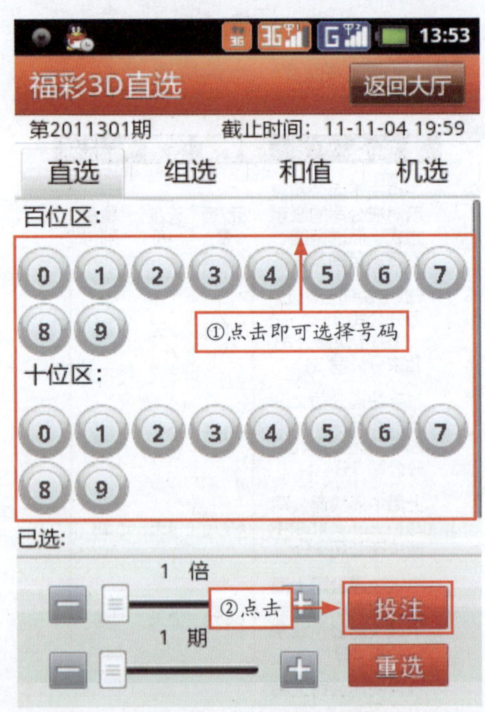

图9-32　福彩3D直选界面

在 91 彩票专家的主界面中，点击下面的“开奖公告”按钮，可以查看 8 大彩种的最近一期的开奖号码，如图 9-34 所示。

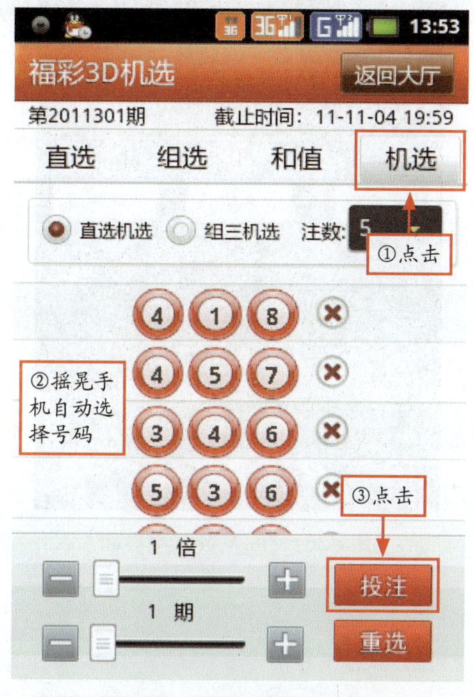

图9-33　选择随机号码

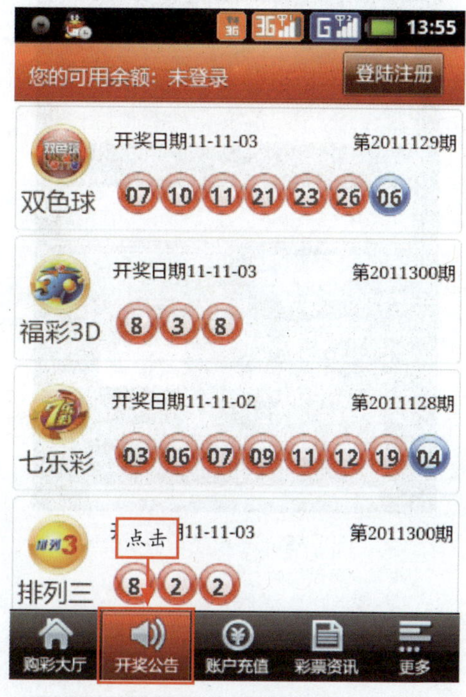

图9-34　开奖公告

专家提醒 多种渠道免费下载91彩票客户端，适用于各大手机厂商的全部主流手机型号，功能设计容易上手，即装即用。各种玩法开奖号码第一时间更新，历史开奖数据丰富翔实，专家推荐精准专业，有多项增值服务及分析工具可供选择。91彩票手机客户端与各大支付系统强强合作，彩民无需通过电脑，在手机上即可实现转账和购买彩票。绑定手机后，中奖信息通过手机短信和客户端两种渠道通知本人。

9.2.2　同花顺证券

同花顺全新 Android 版手机炒股软件，不仅支持沪深股市、全球股市、基金、期货、股指期货等行情的免费查询，更是加入了 Level-2、神奇电波、智能选股等决策分析特色功能。并且根据股民需求和使用习惯，对资讯、个股报价、分时 K 线页面等进行了全新改进，使用和查看更加方便。在委托交易方面，采用了和电脑端相同加密模式技术，投资者可放心随时随地在线交易股票。

运行同花顺软件后，首先进入登录界面，如图 9-35 所示。输入账号和密码之后点击“登录”按钮即可进入同花顺主界面。主界面显示自选股票当日的价格和涨跌幅度，如图 9-36 所示。

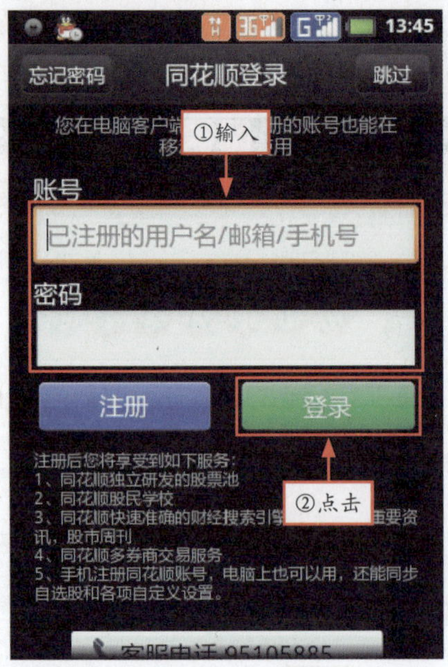

图9-35　进入登录界面

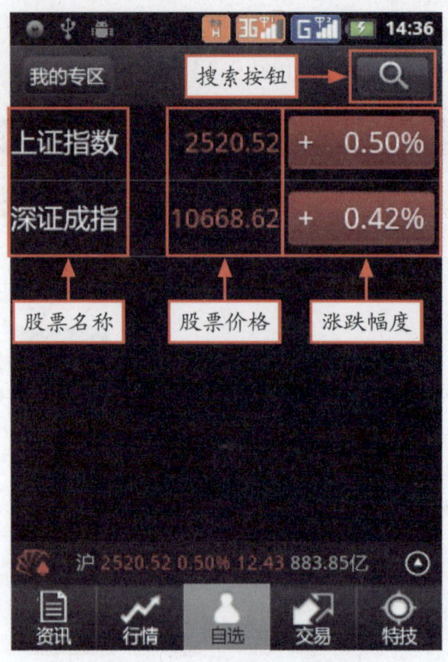

图9-36　“同花顺”主界面

1．查看股票详情

查看股票详情全程如图 9-37 ～图 9-44 所示。

图9-37　查看自选股

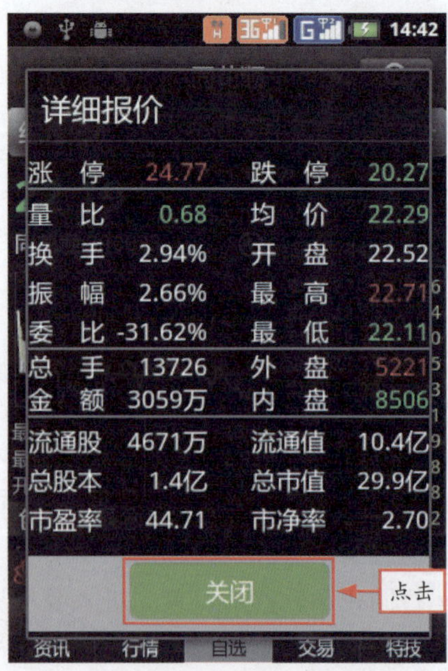

图9-38　查看详细报价

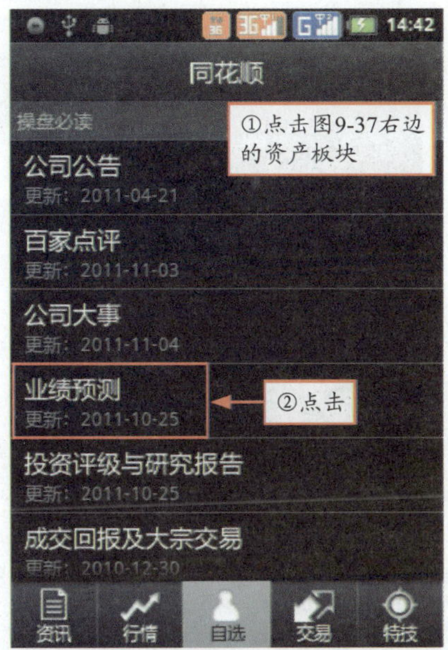

图9-39 查看公司最新动态

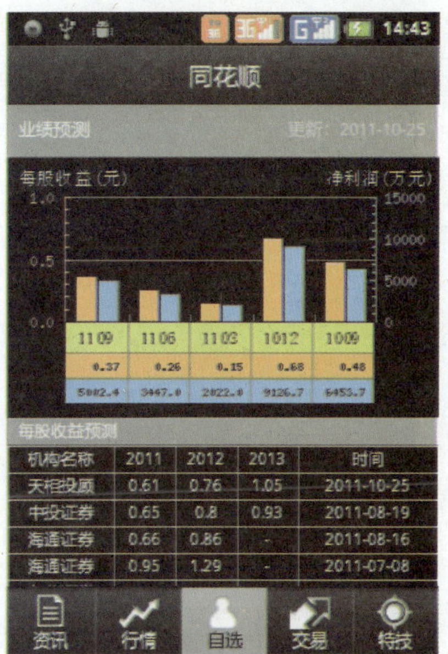

图9-40 公司业绩详情

图9-41 打开操作菜单

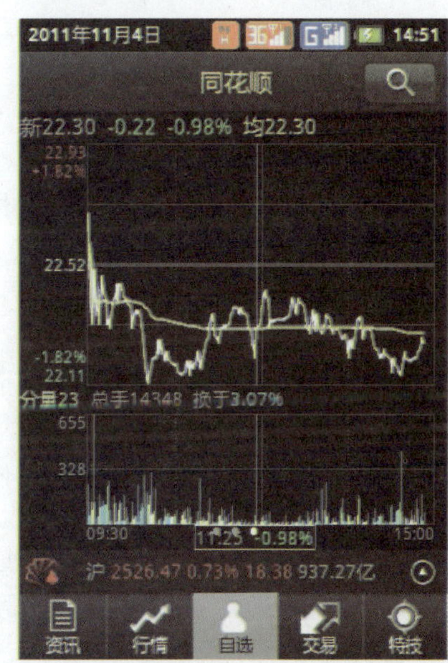

图9-42 查看分时行情

专家提醒 同花顺开发了全球指数的功能，以便于同花顺用户“炒股不出门，便知天下市”。当前，同花顺全球金融版是国内首款能够看到全球指数实时走势的网上交易软件。

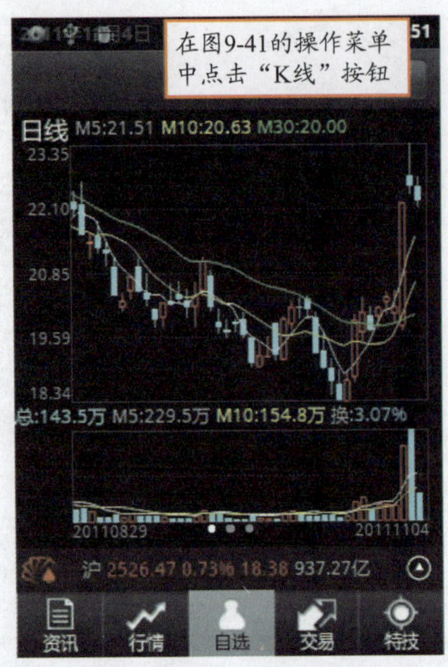

图9-43 查看K线图

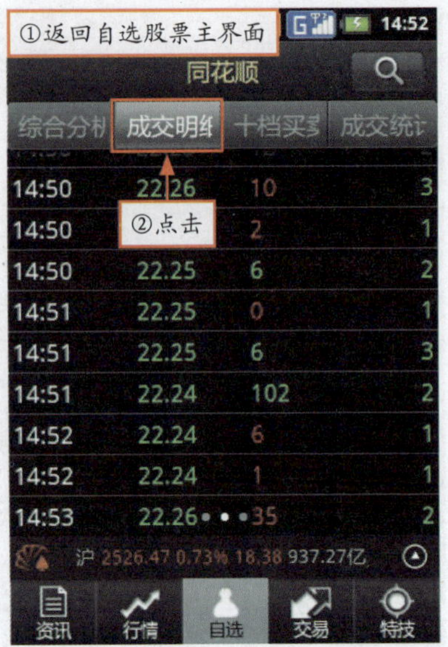

图9-44 查看成交明细

实战步骤：

步骤1 在自选股票界面中直接点击股票名称，程序将在整个屏幕主页内显示所选股票的综合分析，如图 9-37 所示。

步骤2 点击左上方的价格板块，弹出“详细报价”对话框，显示当日的股票资金动向，如图 9-38 所示。

步骤3 点击图 9-37 右边的资产板块，即可进入相应页面查看该公司的最新动态，如图 9-39 所示。

步骤4 点击“业绩预测”选项进入其界面，可分别以图和表的形式查看该公司的近期业绩详情，如图 9-40 所示。

步骤5 返回自选股票的综合分析界面，按【menu】键打开操作菜单，如图 9-41 所示。

步骤6 点击“时分”按钮可以查看股票的分时行情，如图 9-42 所示。

步骤7 在图 9-41 的操作菜单中点击“K 线”按钮，即可查看股票的 K 线走势图，如图 9-43 所示。

步骤8 除了综合分析之外，在自选股票界面中，还可以通过顶部的菜单栏点击查看“成交明细”、“十档买卖”、“成交统计”等详细信息，如图 9-44 所示为“成交明细”的详细信息。

2．使用其他功能

在任意显示主界面中点击右上角的“放大镜”按钮，可以进入搜索栏，直接输入股票的代码或字母缩写，即可查询到相关的股票信息，如图 9-45 所示。除了自选板块之外，同花顺还提供了“资讯”、“行情”、“交易”和“特技”4 大板块的功能。

- “资讯”板块又分为“每日精选”、“自选股”、“搜牛”和“栏目导航”4个项目，分别如图9-46～图9-49所示。

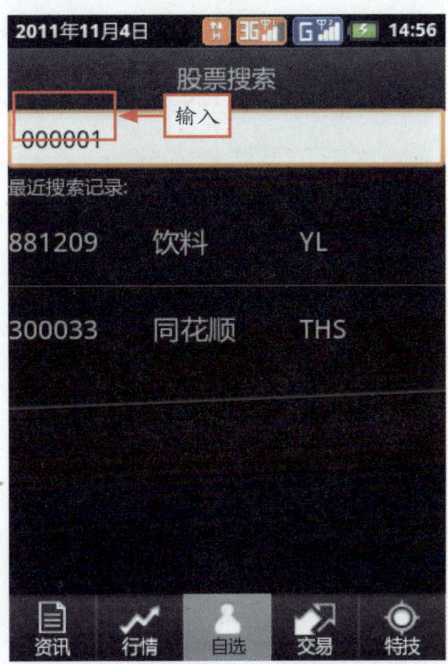

图9-45　查询相关的股票信息

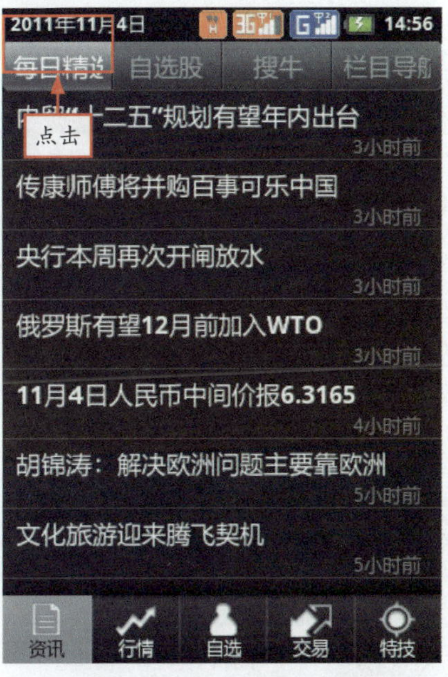

图9-46　“每日精选”界面

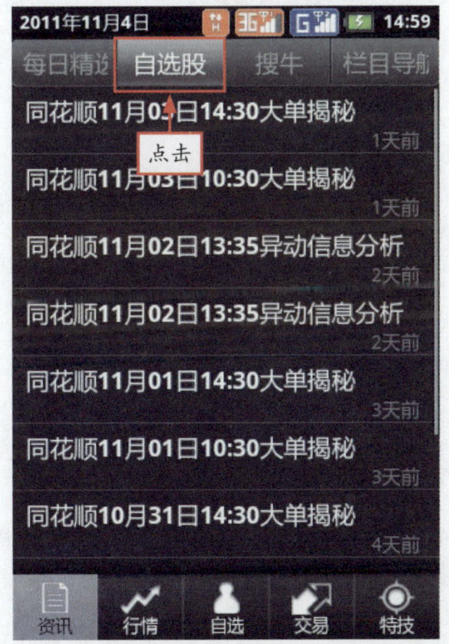

图9-47　“自选股”界面

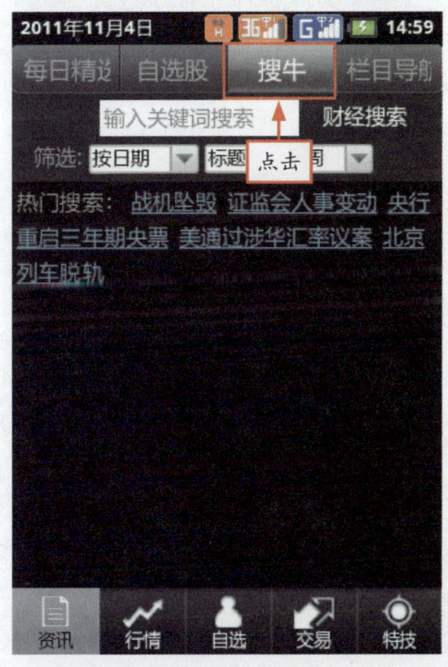

图9-48　“搜牛”界面

- 在“行情”板块中，所有股票将按照涨幅百分比从大到小的顺序依次排列，用户可以方便地查看绩优股的情况，如图 9-50 所示。

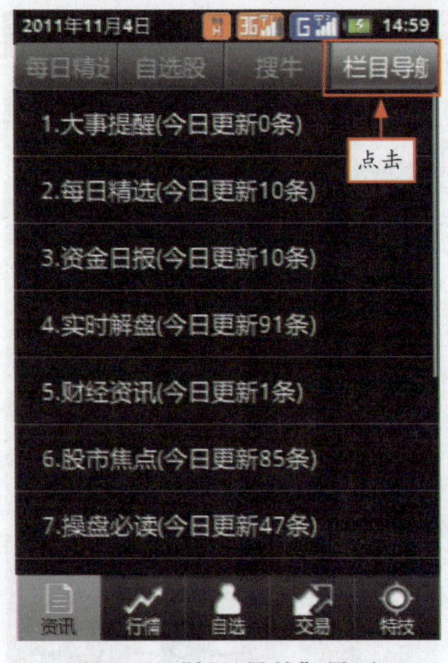

图9-49 “栏目导航”界面

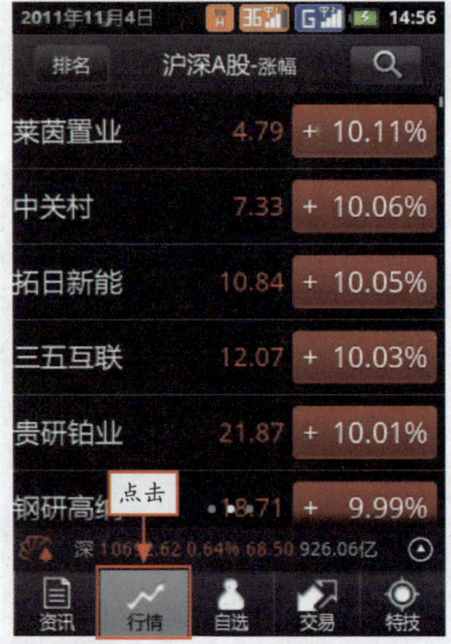

图9-50 “行情”板块

- 在“交易”板块将显示开户券商的名单，用户也可以在页面顶部的搜索框中直接输入商户的名称进行查找。
- “特技”板块和“资讯”板块类似，由不同的项目组成，分别是“神奇电波”、Level-2 和“智能选股”3 个项目。

> **专家提醒** 同花顺2011新版延续历史版本优秀性能，并从程序，服务器等各方面进行升级优化，软件性能更加稳定。新版还对工具栏、实时解盘提示框等进行了界面优化，操作更便捷。免费支持包括华泰、中信、中金、招商、广发、财通、银河等国内超过85%的券商在线交易。软件内置数百条经典技术指标供股民选择，技术指标可自由修改添加。每日提供近万条行业财经和个股F10价值资讯供股民第一时间掌控。A股和美股的关系互动越来越密切，而同花顺2011全新支持美股行情，通过软件可直接查看包括在美上市的中国概念股，标普成分股等。加入上证和深证Level-2中揭示主力资金进出的核心指标“主力买卖”，为投资者降低股市风险。同花顺模拟炒股是国内最专业、真实、便捷的免费模拟炒股平台。

9.2.3 天天基金

随着人们生活水平的提高和对于资产增值意识的逐渐加深，越来越多的人开始接触基金，并加入到购买基金的行列中。

在用户外出时，往往不能方便地在电脑上查看最新的基金情况。而 Android 的出现，让手机成为电脑的接班人，可以随时随地连接网络成为基金平台的移动客户端。

在安卓电子市场或91手机助手中已经有许多基金软件平台，下面以“天天基金”为例为用户介绍使用手机查看基金的方法。

天天基金网作为国内访问量最大、用户影响力最大的基金网站一直致力于为广大的基民服务。使用天天基金可以查询每日基金净值，根据不同条件进行基金排序，设置自选基金，添加基金时可以根据代码名称拼音查询。

运行天天基金后即可进入其主界面，在主界面中显示了所有基金的最新净值明细信息，如图9-51所示。选择某一个具体基金，点击进入基金明细界面，可以查看基金近期的分时走势图，如图9-52所示。点击右上角的★图标可以将该基金添加到“我的基金列表”。

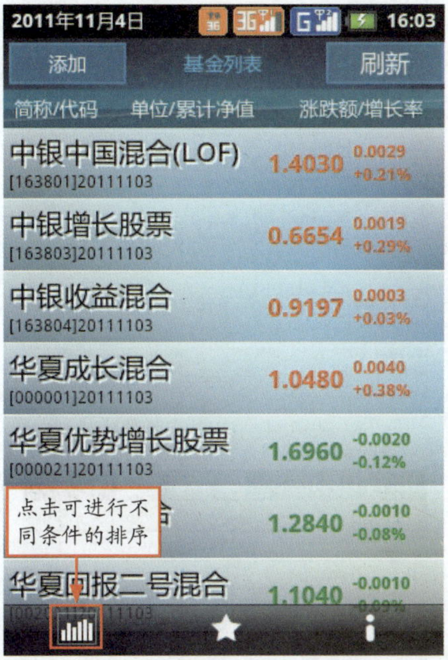

图9-51　“天天基金”主界面

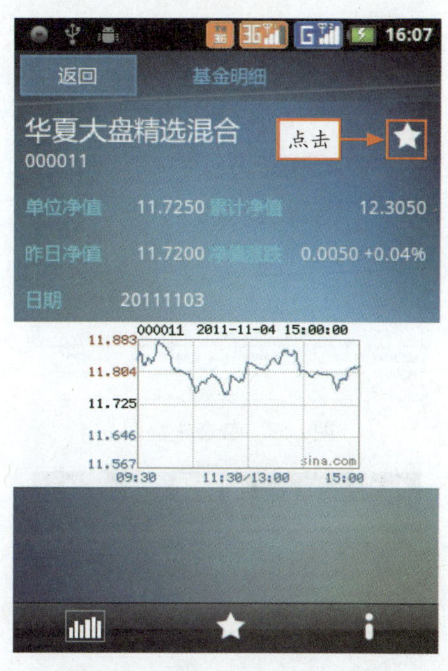

图9-52　进入“基金明细”界面

9.2.4　黄金价格实时查看器

世界黄金白银协会当天公布的报告显示，2011年第二季度，全球黄金需求量为919.8吨，价值折合445亿美元，达到全球黄金季度需求量历史第二高位。黄金价格实时查看器是一款非常实用的软件。只要在手机中安装了Andriod智能手机黄金价格实时查看器，手机就不再是一个简单的电话，而是一个能随时都可为用户提供信息和进行交易的终端设备。

Android智能手机黄金价格实时查看器主要功能如下：可以详细查看国际黄金白银的价格和3日内金银价走势图，包括即时，当日以及以往每日、每月、每年的历史走势，如图9-53和图9-54所示；可以24小时查看股票，期货信息，包括A股、港股，以及全球各大股市的股票信息，各国外汇和全球各大期货市场的各类期货信息，如图 9-55 所示；数据实时更新；可以对用户自己买卖和关心的股票进行定制，随时查看涨跌幅；彩票的开奖信息查询；常用网站导航，查看当前的外汇牌价和汇率，如图 9-56 所示；金算盘计算器更是方便实用，随时理财；可放大缩小，方便查看。

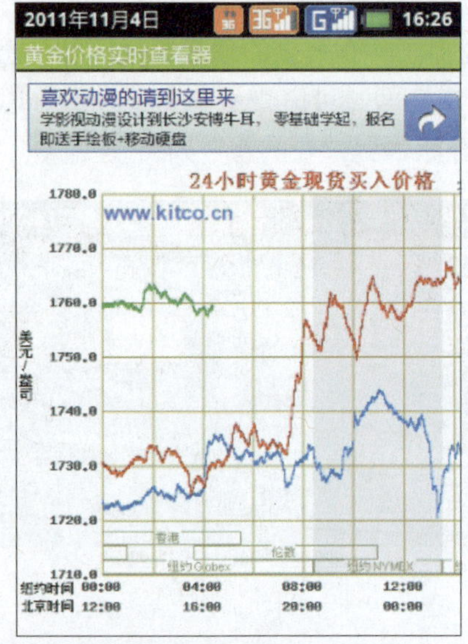

图9-53　黄金走势图

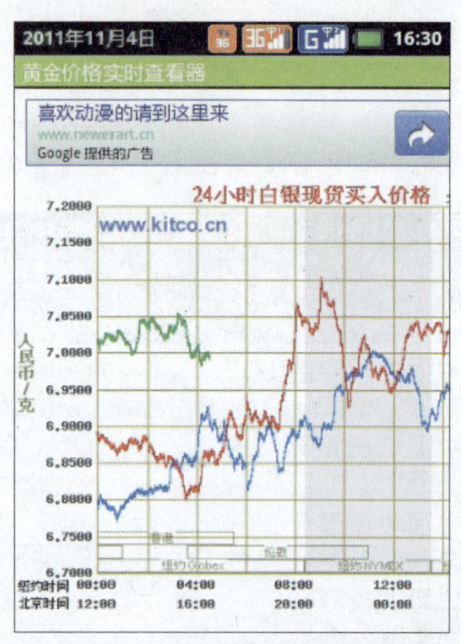

图9-54　白银走势图

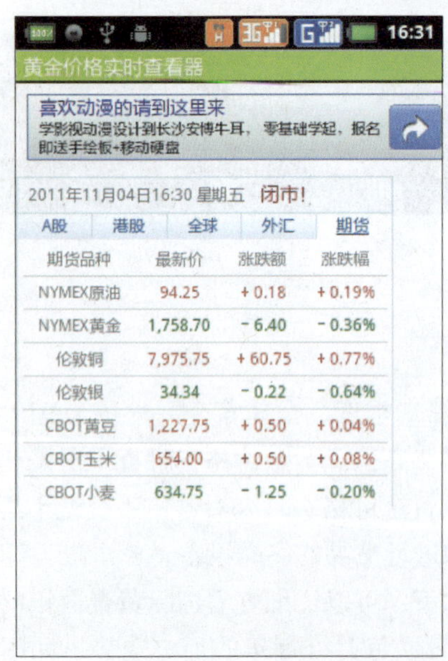

期货品种	最新价	涨跌额	涨跌幅
NYMEX原油	94.25	+0.18	+0.19%
NYMEX黄金	1,758.70	-6.40	-0.36%
伦敦铜	7,975.75	+60.75	+0.77%
伦敦银	34.34	-0.22	-0.64%
CBOT黄豆	1,227.75	+0.50	+0.04%
CBOT玉米	654.00	+0.50	+0.08%
CBOT小麦	634.75	-1.25	-0.20%

图9-55　期货信息

2011年11月4日　16:31

黄金价格实时查看器

喜欢动漫的请到这里来

www.newerart.cn

Google 提供的广告

货币名称	现汇买入价	现钞买入价
英镑	1010.39	979.19
港币	81.45	80.8
美元	632.56	627.48
瑞士法郎	714.67	692.61
新加坡元	498.55	483.16
瑞典克朗	96.01	93.04
丹麦克朗	117.23	113.61
挪威克朗	112.88	109.4
日元	8.0899	7.8401
加拿大元	623.5	604.25
澳大利亚元	655.72	635.48
欧元	872.42	845.49
澳门元	79.15	78.48

图9-56　汇率信息

第 10 章 Android 畅快娱乐休闲

知识要点

- Android 播放音乐
- Android 电子阅读
- Android 掌上影院
- Android 游戏娱乐

10.1 Android播放音乐

听音乐是件能让人放松的事情，而且音乐也是伴随许多人成长的一门艺术，每一代人心目中都有自己永恒的旋律和经典。现在只要拥有 Android 智能手机想听歌的时候随时都可以变成一台准 MP3 播放器，无拘无束，想听什么就听什么。

10.1.1 Android 音乐播放器

在 Android 桌面上点击“音乐”图标即可运行 Android 音乐播放器，软件将自动扫 SD 卡中的歌曲文件，并自动进入“歌曲”界面，如图 10-1 所示。用户只需在其中找到并点击想要听的歌曲名称，即可进入播放界面，播放所选的音乐，如图 10-2 所示。

图10-1 进入“歌曲”界面

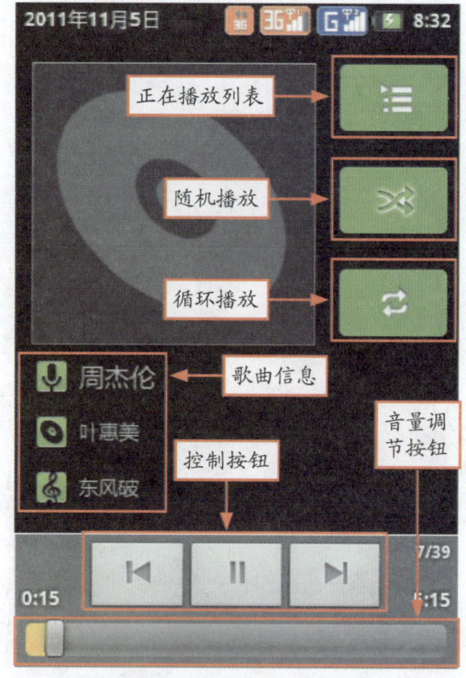

图10-2 播放所选音乐

Android 音乐播放器的主要功能按钮如下。

- “正在播放列表”按钮：点击后可以进入歌曲播放列表，选择任意歌曲进行播放，如图 10-3 所示。
- “随机播放”按钮：点击按钮可以切换歌曲的播放模式是“顺序播放”还是“随机播放”。
- “循环播放”按钮：点击该按钮可以在单曲循环、全部循环和不循环之间切换。
- 界面的中间部分是显示歌曲信息的位置。

- 界面的下部分可以控制歌曲的上一曲、开始/暂停、下一曲和音量，并显示了歌曲数量和播放时间。

播放音乐后按“home”键返回桌面，但音乐还可以继续，打开“通知栏”，可以看到播放器已在后台运行，可以点击中间的“停止”按钮退出，如图10-4所示。

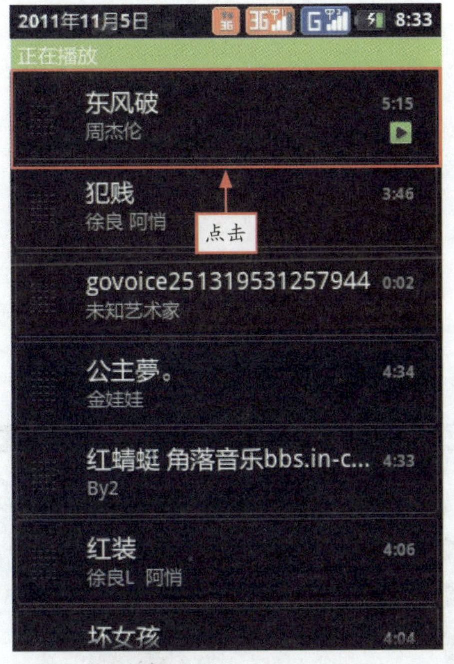

图10-3　正在播放列表

图10-4　打开“通知栏”

专家提醒 目前市面上的Android手机对主流的音频格式的兼容性都很好，基本上MP3、AAC、MIDI、WAV等格式都可以支持。

10.1.2　酷狗音乐

酷狗音乐是最受欢迎的音乐播放器之一，有强大的音乐搜索和高速下载功能、全球最全音乐曲库，最专业的音频解码核心技术，完美实现各种音频格式的高保真播放。

酷狗音乐手机版是一款集播放、音乐效果、在线下载歌词等众多功能于一身，完全免费的手机音乐播放器。由于其支持众多手机机型和音频格式，支持丰富的皮肤下载等功能，同时其操作简单、管理人性的特点，深受用户的青睐。

首次运行酷狗音乐，软件会自动扫描手机SD卡中的音乐，随后进入到播放界面中，软件扫描过的音乐会在“我的音乐”界面中按照不同的分类详细罗列出来，如图10-5所示。

点击“全部歌曲”按钮，进入手机中全部歌曲的列表，如图10-6所示。在全部歌曲列表中，点击任意一首音乐即可进行播放，而且软件会自动连接网络，显示歌词以及歌手的照片，如图 10-7 所示。

如果歌词不匹配的话，可以按“menu”键打开操作菜单，点击“搜索歌词”按钮，在弹出的对话框中输入正确的歌曲名称和歌手，点击“搜索”按钮即可搜索正确的歌词。在酷狗音乐的操作菜单中，用户还可进行搜索头像、更改歌词颜色、换肤、退出等操作，如图 10-8 所示。

图10-5　“我的音乐”界面

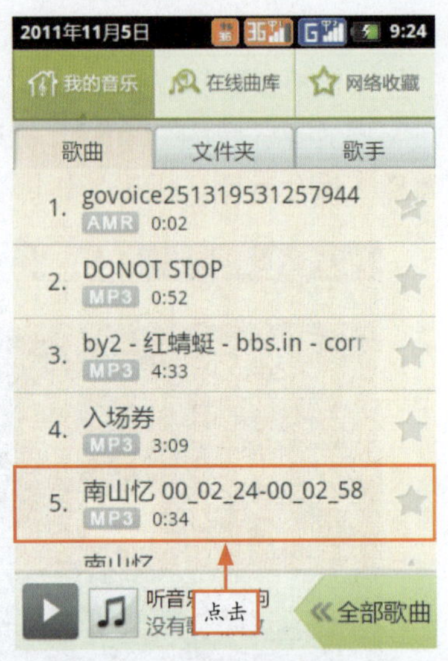

图10-6　全部歌曲列表

图10-7　播放界面

图10-8　打开操作菜单

10.1.3　麦田广播

麦田广播电台以全国电台、电视台的音频视频节目为依托，移动手机为终端，把新媒体和原创节目相结合，综合娱乐、音乐、曲艺、访谈、新闻、电影、电视剧等丰富多彩的节目内容，用直播、点播的形式，24 小时向全球华人传播，不再受到无线终端设备的限制，方便快捷。

麦田广播致力于打造全球领先的3G广播平台，研发世界先进技术，最大程度地为用户节省流量。

使用麦田广播收听广播全程如图10-9～图10-14所示。

图10-9　进入麦田广播主界面

图10-10　进入相应节目

> **专家提醒**　汇聚各评书名家：单田芳、田连元、刘兰芳、袁阔成等名家名段；笑话5000回；春晚小品集锦、黄金搭档作品；评书艺术家的经典之作：侯宝林、马三立、马季、刘宝瑞等；名人演讲以及名家访谈：杨澜访谈录、易中天品三国、傅佩荣著名演讲文学。涵盖古今中外文学经典：三字经、老人与海、平凡的世界等。

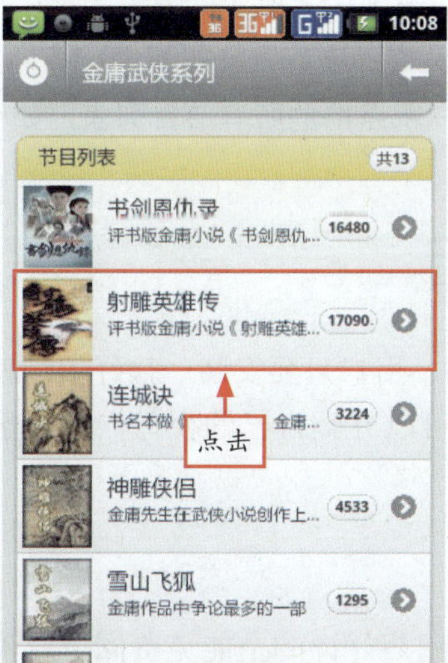

图10-11　查看节目列表

图10-12　查看节目片段列表

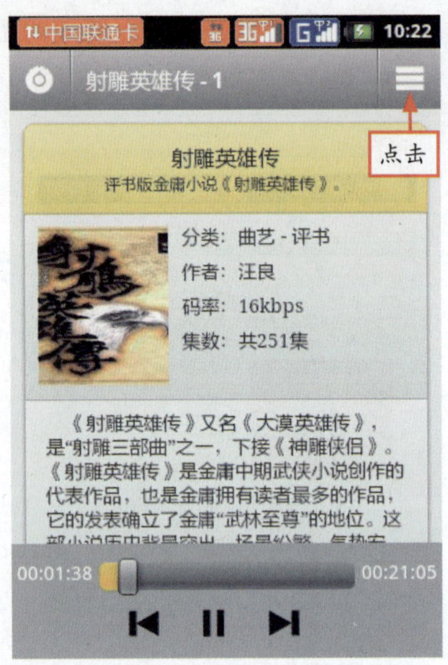

图10-13　播放所选节目

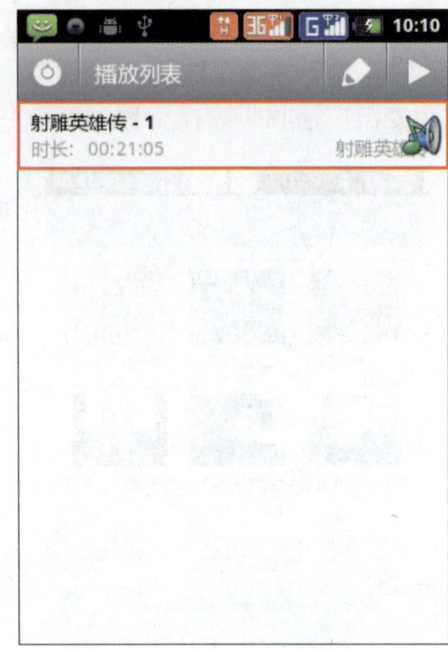

图10-14　查看"播放列表"

实战步骤：

步骤1 运行麦田广播软件进入主界面，其中列出了"热点推荐"、"文学"、"曲艺"、"幽默"和"讲坛"5个节目列表，如图10-9所示。

步骤2 点击"热点推荐"区域中的"金庸武侠系列"节目进入其界面，如图10-10所示。

步骤3 用手指按在屏幕向上滑动，下面显示该界面的列表，如图10-11所示。

步骤4 点击"射雕英雄传"节目进入其片段列表界面，如图10-12所示。

步骤5 点击"射雕英雄传 -1"选项，即可进入播放界面播放所选节目，如图10-13所示。

步骤6 点击右上角的"播放列表"按钮，可以查看用户所点播的所有节目列表，如图10-14所示。

10.2 Android电子阅读

Android智能手机的屏幕比较大，很适合阅读电子书，用户只要安装一款好用的软件即可随时随地地阅读各种书籍，既可以打发枯燥的时间，又可以开阔自己的视野，甚至学到很多知识。

10.2.1 91熊猫看书

91熊猫看书是网龙公司自主研发并出品的一款深受用户好评的全能免费阅读软件。熊猫看书具备丰富的阅读资源，成为多家出版社、文学网、原创小说网指定的手机发行唯一合作伙伴，每周有超过 200 家出版社、企业和个人向熊猫看书上千万的用户提供大量免费或收费的新闻、杂志、图书、小说与漫画。

下载阅读电子书籍全程如图 10-15 ～图 10-20 所示。

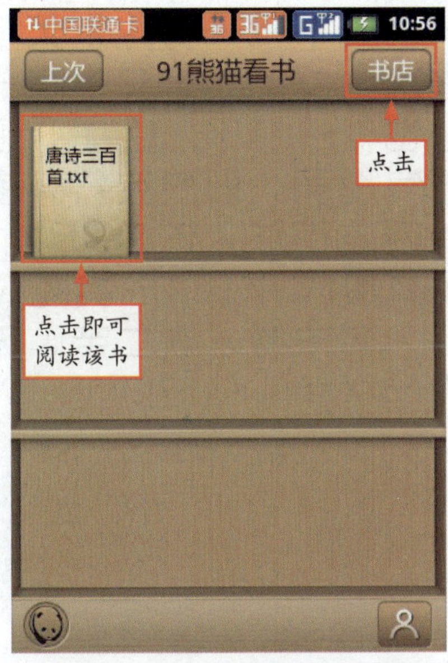

图10-15　进入91熊猫看书主界面

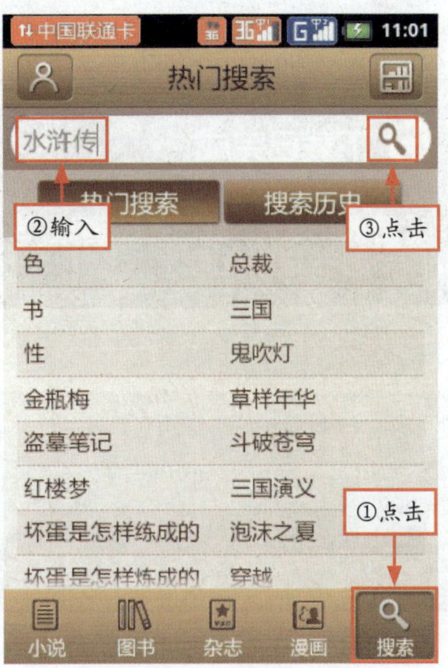

图10-16　搜索小说

图10-17　选择相应电子书

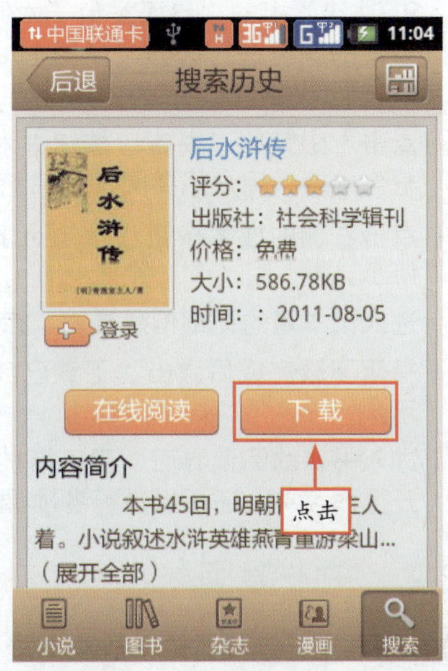

图10-18　点击“下载”按钮

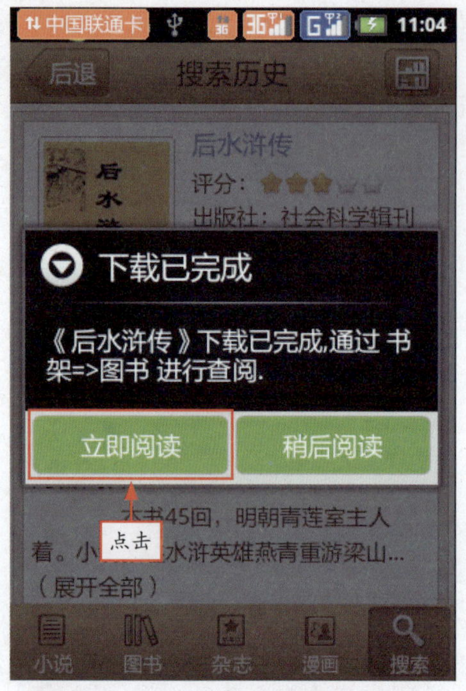

图10-19　点击“立即阅读”按钮

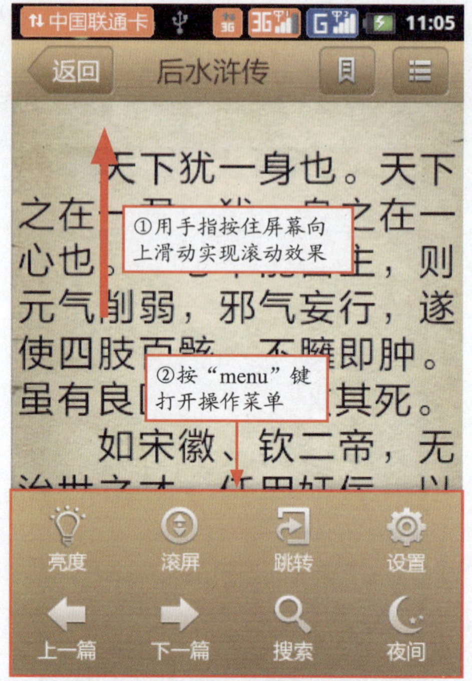

图10-20　打开操作菜单

实战步骤：

步骤1 91 熊猫看书的主界面类似于木制书橱，下载的书籍一本一本整齐地摆放在上面，且用不同的颜色进行区分，如图 10-15 所示。如果手机中已下载有图书，则直接点击就可以进入阅读了。

步骤2 点击右上角的“书店”按钮进入其界面，然后点击右下角的“搜索”按钮，在“搜索框”中输入用户想要阅读的书籍名称，如图 10-16 所示。

步骤3 点击右侧的搜索按钮🔍，显示搜索结果，在其中找到并点击相应的书籍，如图 10-17 所示。

步骤4 进入该书籍的详细信息界面，点击“下载”按钮，如图 10-18 所示。

步骤5 书籍下载完成后弹出“下载已完成”对话框，点击“立即阅读”按钮，如图 10-19 所示。

步骤6 进入书籍的阅读界面，用手指按住屏幕向上滑动即可实现滚动效果，按“menu”键打开操作菜单，还可以进行各项调整，如图 10-20 所示。

10.2.2　布卡漫画

布卡漫画是一款优秀的手机观看漫画软件，免费无广告，内容丰富，收录了上千本日本、欧美和国内的主流漫画，如图 10-21 所示。观看漫画时的画质非常清晰，如图 10-22 所示。

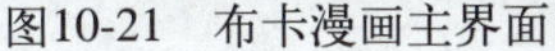
图10-21　布卡漫画主界面

图10-22　观看漫画

10.3 Android掌上影院

使用 Android 智能手机不仅可以观看保存在手机 SD 卡中的电影，还可以利用网络在线观看网络视频或者网络电视。

10.3.1　暴风影音

暴风影音基本上兼容了大部分的视频和音频格式，用户可以使用它来播放手机 SD 卡中的电影。运行暴风影音软件后即可自动扫描手机 SD 卡中的视频文件，并生成播放列表，如图 10-23 所示。点击上面的“音频”按钮可以进入音频界面，显示了本地所有的音频文件，点击列表中的相应歌曲，即可进入播放界面播放该歌曲，如图 10-24 所示。

在图 10-23 所示的视频列表中，点击想要观看的视频文件，即可进入视频播放界面。另外，手机可以自动旋转屏幕，以实现最大画面播放。在播放过程中轻触屏幕顶部和底部将会出现当前视频播放的进度、模式、电量以及各种控制按钮，如图 10-25 所示。

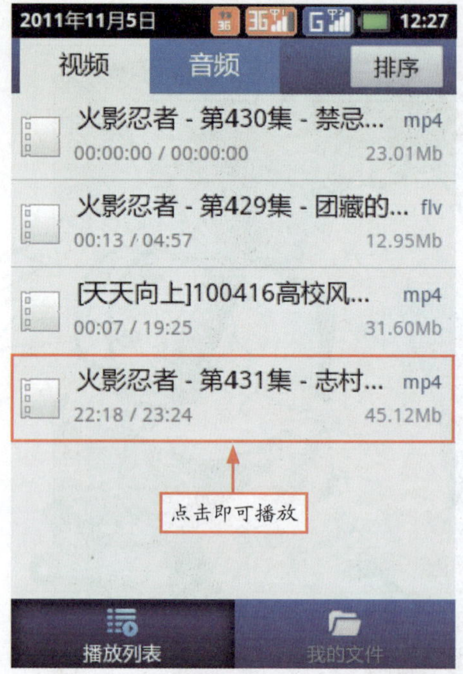

图10-23　视频列表

图10-24　播放歌曲

图10-25　播放影片

10.3.2 优酷视频

优酷是中国领先的视频分享网站，是国内网络视频行业的著名品牌，其主界面如图 10-26 所示。优酷以“快者为王”为产品理念，注重用户体验，不断完善服务策略，其卓尔不群的“快速播放，快速发布，快速搜索”的产品特性，充分满足用户日益增长的多元化互动需求，使之成为国内视频网站中的佼佼者。图 10-27 所示为优酷电视剧列表。

图10-26 优酷视频主界面

图10-27 优酷电视剧列表

2007 年，优酷网首次提出“拍客无处不在”，倡导“谁都可以做拍客”的理念，引发全民狂拍的拍客文化风潮，反响强烈，经过多次“拍客视频主题接力”、“拍客训练营”等活动，优酷网现已成为互联网拍客聚集的阵营。图 10-28 所示为优酷新闻视频。

图10-28 优酷新闻视频

10.3.3 熊猫影音

熊猫影音是 Android 上一款以视频订阅为特色、支持多种格式的本地视频播放的影音播放器，它能与 91 手机助手融合，快速将用户订阅的视频下载到手机上，无需耗费流量，即可流畅观看视频，图 10-29 所示为熊猫影音的主界面。同时，熊猫影音还支持视频断点续播，方便用户操作使用。在主界面或影片分类中点击想要观看的影片，进入下载界面，如图 10-30 所示。点击“下载”按钮即可进行缓冲播放，如图 10-31 所示。

图10-29 “熊猫影音”主界面

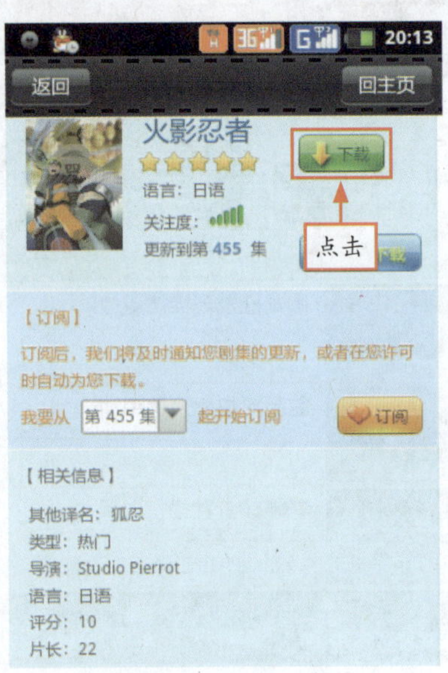

图10-30 进入下载界面

图10-31 播放影片

10.4 Android游戏娱乐

虽然手机并不是专用的掌上游戏机，但 Android 系统具有程序安装功能，基于 Android 开发的游戏种类非常多。几乎所有的年轻人都在手机上玩游戏，且专门的手掌游戏机（如 GBA、PSP、PS2 等）都在逐步被手机游戏所吞食。

10.4.1 QQ 斗地主

腾讯公司出品的手机 QQ 斗地主，游戏界面精美，打牌操作酷炫，而且还有智能选牌辅助、方言语音聊天、丰富的动画效果和游戏音效等功能。

用户可以运行 QQ 游戏中心，然后找到并点击“斗地主”游戏，如图 10-32 所示。即可自动下载手机 QQ 斗地主，下载安装完成后自动进入游戏登录界面，只需输入 QQ 号码和密码即可登录游戏，如图 10-33 所示。

图10-32 登录QQ游戏中心

图10-33 进入游戏登录界面

QQ 斗地主主要特色如下。

- 丰富的游戏表现：毫不吝啬地使用华丽的图片，多而刺激的游戏音效和动画效果。力求打造极致的游戏体验，如图 10-34 所示。
- 方言人声聊天：强大的方言音效，将用户发送的聊天信息“说”出来，如图 10-35 所示。
- 自动探测网络：支持 CMWAP、CMNET 和 WiFi，自动探测网络接入点，不需要用户自己设置。

- 智能打牌辅助：强大的智能选牌逻辑辅助，如当用户想选择连牌“3、4、5、6、7、8、9、10”，用户只需点击“3”和“10”，剩下的牌系统会自动为用户选中。
- 酷炫的打牌操控：支持手指滑动连选、拖动出牌；支持聊天快捷语拖拽发言功能，帮助用户快速选牌聊天；更配合自动选牌逻辑，相比传统点选牌更加顺畅迅速。

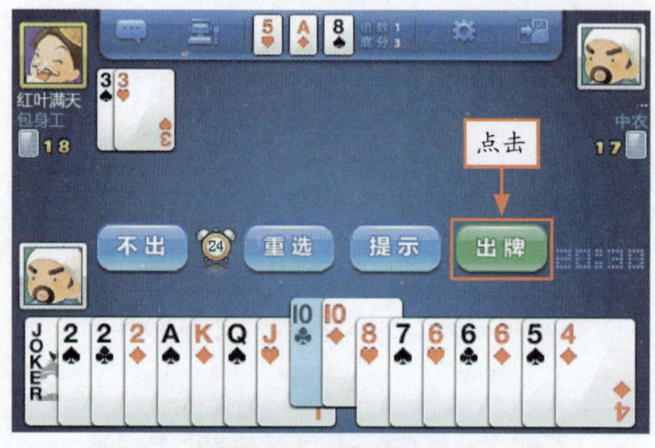

图10-34　游戏界面

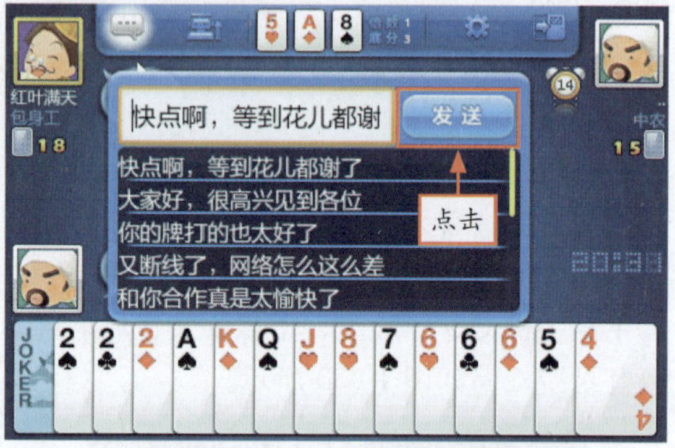

图10-35　发送语言聊天信息

专家提醒 QQ斗地主能根据用户的操作给出相应的提示，一段时间后提示自动关闭。可手动设置新手提示开关。

10.4.2　QQ 聊斋

QQ 聊斋是腾讯自主研发的首款即时战斗手机网络游戏，其内容以聊斋为题材，铺设恢宏大气的玄幻背景，贯穿为人熟知的经典故事，构建出一个人、鬼、妖共处的神话世界。梦幻瑰丽的地图场景、精巧细致的角色怪物、丰富多彩的游戏内容，带用户掌上体验不一样的聊斋。图 10-36 所示为 QQ 聊斋的登录界面。

图10-36　QQ聊斋的登录界面

手机网游 QQ 聊斋集合了国内顶尖手游美术设计师，为玩家手机量身打造最绚美的游戏画面，注重视觉享受之余，带来最贴心的掌中体验。怪物造型凶恶与可爱并存，萌系时装带来最火爆的穿越感，古灵精怪多款坐骑，更有飞行坐骑让你成为修仙之人艳羡的焦点。最值得一提的是独创天气系统，飘雪的蜀山，雷雨交加的野外，带来亦真亦幻的故事感。图 10-37 所示为游戏界面。

图10-37 游戏界面

10.4.3 水果忍者

水果忍者是一款简单的休闲游戏，目的只有一个——砍水果。屏幕上会不断地跳出各种水果，有西瓜、凤梨、猕猴桃、草莓、蓝莓、香蕉、苹果等，在它们掉落之前要快速地全部砍掉，但是不能砍到炸弹，若砍到则游戏就结束了。图 10-38 所示为水果忍者的登录界面。还有时间模式没有炸弹，全凭用户的技巧了。还有一定几率从屏幕左右两侧弹出新奇水果很难切割。图 10-39 所示为游戏界面。

图10-38 登录界面

图10-39 游戏界面

10.4.4 愤怒的小鸟

这款游戏的故事相当有趣，为了报复偷走鸟蛋的肥猪们，鸟儿以自己的身体为武器，仿佛炮弹一样去攻击肥猪们的堡垒。游戏是十分卡通的2D画面，看着愤怒的红色小鸟，奋不顾身地往绿色的肥猪的堡垒砸去，那种奇妙的感觉还真是令人感到很欢乐。而游戏的配乐同样充满了欢乐的感觉，轻松的节奏，欢快的风格。这款游戏发行后不久，国内最大的汉化论坛3DM发布了该游戏的中文版本。愤怒的小鸟目前已经登录Android平台，足以让Android用户们兴奋不已。图10-40所示为游戏的登录界面，点击“开始游戏”按钮即可进入。

图10-40　游戏登录界面

在游戏中用户须将弹弓上的小鸟弹出去，目的是要砸到绿色的猪头，而将猪头全部砸中便可过关。小鸟弹出角度和力度由用户的手指来控制，要注意考虑好力度和角度的综合计算，这样才能更准确地砸到猪头，如图10-41所示。而被弹出的鸟儿会留下弹射轨迹，可供参考角度和力度的调整。另外每个关卡使用的鸟儿越少，评价将会越高。

图10-41　游戏界面

10.4.5　FC 模拟器游戏

FC（任天堂）游戏，也称 snes 游戏，画面分辨率高，游戏众多，得到游戏玩家的广泛认可，其中许多诸如《吞食天地》、《最终幻想》、《圣剑传说》、《超时空之轮》等足以流芳百世的经典作品云集 FC。图 10-42 所示为《吞食天地》的游戏界面。

图10-42　吞食天地游戏界面

> **专家提醒** FC模拟器是指能够在某种机器上运行FC游戏的程序，比较常用的有Tiger FC、SfcJoy等，这些模拟器功能很全、运行流畅，即使是低配置的Android手机也照样能运行完美，支持绝大部分FC游戏。

第 11 章 Android 贴心生活服务

知识要点

- Android 旅游出行
- Android 生活资讯
- Android 学习应用

11.1 Android旅游出行

当用户外出旅行、出门探亲、公务出差或者上学时，查询公交车、列车车次还有航班信息是经常会遇到的问题，当随身携带Android手机时，这些问题就全部解决了。Android系统提供了很多快捷的出行交通查询工具，只要善于利用这些工具，用户的出行就顺利多了。

11.1.1 谷歌地图

谷歌地图（Google Maps）是Google公司提供的电子地图服务，包括局部详细的卫星照片。它能提供3种视图：一是矢量地图（传统地图），可提供行政区和交通以及商业信息；二是不同分辨率的卫星照片（俯视图，跟Google Earth上的卫星照片基本一样）；三是地形视图，可以用以显示地形和等高线。

打开谷歌地图，软件便可自动定位用户当前的位置，且联网下载用户当前位置附近的地图，如图11-1所示。

下面介绍下谷歌地图的常用操作方法。

- 放大/缩小地图：点击地图右下角的“放大”按钮或“缩小”按钮。
- 查看屏幕以外的地图：直接用手指拖动地图即可。
- 旋转地图：一个手指按住地图，另一个手指在屏幕上转动，类似于圆规的操作，如图11-2所示。未转动地图前，地图默认上北下南左西右东，旋转后，地图上会出现指南针符号，红色箭头指示的是正北方。

图11-1　谷歌地图界面

图11-2　旋转地图

- 回到默认方向：点击右上角指南针即可。

屏幕上方有一个搜索框和3个按钮，3个按钮分别是“查找商家或地点”、“图层”和“定位与指南针”。

使用搜索地图框和图层的方法全程如图11-3～图11-10所示。

图11-3　搜索结果

图11-4　查看详细信息

图11-5　查看驾车路线图

图11-6　驾车路线提示

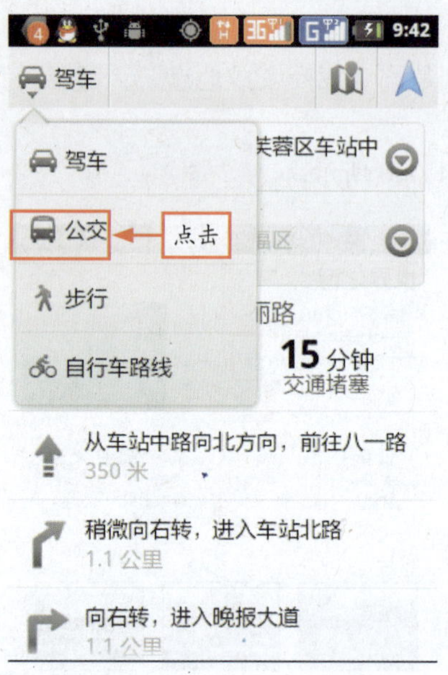

图11-7　点击“公交”选项

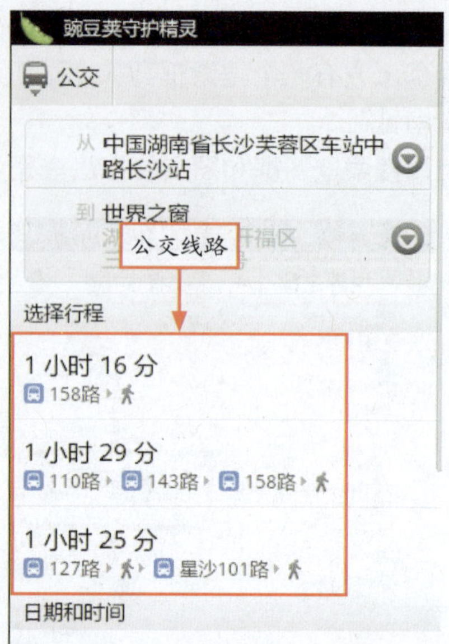

图11-8　查看详细公交信息

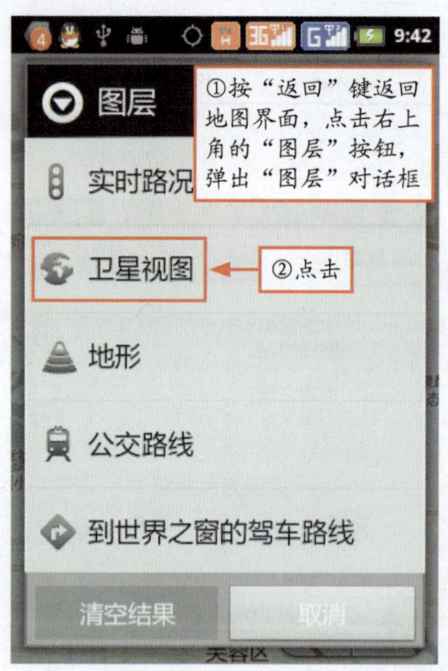

图11-9　点击“卫星视图”选项

图11-10　查看卫星地图

实战步骤：

步骤 1　在“搜索地图框”中输入地名，如世界之窗，谷歌地图就会进行搜索，世界之窗的位置便会标示在屏幕上，如图 11-3 所示。

步骤 2 点击“世界之窗”标示，便可查看世界之窗的详细信息，如图 11-4 所示。

步骤 3 点击“线路”按钮，可以获得从用户当前位置到世界之窗的驾车路线图，如图 11-5 所示。

步骤 4 点击左下角的“切换”按钮，可查看驾车路线的文字提示，如图 11-6 所示。

步骤 5 点击“驾车”按钮，在弹出的子菜单中点击“公交”选项，如图 11-7 所示。

步骤 6 执行上述操作后，即可查看该路线的所有直达以及转乘公交，如图 11-8 所示。

步骤 7 按“返回”键返回地图界面，点击右上角的“图层”按钮，弹出“图层”对话框，点击“卫星视图”选项，如图 11-9 所示。

步骤 8 执行上述操作后，谷歌地图便会加载当前平面地图的卫星图片，就像 PC 上的 Google Earth，如图 11-10 所示。

11.1.2　盛名列车时刻表

盛名列车时刻表是一款查询全国铁路时刻表的共享软件，无论用户身处何处，只要使用盛名列车时刻表，就能轻松地为出行作出安排。盛名列车时刻表提供了“站站查询”、“车次查询”和“车站查询”方式。使用站站查询全程如图 11-11 ~图 11-14 所示。

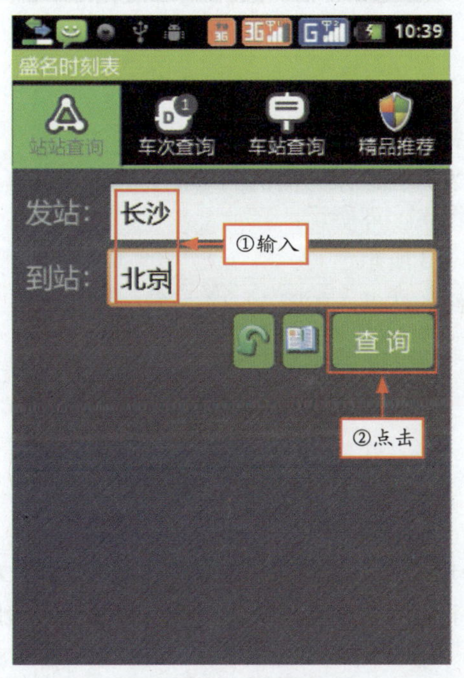

图11-11　站站查询

图11-12　车次查询

专家提醒 只输入发站，可查询该站所有出发列车；只输入到站，可查询该站所有到达列车。

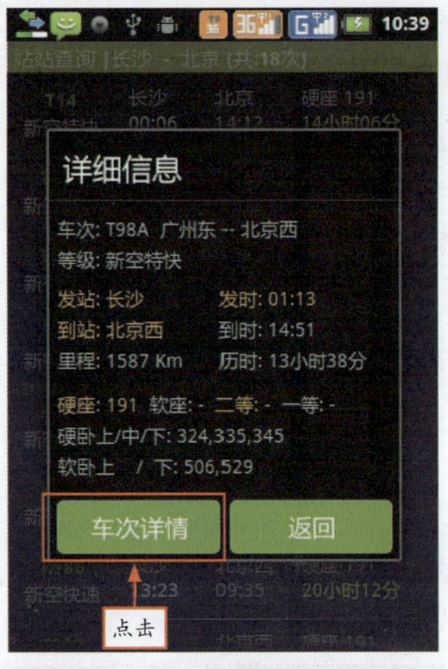

图11-13 列车详细信息

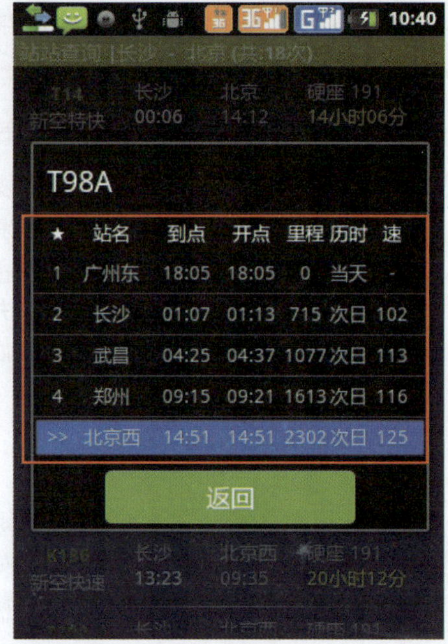

图11-14 途经站点

实战步骤：

步骤1 在“站站查询”界面中分别输入发站和到站名称，如图 11-11 所示。

步骤2 点击“查询”按钮，所有在长沙停靠或者始发开往北京方向的列车便会显示在屏幕上，包括发出时间、历时和车票价格等信息，如图 11-12 所示。

步骤3 点击任一车次，进入详细信息界面，如图 11-13 所示。

步骤4 点击“车次详情”按钮，便可查看该列车途经的站点，如图 11-14 所示。

> **专家提醒** 盛名列车时刻表手机版，是一款运行在支持Java手机上的查询全国列车时刻表的单机版软件，它的运行不需要网络支持。通过它用户可以方便地查询全国铁路时刻表，无论身处何处只需要掏出手机便可查询全国所有线路上的列车信息。它的方便、快捷是其他同类软件不可替代的。

11.1.3 8684 公交查询

8684 公交查询是一款免费的公交查询软件，为用户提供最新最全的公交信息，同时支持离线查询、历史记录、好友分享等特色功能，致力于为用户提供最快捷、最方便的出行线路。8684 公交查询还具有灵、动、实、用的特点。

- 灵：界面简洁灵巧、体积精致娇小，是一款真正小而强大的手机软件。
- 动：一周至少两次同步更新全国主要城市公交动态，出行尽在掌握。
- 实：覆盖全国 200 个城市、12 万个公交站、3 万条公交线路。

- 用：人性化操作，简单易用，可以方便推荐给亲朋好友。

使用 8684 公交查询全程如图 11-15 ～图 11-18 所示。

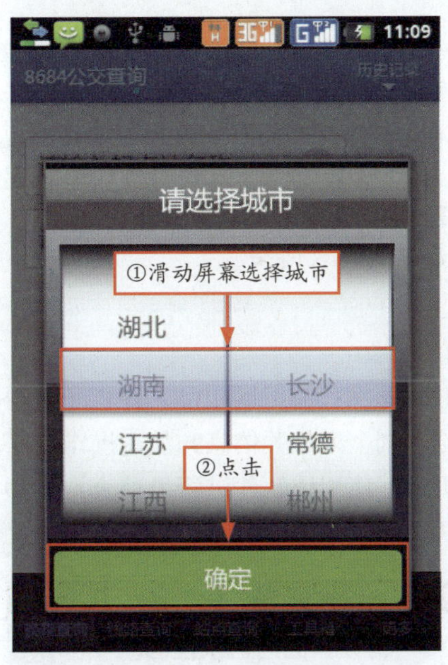

图11-15　选择城市

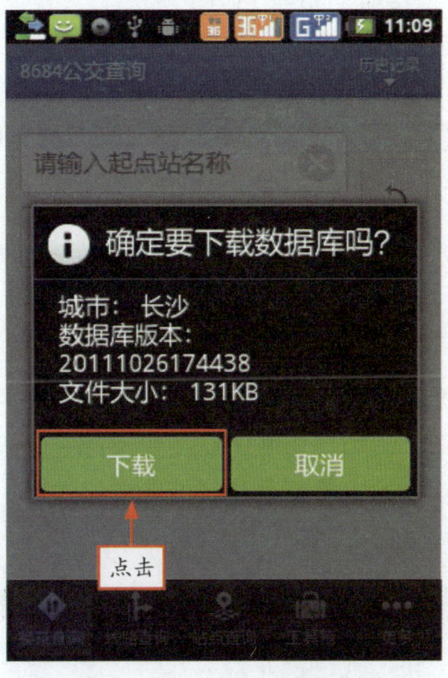

图11-16　下载城市数据

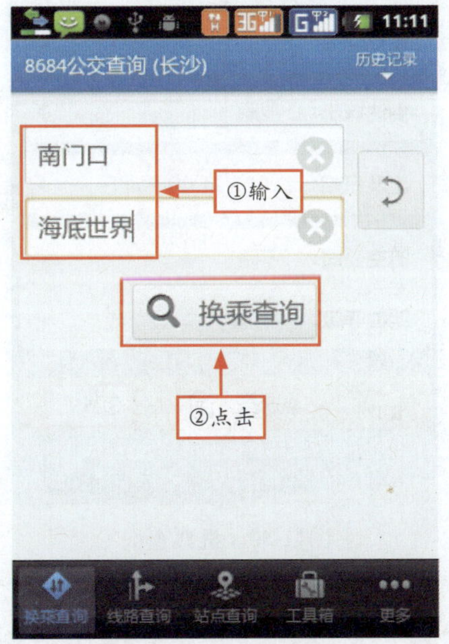

图11-17　换乘查询

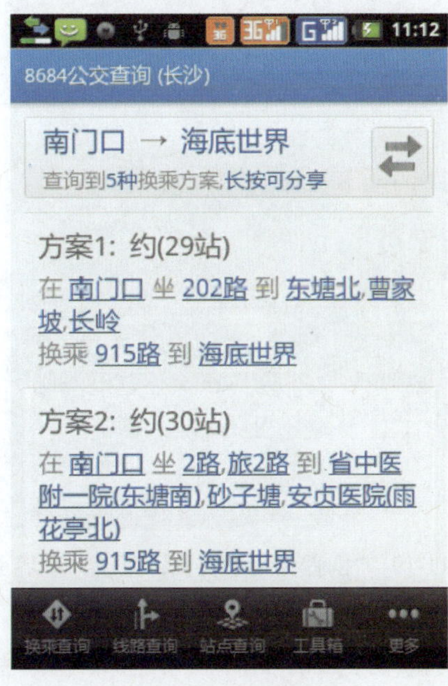

图11-18　查询结果

实战步骤：

步骤1 运行该软件，如果是第一次运行，会让用户选择一个城市，选择完毕后点击“确定”按钮，如图 11-15 所示。

步骤2 弹出提示信息框，询问用户是否下载数据库，点击“下载”按钮即可下载所选城市的数据库，如图 11-16 所示。

步骤3 之后进入查询界面，与盛名列车时刻表类似，8684 公交查询也分为“换乘查询”、“线路查询”和“站点查询”3 种查询方式，此处以“换乘查询”方式为例，输入起始站点和到达站点的名称，然后点击“换乘查询”按钮，如图 11-17 所示。

步骤4 执行上述操作后，即可显示所有的查询结果，如图 11-18 所示。

11.1.4 携程无线

携程无线手机预订系统由国内领先的在线旅行服务公司携程旅行网出品，提供了值得信赖的机票、酒店、旅游产品在线预订专业服务，并能轻松定制个人相关信息，加速操作流程。

软件的主界面是传统的九宫格造型，如图 11-19 所示。使用该软件进行机票查询和预订酒店全程如图 11-19 ～图 11-26 所示。

图11-19 “携程无线手机预订系统”主界面

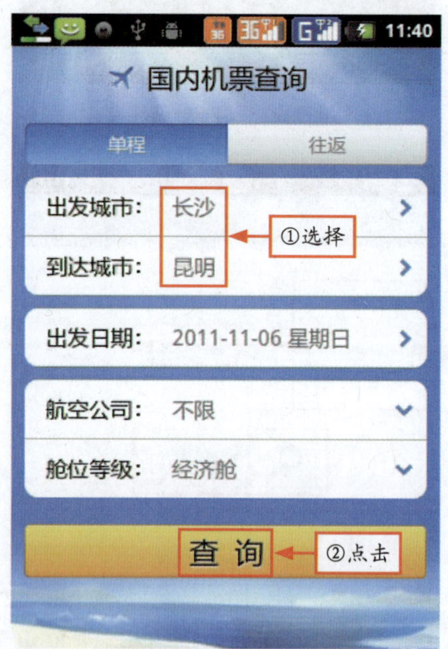

图11-20 机票查询

专家提醒 机票查询：国内几乎所有航线的航班查询功能，并支持在线预订，支付安全快速；酒店查询：海量国内酒店查询功能，酒店信息丰富，并支持在线预订；火车票查询：查询高铁和动车的车次和票价等信息。

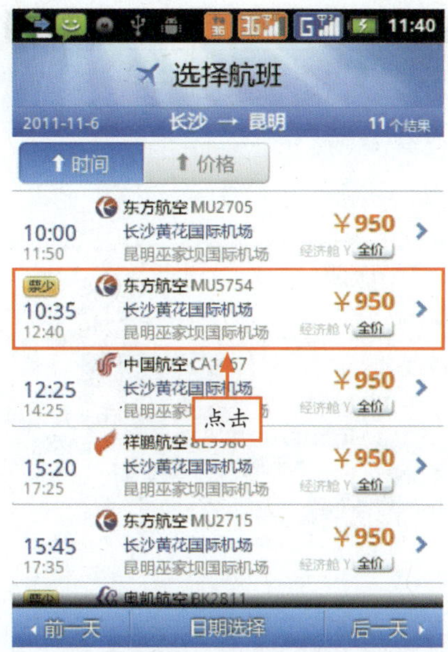

图11-21 查询结果

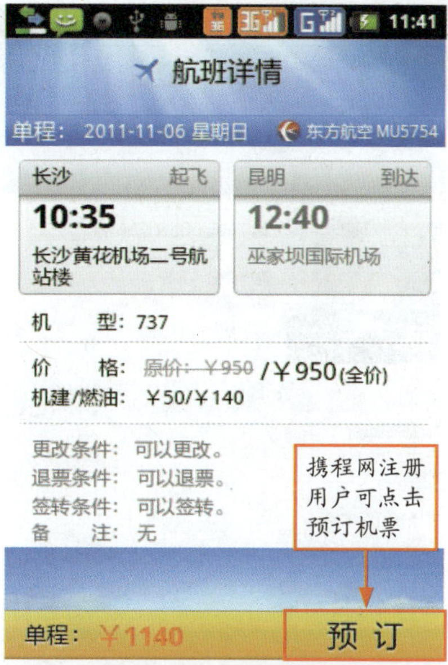

图11-22 查看航班详情

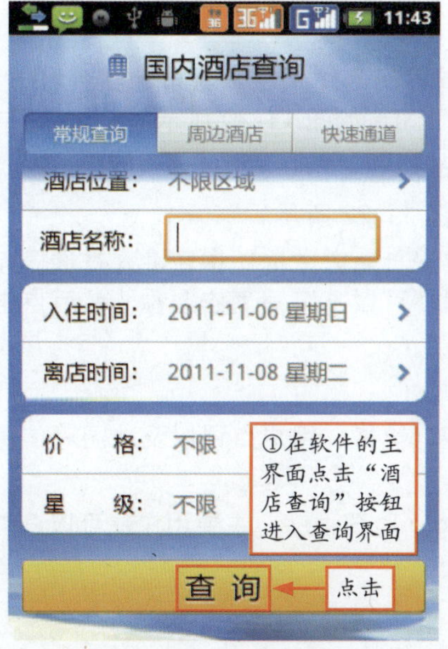

图11-23 酒店查询

图11-24 巡查列表

专家提醒 需要注意的是，必须先注册成为携程网的用户才可以享受预订机票和酒店等服务。另外，还可以查看实时的航班起降动态信息，并可定制提醒功能，购买航空意外险。

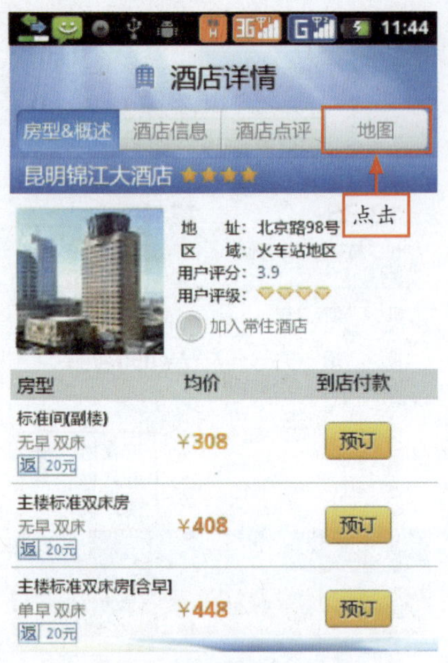

图11-25　查看酒店详情

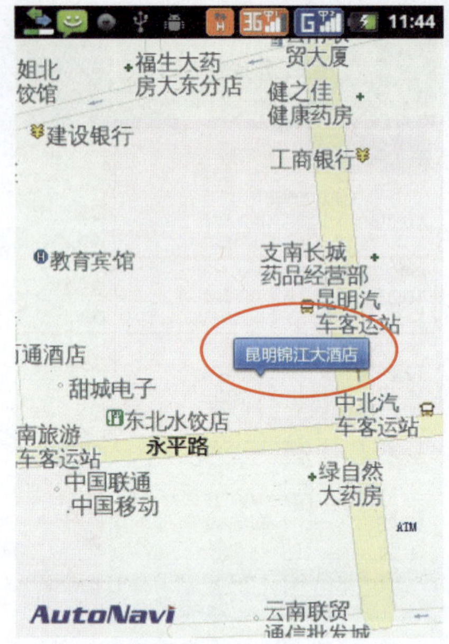

图11-26　酒店地理位置

实战步骤：

步骤1 在主界面上点击“机票查询”按钮，进入查询界面，输入出发城市和到达城市名称，并选择出发日期，还可以选择仓位等级和航空公司，如图 11-20 所示。

步骤2 点击“查询”按钮，所有的航班信息便以列表的形式显示在屏幕上，如图 11-21 所示。

步骤3 点击某一航班，即可看到更为详细的信息，如图 11-22 所示。

步骤4 然后再来看预订酒店功能，在软件的主界面点击“酒店查询”按钮进入查询界面，输入入住城市、入住时间、离店时间和价格区间，可以不填写酒店名称，然后点击“查询”按钮，如图 11-23 所示。

步骤5 符合条件的酒店便列表显示出来，如图 11-24 所示。

步骤6 点击任意一家酒店，可以查看到该酒店的房型、价格、用户点评以及地图等信息，如图 11-25 所示。

步骤7 点击右侧的“地图”按钮，软件自动调用 Google 地图程序，主要用户就可以查看酒店的地理位置，如图 11-26 所示。

11.2 Android生活资讯

使用 Android 可以解决生活中遇到的很多琐事，只有你想不到，没有 Android 做不到的。赶紧把生活中吃、穿、住、用、行交给 Android 来打理吧，“小机器人”的时代到来啦。

11.2.1　大众点评网

使用大众点评网查看附近美食餐馆全程如图 11-27 ～图 11-32 所示。

图11-27　点击“附件”按钮

图11-28　点击“美食”选项

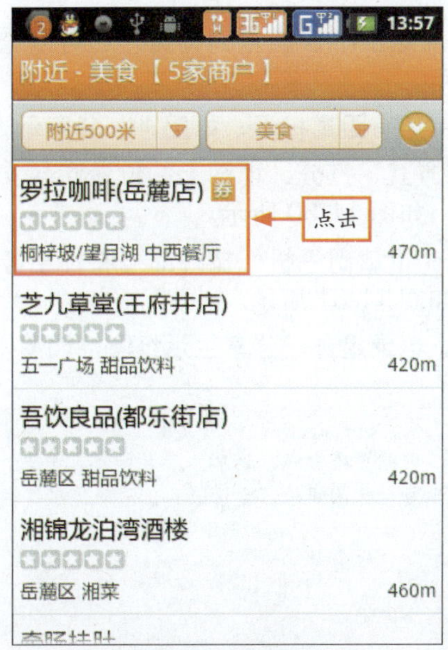

图11-29　显示餐馆列表

图11-30　查看详细信息

图11-31　下载优惠券

图11-32　进行签到

实战步骤：

步骤1 运行大众点评网软件，能自动通过 GPS 定位用户目前所处的位置，且自动将周边餐馆信息第一时间呈现在用户眼前，如图 11-27 所示。

步骤2 点击“附近”按钮进入“附近 - 美食”界面，在这里不仅能查询餐馆，还可以查询附近的银行、公园等服务类场所，如图 11-28 所示。

步骤3 点击“美食”选项，附近的餐馆都会显示出来，还有距离标示，如图 11-29 所示。

步骤4 点击相应餐馆后便会出现详细信息，包括联系方式、打分、地图上的位置和网友推荐及评论等，还有该餐馆的人均消费也标示出来，如图 11-30 所示。

步骤5 点击下面的“优惠券”按钮进入其界面，点击“下载到手机”按钮即可将优惠券通过短信的方式下载到手机上，消费时出示即可，如图 11-31 所示。

步骤6 点击“签到”按钮进入其界面，可以进行签到、记录足迹，分享生活经验，如图 11-32 所示。

专家提醒 大众点评网是中国最大的本地搜索和城市消费门户网站，网站覆盖上海、北京、广州等全国30多个主要城市，首创并引领了消费者点评模式，以餐饮为切入点，全面覆盖购物、休闲娱乐、生活服务、活动优惠等城市消费领域。

11.2.2　家庭医生

家庭医生是一款家庭急救软件，软件包括各种紧急情况下的急救知识。用户可以快速搜索到所需要的内容，同时可以将感兴趣的内容收藏起来，便于日后查看，软件还可以将这些急救知识分享给好友。

使用“家庭医生”的方法全程如图 11-33 ～图 11-36 所示。

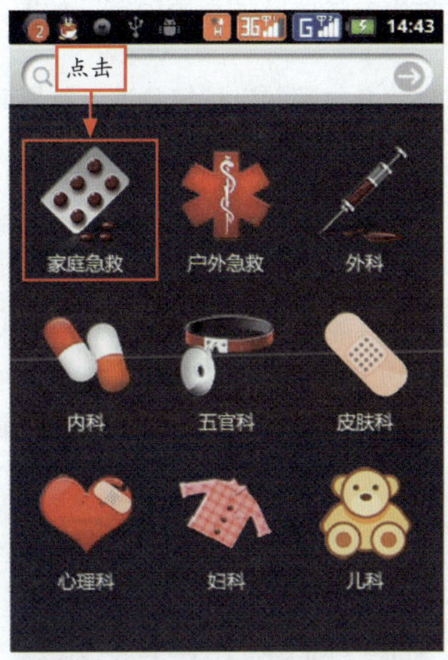

图11-33　点击“家庭急救”按钮

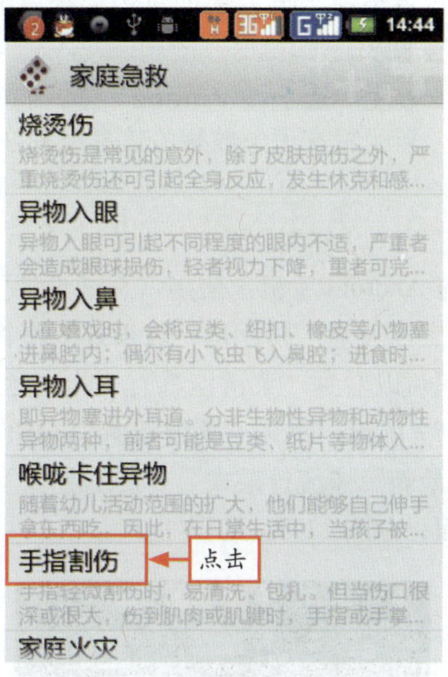

图11-34　选择相应急救知识

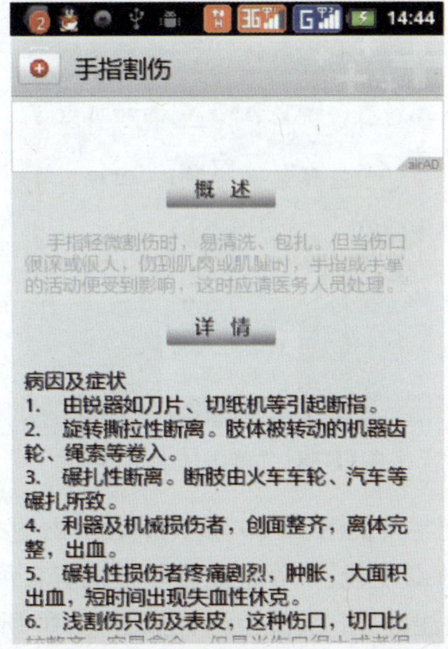

图11-35　查看详细信息

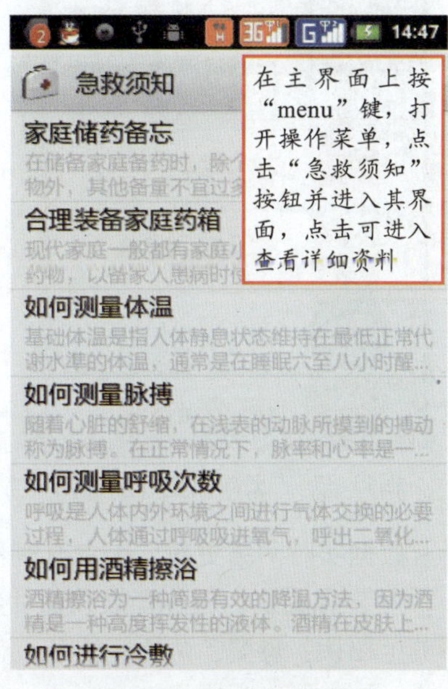

图11-36　查看急救须知

实战步骤：

步骤1 运行“家庭医生”进入主界面，点击“家庭急救”按钮，如图 11-33 所示。

步骤2 进入“家庭急救”页面，显示常见的家庭急救方案列表，如图 11-34 所示。

步骤3 点击相应方案后即可查看详细的病因、症状、救治方法以及注意事项等，如图 11-35 所示。

步骤4 在主界面上按“menu”键，打开操作菜单，点击“急救须知”按钮并进入其界面，即可了解家庭急救相关信息以及注意事项，如图 11-36 所示。

11.2.3 烹饪天堂

在 Android 手机上使用“烹饪天堂”非常便捷。

“烹饪天堂”软件是一款很好的烹饪食谱软件，适用于目前所有的主流分辨率，进入软件主界面可以看到“菜谱佳肴”、“养生健康”、“休闲游戏”以及“更多惊喜”4 个功能按钮，如图 11-37 所示。点击“菜谱佳肴”按钮进入其界面，可以看到食谱分为 8 大类：“本周最新”、“本月最新”、“流行菜式”、“传统美食”、“营养菜品”、“烘烤”、“素食”以及“甜品”，品种非常全面，如图 11-38 所示。

图11-37 “烹饪天堂”主界面

图11-38 “菜谱佳肴”界面

所有数据实时网络更新，美食有制作步骤图片和文字（如图 11-39 所示），图片经过处理，非常小，可节省流量，还有音效和图片特效以及本地收藏功能。“养生健康”里也有各种养生之道、养生秘诀、母婴、两性等信息，帮助用户时刻关注健康，关注生活，如图 11-40 所示。

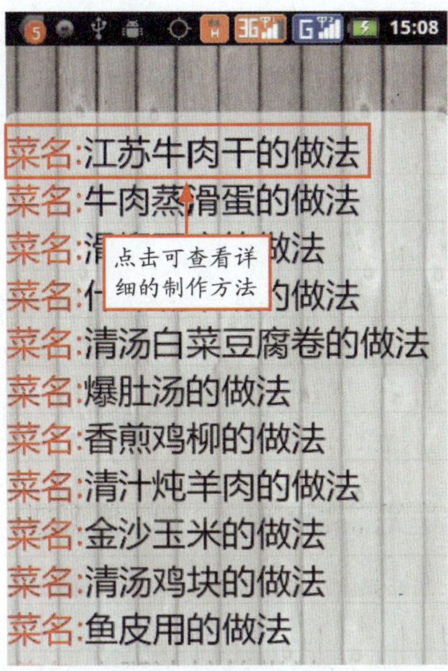

图11-39 美食制作方法

图11-40 养生健康界面

11.2.4 麦当劳优惠券

使用麦当劳优惠券全程如图 11-41 和图 11-42 所示。

图11-41 优惠券列表

图11-42 优惠券详细信息

实战步骤：

步骤1 打开软件主界面，显示最近一段时间内所有优惠券列表，如图 11-41 所示。

步骤2 点击任意一张即可查看详细信息，如图 11-42 所示，去麦当劳消费时向服务员出示即可，全国麦当劳通用。

11.2.5 减肥小秘书

减肥小秘书是一款基于手机 Android 操作系统的女性减肥生活软件，它内含 30000 多种食物的热量和减肥功效介绍，如图 11-43 所示。用户可以随时随地查询各种食物或运动的热量，如图 11-44 所示。同时提供每日饮食记录、运动消耗记录以及体重记录等功能，让用户清楚地知道自己每天的饮食摄入和运动消耗比例是否能让自己减肥。

图11-43 减肥小秘书主界面

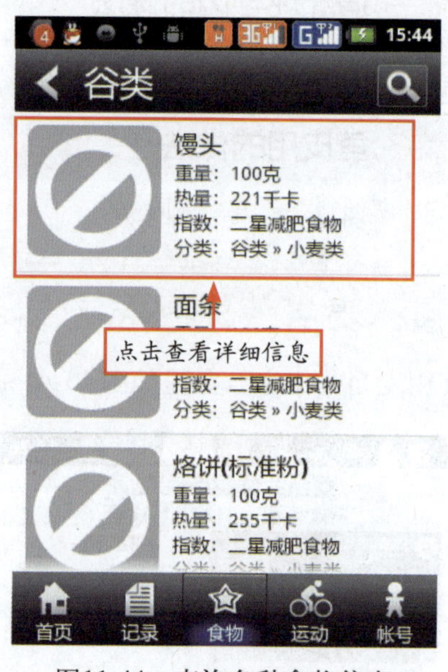

图11-44 查询各种食物信息

11.3 Android学习应用

学习中总有许多用户不知道的事情，需要求助于网络上的高人，现在 Android 上有很多不错的软件，可以帮助用户进行学习。

11.3.1 有道词典

有道词典是网易公司开发的一款翻译软件，最大特色在于其翻译是基于搜索引擎，网络释义的，也就是说它所翻译的词释义都是来自网络。有道词典依靠其强大的搜索引擎（有道搜索）后台数据和“网页萃取”技术，从数十亿海量网页中提炼出传统词典无法收录的各类新兴词汇和英文缩写，如影视作品名称、品牌名称、名人姓名、地名、专业术语等。

使用有道词典全程如图 11-45 ～图 11-48 所示。

图11-45 输入相应单词

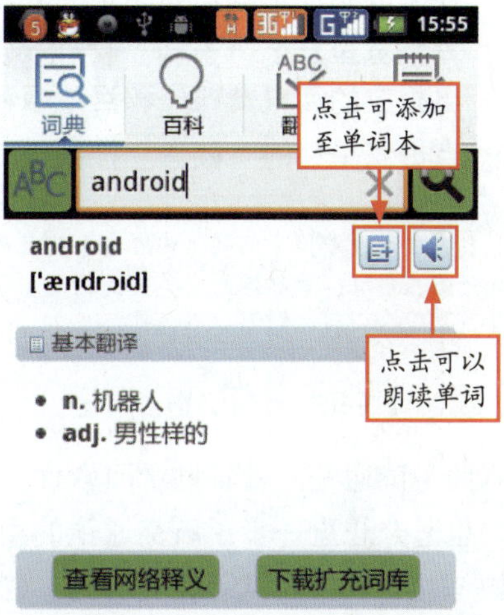

图11-46 查看基本信息

图11-47 查看百科信息

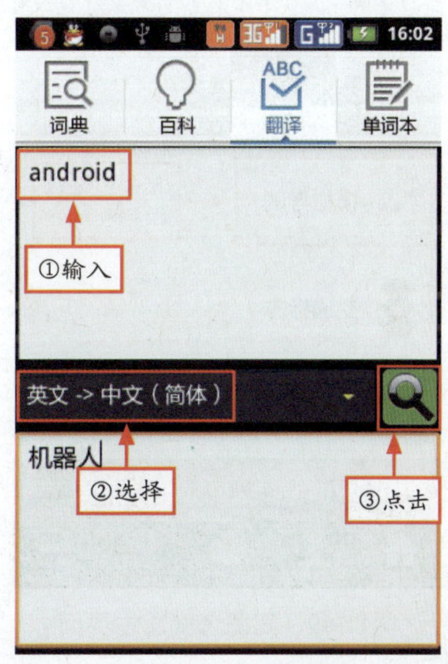

图11-48 查看翻译

实战步骤：

步骤1 运行软件进入主界面，在中间的文本框中输入相应单词，如图 11-45 所示。

步骤2 点击右侧的“搜索”按钮，即可在下面显示单词的基本信息，点击“朗读”按钮还可以朗读单词，如图 11-46 所示。

步骤3 点击菜单栏的“百科”按钮进入其界面，点击“搜索”按钮可在下面的窗格中显示出相应的百科资料，和百度百科功能差不多，如图 11-47 所示。

步骤4 点击菜单栏的“翻译”按钮进入其界面，可以进行多种语言的翻译，如图 11-48 所示。

> **专家提醒** 由于互联网上的网页内容是时刻更新的，因此有道词典提供的词汇和例句也会随之动态更新，可以将互联网上最新、最酷、最鲜活的中英文词汇及句子一网打尽。

11.3.2 驾照考试通

驾照考试通是一款辅助学习软件，适合准备学习考取中华人民共和国机动车驾驶证的用户使用，也适合想进一步了解交通法的用户使用。该软件专门针对驾照考试进行辅助学习，包括了交规练习、模拟考试、交通标志、考试秘籍等内容，如图 11-49 所示，用户无需再另外寻找资料进行驾照科目一（交通法规）的考试。驾照考试通的题库为 2011 年最新版本，包含交规正式考试中的所有试题，让用户轻松通过考试，如图 11-50 所示。

图11-49　驾照考试通主界面

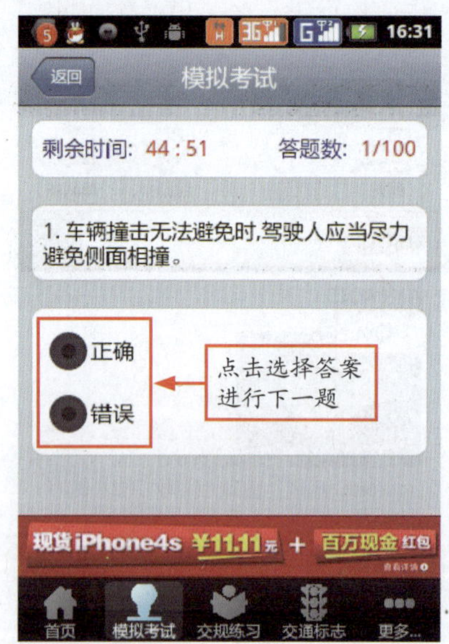

图11-50　进行模拟考试

点击下面的“交规练习”按钮进入其界面，可进行交通规则方面的习题练习，如图 11-51 所示。点击“交通标志”按钮进入其界面，可以了解各种交通标志的含义，如图 11-52 所示。

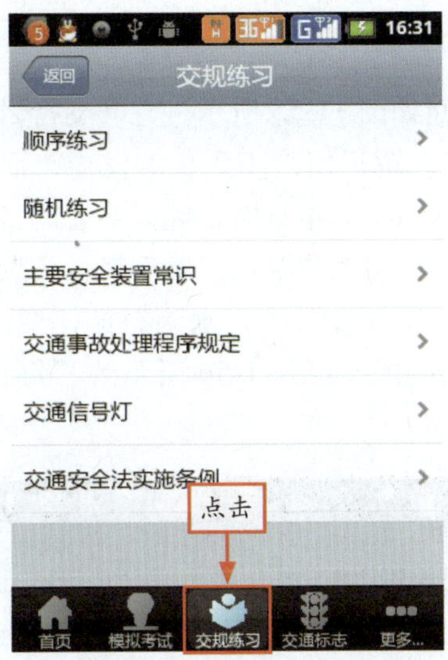

图11-51　交规练习界面

图11-52　交通标志界面

在图 11-49 中点击“考试秘籍”按钮，进入“考试秘籍”界面，如图 11-53 所示。点击相应标题可以打开学习秘籍内容，如图 11-54 所示。

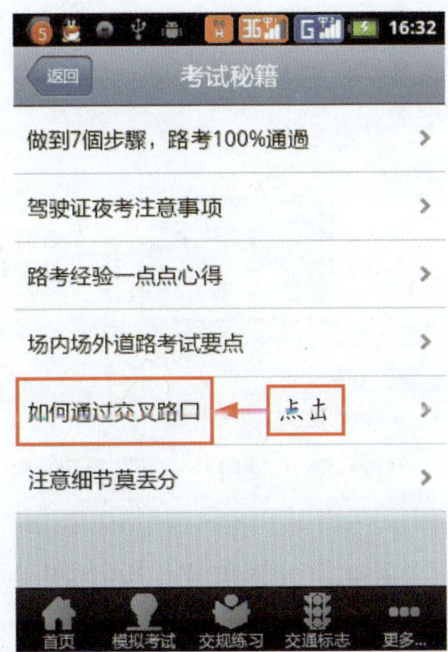

图11-53　考试秘籍界面

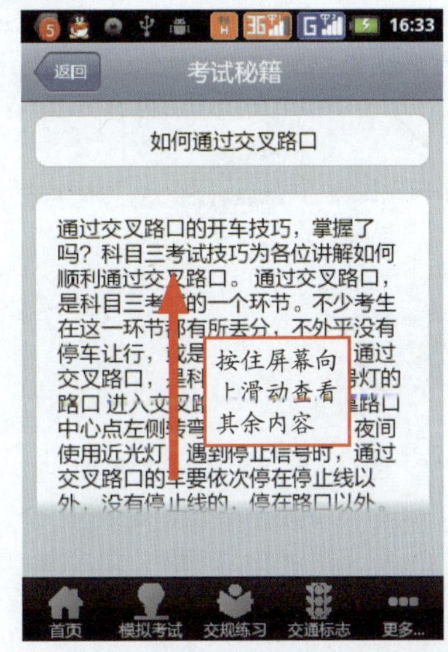

图11-54　查看考试秘籍

专家提醒 软件全部功能都能通过界面进行操作，无需使用终端任何实体键，方便用户在任何终端上都能自然地使用本软件，并且在模拟考试中可以随时中断考试，下次使用软件再继续进行上次未完成的考试。驾照考试通免费提供给所有需要的用户使用，并且将来在国内发布的新版本也将继续免费，软件本身不收集使用用户任何数据，不进行任何网络连接（广告除外）。

11.3.3 海词词典

海词词典是专为英语学习者定制的手机词典，主界面如图 11-55 所示。它既支持云计算查词，也支持离线包下载，每个词条都有正宗的母语发音，矫正用户不到位的发声，而翻译功能方面有全语音整句翻译以及语音查词功能，当用户听到陌生的单词时，能以声音的方式来查询。海词词典还带有生词本、学习笔记等功能，让用户把不熟练的单词记录下来，重点攻克。

每日英语功能有每日一句、每日一猜、每日一听以及每日一练，水滴石穿，聚沙成塔，久而久之，用户就会发现这些句子在脑子里再也挥之不去了。图 11-56 所示为“每日一句”界面。

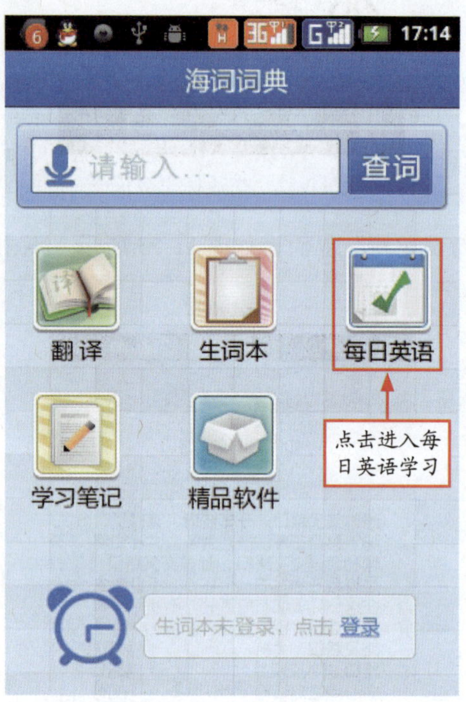

图11-55 海词词典主界面

图11-56 “每日一句”界面